Inhaltsverzeichnis

Erik Bartmann

Noch mehr Spaß mit der 6502-CPU und 6522

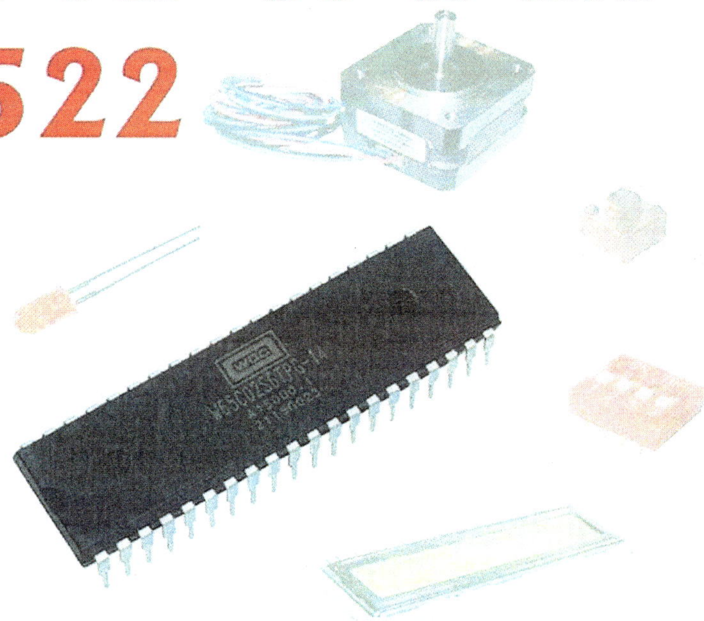

Die Welt der Maschinensprache

bombini
verlag

Kommentare und Fragen können Sie gerne an uns richten:

Bombini Verlags GmbH

Richard-Wagner-Str- 11

53757 Sankt Augustin

Druck: Eigendruck

Bibliografische Information der Deutschen Nationalbibliothek

Die Deutsche Nationalbibliothek verzeichnet diese Publikation in der Deutschen Nationalbiografie, detaillierte Daten sind im Internet über http://dnb.d-nb.de abrufbar.

ISBN 978-3-946496-34-2

Die 6502-CPU

Im zweiten Teil meiner 6502-Reihe möchte ich natürlich etwas tiefer in die Programmierung eingehen, denn im ersten Teil ging es hauptsächlich um die Realisierung der Hardware, wobei auch einige Programme zur Sprache kamen, die als Einleitung sehr brauchbar waren. Dieser zweite Teil wird keinen Ersatz für 6502-CPU-Grundlagenbücher sein, denn diese gehen wirklich auf alle möglichen Themen der Programmierung ein. Meine Vorgehensweise in diesem Teil ist nicht das strikte Abarbeiten von Fakten, wie man es von der Schule her kennt, wo es darum geht, blind und ohne Sinn und Verstand etwas zu lernen, weil der Leerplan - oder heißt es Lehrplan? - es so fordert und vorgibt. Die in diesem Teil von mir gezeigten Assembler-Programme sollen Basiswissen vermitteln und in keiner Weise optimierten und schnellen Code darstellen. Wer also meint, es könnte hier und da eine Änderung oder Verbesserung geben... Gut!

Warum aber um Himmels Willen sollte man sich mit der 6502 Maschinensprache befassen? Umgibt Assemblersprachen nicht eine mystische Aura oder ist das vielleicht ein Hexenwerk? Viele Programmierer denken sich, warum es nicht besser wäre, - eine, wenn überhaupt - weitaus nützlichere Assemblersprache, wie zum Beispiel die für einen Arduino zu nutzen? Heutzutage muss niemand mehr - sei es privat oder beruflich - irgendeinen Code in Assembler schreiben. Das erledigen die Compiler in diesen Tagen in sehr guter Weise. Es geht hier wirklich darum, Spaß zu haben und sich mit dieser Art des Programmierens auseinanderzusetzen. Es ist also quasi eine Übung, den Geist und das Denken zu erweitern.

Wer sich also für dieses Thema interessiert, dem lege ich zusätzlich ein paar Links nahe, die ich sowohl auf meiner Internetseite präsentiere, als auch hier am Ende des zweiten Teils aufliste. Es macht gewaltigen Spaß, in derartiger Literatur zu stöbern, wo die Dinge nicht so verkompliziert waren, wie es heutzutage fast überall der Fall ist.

In diesem Teil werde ich mich auf die Komponenten aus *Teil 1* beziehen und alle Ein- und Ausgaben über den VIA-Baustein 65C22 laufen lassen. Alles, was zum Verständnis also erforderlich ist, wird mit Tastern, LEDs und einem LC-Display realisiert. Unspektakulär? Nicht wirklich, denn ich konzentriere mich auf das Wesentliche und ich denke, dass derjenige, der wirklich etwas lernen möchte, es hoffentlich zu schätzen weiß. Es kommt also kein Monitor-Programm zum Einsatz, wie man das vielleicht vom *KIM-1* oder *Elektor Junior* her kennt. Das macht aber auch nichts, denn wer über den in Teil 1 schon erwähnten EEPROM-Programmer verfügt, der kann sich recht schnell - natürlich nicht ganz so komfortabel wie mit einem Monitor-Programm - das Assembler-Programm ins EEPROM schießen und alles ausprobieren. Hier ist eben Frickeln angesagt, wie ich das immer so schön nenne. In meinen Augen also keine Hürde, sondern ein anderer Weg.

Alle Bauteile, die in diesem Teil 2 verwendet werden, liste ich in einem separaten Dokument auf, das auf meiner Internetseite zu finden ist. Zudem rate ich auch davon abzusehen, nach den entsprechenden Assembler-Programmen auf meiner Internetseite zu schauen, obwohl ich sie dort hinterlege. Aus meiner Erfahrung kann ich sagen, dass man am meisten lernt, wenn er Code über die Augen gesehen und per Hand eingetippt wird. Ich habe das in meiner Jugend so gemacht und sehr viel dabei gelernt! Frohes Tippen also!

Das Einrichten einer kleinen Entwicklungsumgebung

Im ersten Teil meines Buches habe ich die Linux-Umgebung mit dem VASM-Assembler genutzt, wogegen ich nun den schon erwähnten 6502-Virtual-Assembler im Internet nutze, der unter der folgenden Internetadresse zu finden ist.

Hyperlink - Virtual-6502!

https://www.masswerk.at/6502/assembler.html

Er ist sehr einfach zu bedienen und bietet eine Reihe von wirklich genialen Tools und Hilfen. Ein Muss! Dieser kann natürlich weiterhin verwendet werden. Dennoch möchte ich an dieser Stelle zeigen, wie der schon im ersten Teil verwendete VASM unter Windows installiert und konfiguriert wird und wie man es in Notepad++ schafft, diesen recht einfach einzubinden, so dass Notepad++ wie eine kleine - wirklich sehr kleine - Entwicklungsumgebung zu nutzen ist. Notepad++ ist unter der folgenden Internetadresse zu bekommen.

Hyperlink - Notepad++!

https://notepad-plus-plus.org/

Doch ich fange am besten mit der Installation von VASM an, der unter der folgenden Internetadresse zu beziehen ist.

Hyperlink – VASM-Assembler!

http://www.compilers.de/vasm.html

Ganz unten auf der Seite befindet sich ein Link mit der Bezeichnung

Binaries of vasm for 6502 for x86-64 (Mac, Windows and Linux)

Dahinter verbirgt sich eine ZIP-Datei mit dem Namen *vasm6502.zip*. nach dem Entpacken sind folgende Dateien für das Windows-Betriebssystem zu verwenden.

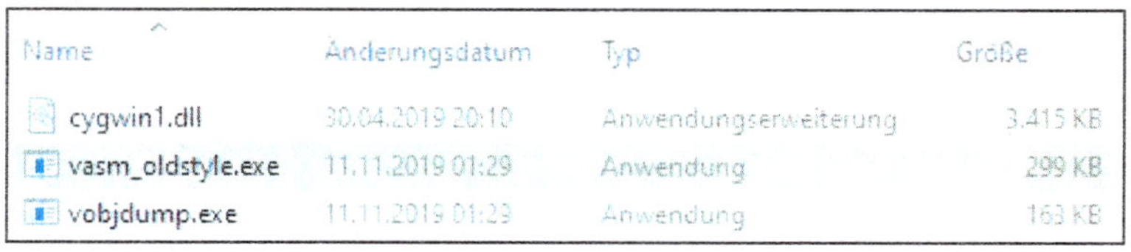

Abbildung 1 - Die VASM-Dateien für Windows

Ich schlage vor, im Dateisystem einen Ordner mit dem Namen *Vasm* zu erstellen und diese Dateien dort abzulegen. Ich habe mich auf meinem Rechner für diesen Pfad entschieden und im gleichen Atemzug die markierte Datei in den kurzen Namen *vasm.exe* umbenannt.

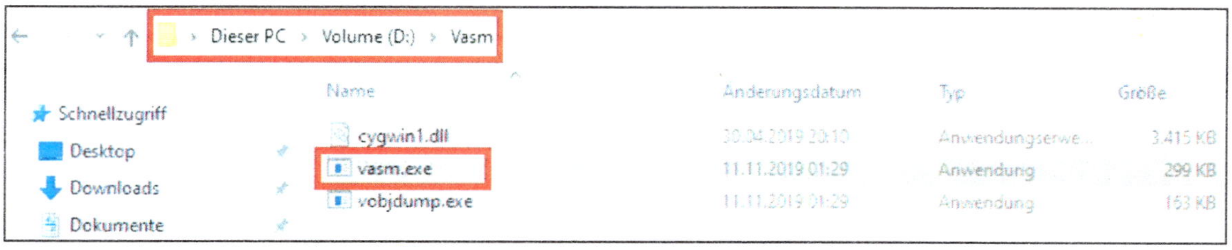

Abbildung 2 - Vasm im neuen Pfad und mit neuem Namen

Nun geht es daran, dass beim Aufruf von einem beliebigen Punkt im Dateisystem diese Daten auch gefunden werden. Wir müssen also die Umgebungsvariable um den entsprechenden Pfad erweitern. Tippt man in Windows im Suchfeld links unten in der Schnellstartleiste die ersten Buchstaben der Wortes *Umgebungsvariable* ein, erhält man umgehend einen internen.

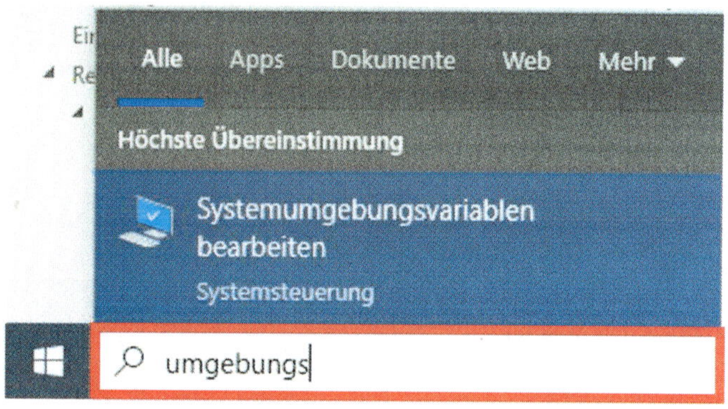

Abbildung 3 - Das Suchen der Umgebungsvariablen-Bearbeitung

Nah einem Mausklick auf den betreffenden Menüpunkt öffnet sich ein Dialogfenster, in dem die gleichnamige Schaltfläche anzuklicken ist.

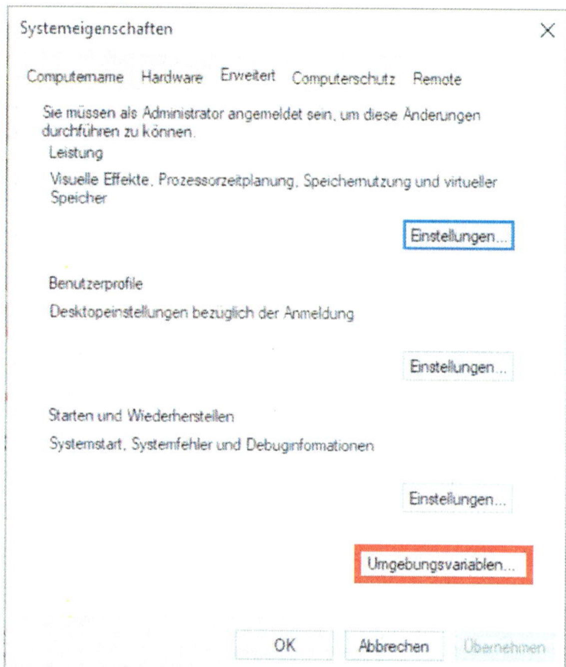

Abbildung 4 - Aufruf der Umgebungsvariablen

Nach dem Anklicken der rot markierten Schaltfläche kann es losgehen. Im nächsten Dialogfenster wird die Zeile *Path* ausgewählt und die Schaltfläche *Bearbeiten* angeklickt.

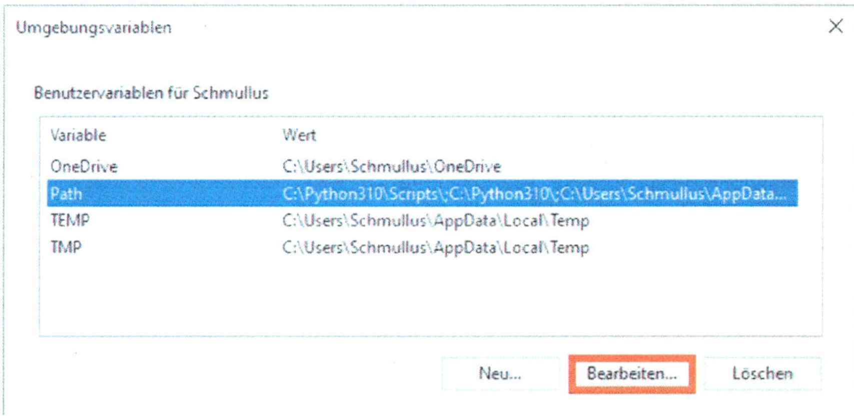

Abbildung 5 - Die Umgebungsvariable Path bearbeiten

Im darauffolgenden Dialogfenster muss die Schaltfläche *Neu* angeklickt werden, damit der Umgebungsvariablen *Path* ein neuer Eintrag hinzugefügt werden kann.

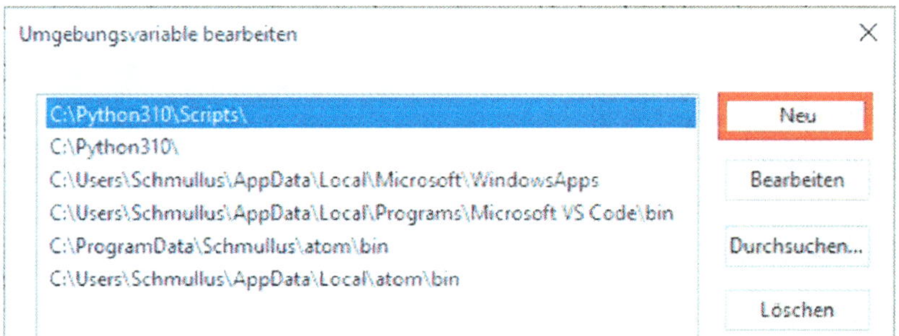

Abbildung 6 - Einen neuen Eintrag zur Umgebungsvariablen Path hinzufügen

Jetzt kann – es wurde auch Zeit – der Pfad zur *vasm.exe*-Datei hinzugefügt und über die Schaltfläche *Ok* bestätigt werden.

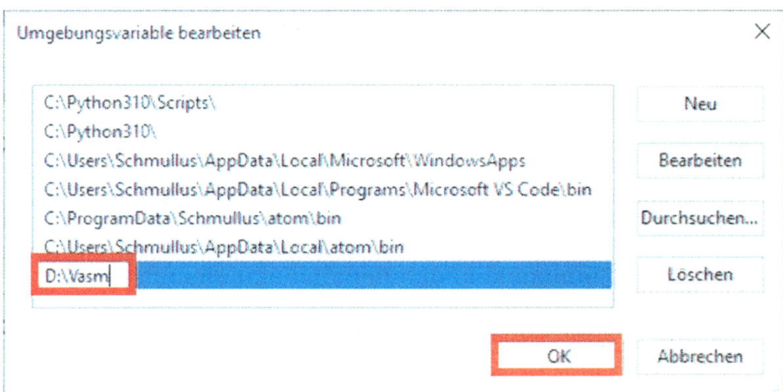

Abbildung 7 - Den neuen Pfad hinzufügen - Dialog unten etwas abgeschnitten

Nun kann der Prozess beendet und alle Fenster geschlossen werden. Im nächsten Schritt muss der Texteditor *Notepad++* angepasst werden. Über den Menüpunkt *Plugins* wird das Untermenü *Plugin-Verwaltung* aufgerufen.

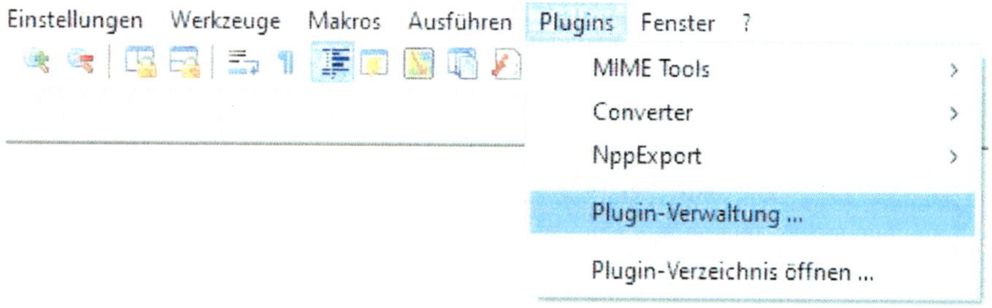

Abbildung 8 - Die Plugin-Verwaltung von Notepad++ aufrufen

Als nächstes wird das Plugin *NppExec* ausgewählt und über die Schaltfläche Installieren Notepad++ hinzugefügt.

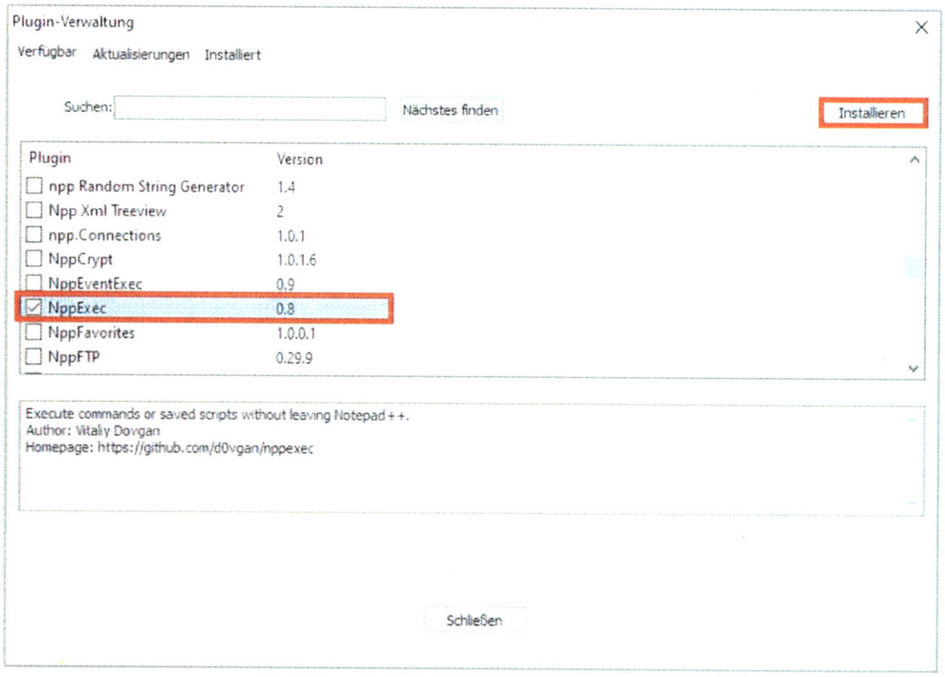

Abbildung 9 - Das Hinzufügen des Plugin NppExec zu Notepad++

Über die Funktionstaste *F6* wird das Dialogfenster für das auszuführende Skript aufgerufen und kann über die Schaltfläche *Save* mit einem aussagekräftigen Namen versehen werden. Zu Beginn ist das Fenster natürlich leer und muss mit den gezeigten Kommandos befüllt werden.

Abbildung 10 - Das NppExec-Skript

Damit ist der ganze Prozess der Einrichtung von Vasm und Notepad++ abgeschlossen. Wird jetzt ein Assembler-Programm in Notepad++ geladen und die Funktionstaste *F6* mit nachfolgender Bestätigung über die Return-Taste quittiert, wird der Assembler-Quellcode übersetzt und im jeweiligen Verzeichnis als Binärdatei abgelegt. Im unteren Bereich von Notepad++ wird dann das Ergebnis der Übersetzung von *Vasm* zur Anzeige gebracht, wie das auf der folgenden Abbildung zu sehen ist.

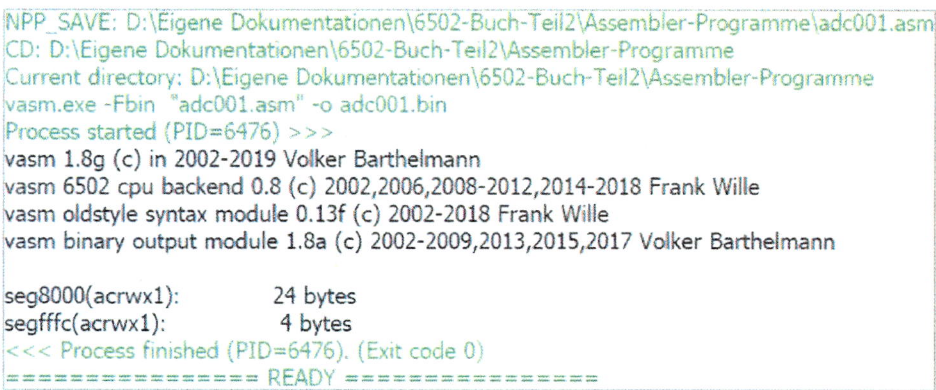

Abbildung 11 - Die Ausgabe des Übersetzungsprozesses von Vasm

Neue Taktgeber

Bisher habe ich immer den Taktgenerator über den Timer-Baustein NE555 verwendet, der ja wunderbar arbeitet und perfekt zur Umschaltung zwischen manuellem und automatischem Betrieb geeignet ist, was gerade bei sehr niedrigen Taktraten zur Kontrolle und Überwachung einzelner Programmschritte passt. Mit ihm kann natürlich weiterhin gearbeitet werden. Dennoch möchte ich an dieser Stelle zwei neue Ansätze vorstellen. Der erste ist eine Schaltung mit einem Quarz gesteuerten Oszillator, die mit recht wenig Bauteilen auskommt. Der zweite ist ein sogenannter Quarzoszillator, der lediglich aus einem einzigen Bauteil besteht.

Eine Schwingquarz-Schaltung

Als grundlegende Schaltung kann die folgende Anordnung von Bauteilen verwendet werden, wo neben dem eigentlichen Schwingquarz weitere Bauteile erforderlich sind.

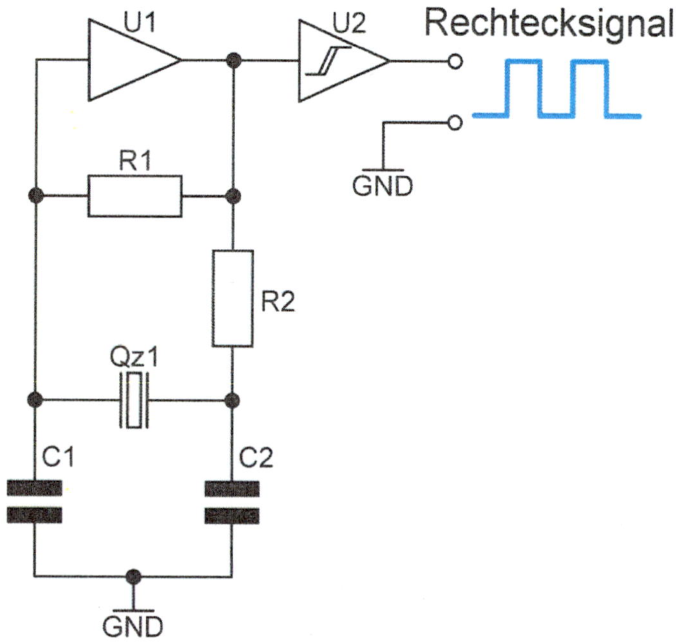

Abbildung 12 - Allgemeine Schaltung für einen Quarzoszillator

Manch einer mag sich vielleicht fragen, wenn doch ein Quarz für die Schwingungserzeugung zuständig ist, warum werden dann noch die beiden Kondensatoren benötigt? Der Quarz schwingt von ganz alleine, doch er benötigt zum sauberen Anschwingen eben diese beiden Kondensatoren. Es könnte auch ohne funktionieren, doch die Frequenz wäre dann nicht stabil und würde wohl ein wenig drüber oder unterhalb der gewünschten Frequenz liegen. Wenn man die Schaltung aufbaut, dann sollte unbedingt darauf geachtet werden, dass der Quarz und die beiden Kondensatoren so dicht wie möglich am Mikrocontroller platziert sind. Ebenso sollten die Anschlussbeinchen sehr kurzgehalten werden. Andernfalls wirkt die Schaltung wie auch die Drähte als Funkantenne mit abgestrahlten Hochfrequenzsignalen.

Die gezeigte Schaltung möchte ich aber nicht in der gezeigten Form verwenden, denn es ist vielleicht sinnvoll und brauchbar, wenn unterschiedliche Frequenzen zur Verfügung stehen. Diese werden jetzt aber nicht über ein Potentiometer stufenlos eingestellt, sondern über einen speziellen Baustein mehrfach geteilt. Ich nutze zu diesem Zweck einen CMOS-Logikbaustein der 4000er-Serie. Er nennt sich *CD4060* und ist ein 14-Bit-Binärzähler mit eingebautem Oszillator. Auf der folgenden Abbildung ist dieser Baustein in einem 16-poligen DIL-Gehäuse zu sehen.

Abbildung 13 - Der 14-Bit-Binärzähler CD4060

Natürlich ist die Pinbelegung wieder sehr hilfreiche, denn ansonsten wird es mit der Verkabelung etwas schwierig.

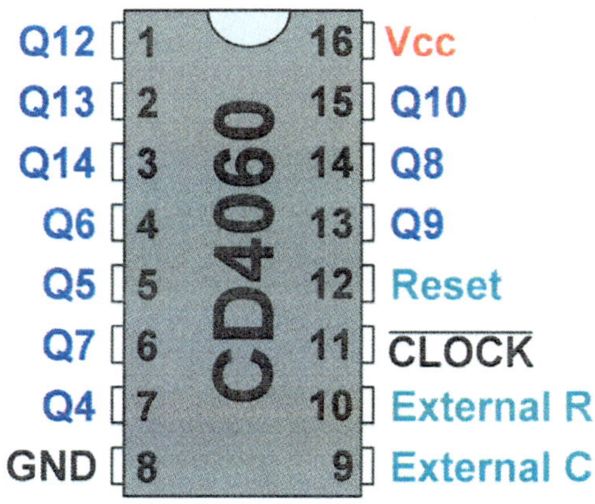

Abbildung 14 - Die Pinbelegung des CD4060

Die einzelnen Ausgänge für die unterschiedlichen Teilerverhältnisse sind hier mit *Q* bezeichnet und mehr oder weniger durchnummeriert. Sehen wir uns das in der folgenden Tabelle genauer an.

Ausgang	Teilerfaktor	Besonderheit
Q1	2	nicht herausgeführt
Q2	4	nicht herausgeführt
Q3	8	nicht herausgeführt
Q4	16	-
Q5	32	32
Q6	64	
Q7	128	
Q8	256	
Q9	512	
Q10	1024	
Q11	2048	nicht herausgeführt

Q12	4096	
Q13	8192	
Q14	16384	

Tabelle 1 - Ausgänge und Teilerverhältnisse des CD4060

Kommen wir nun zur konkreten Schaltung unseres Quarzoszillators, die auf der folgenden Abbildung zu sehen ist.

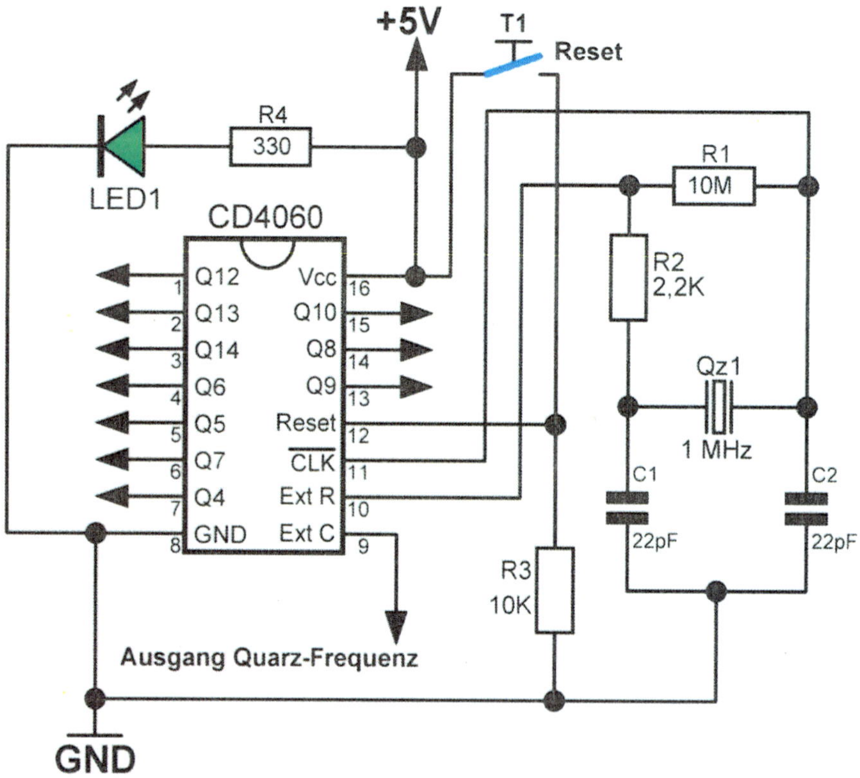

Tabelle 2 - Schaltung Quarzoszillator mit CD4060

Ich habe hier lediglich den Ausgang External *C* an Pin 9 beschriftet und herausgeführt, der genau die Taktfrequenz des verwendeten Quarzes bereitstellt, was in diesem Fall 1MHz ist. Alle anderen Q-Ausgänge können natürlich ebenfalls nach Bedarf verwendet werden. Über den Taster T1 kann ein Reset des Zählers erzielt werden. Ist der Taster nicht gedrückt, liegt über den Pull-Down-Widerstand R3 ein Masse-Potential am Reset-Eingang Pin 12 an. Der Zähler arbeitet. Wird der Taster gedrückt, gelangt ein HIGH-Pegel an den Reset-Eingang und der Zähler wird zurückgesetzt. Im Normalbetrieb ist diese Funktion jedoch ohne Belang, da in der Regel nur ein Ausgang genutzt wird.

Ich habe mir wieder eine kleine Platine dazu entworfen und die Ausgänge über eine Buchsenleiste nach außen geführt, wie das auf der folgenden Abbildung zu erkennen ist.

Tabelle 3 - Der Schaltungsaufbau des Quarzoszillators auf dem Breadboard

Durch das Umstecken in eine andere Buchse der Buchsenleiste kann ein anderes Teilerverhältnis erzielt werden. Falls weitere Teilerverhältnisse gewünscht sind, können auch zwei derartiger Bausteine hintereinandergeschaltet werden.

Ein Quarzoszillator

Ein Quarzoszillator ist ebenfalls eine Schaltung, die aus einem Schwingquarz besteht, die zusätzlichen Bauteile jedoch mit dem Schwingquarz in einem Gehäuse verbaut sind.

Was ist ein Quarzoszillator?

Ein Quarzoszillator ist eine elektronische Schaltung zum Erzeugen von Schwingungen, wobei als frequenzbestimmendes Bauelement ein sogenannter Schwingquarz verwendet wird. Die komplette Schaltung ist in einem einzigen Gehäuse verbaut.

Auf der folgenden Abbildung ist ein derartiger Quarzoszillator zu sehen, der vier Anschlussbeinchen besitzt.

Abbildung 15 - Ein Quarzoszillator

Die Anschlussbelegung sollte natürlich gemäß des entsprechenden Datenblattes erfolgen und ich kann nur für meinen Typ das folgende Schema liefern, was aber sehr gängig zu sein scheint. Also bitte vorher unbedingt überprüfen und erst dann die Spannungsversorgung anlegen!

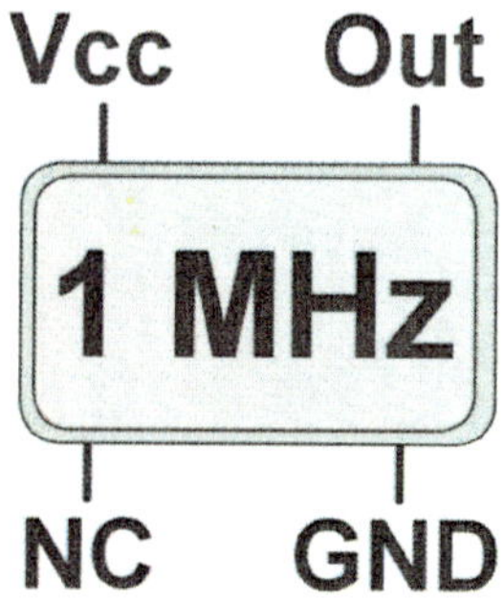

Abbildung 16 - Die Pinbelegung des Quarzoszillators

Natürlich habe ich mir dazu eine kleine Platine gebastelt und den Quarzoszillator in eine kleine Fassung gesteckt, so dass er bei Bedarf recht einfach ausgetauscht werden kann. Zusätzlich ist noch eine LED mit Vorwiderstand zur Anzeige der Spannungsversorgung zu sehen.

Abbildung 17 - Der Schaltungsaufbau des Quarzoszillators auf einer kleinen Platine

Ein automatischer Reset

Es ist sicherlich recht mühsam und nervig, nach dem Anlegen der Spannungsversorgung den Reset-Taster kurz zu drücken, nur, dass dann auch die Initialisierungsschritte der 6502-CPU ausgeführt werden. Mit der Zeit geht das zwar einem in Fleisch und Blut über, doch es sollte später bei einer professionelleren Schaltung irgendwie automatisch erfolgen. Wer könnte aber automatisiert den Reset-Taster drücken? Die Freundin, die Ehefrau? Ich denke nicht! Nun kommt ein Kondensator ins Spiel, der gewisse Eigenschaften vorweist, die hier nützlich zum Tragen kommen. Sehen wir uns dazu die folgende Schaltung mit entsprechendem Graphen an.

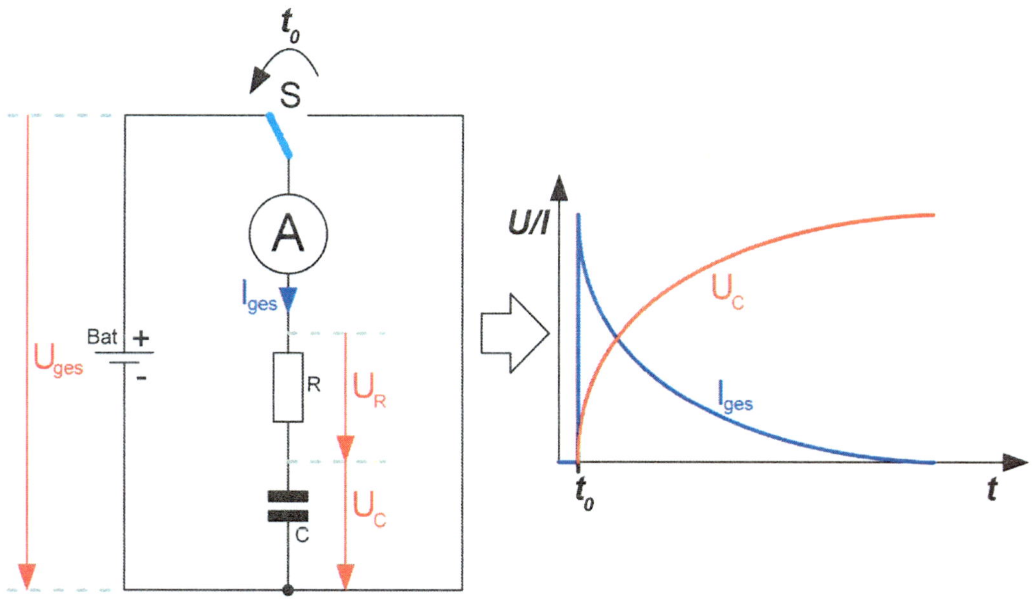

Abbildung 18 - Der Kondensator im Gleichstromkreis

Die Schaltung für das Laden des Kondensators *C* erfolgt beim Schließen des Schalters *S* über den Widerstand *R*, wobei die Dimensionierung von R und C erst einmal nebensächlich ist. Im Augenblick des Umschaltens von Schalter S zum Zeitpunkt t_0 springt der Strom *I* (Ladestrom) unmittelbar von Null auf den Maximalwert. Das passiert aus dem Grund, weil der Kondensator in einem Gleichstromkreis im ungeladenen Zustand quasi einen Kurzschluss bildet. Ab diesem Augenblick sinkt der Strom nach einer e-Funktion und geht im Unendlichen gegen Null, weil sich der Kondensator mit der Zeit immer mehr auflädt und einen sehr großen Gleichstrom-Widerstand ausbildet. Je größer der Widerstand wird, desto größer ist auch der Spannungswert U_C am Kondensator. Diesen Umstand können wir uns zunutze machen und durch das Hinzufügen eines Kondensators am Reset-Pin der CPU nach dem Anlegen der Spannungsversorgung einen Reset der CPU erzwingen. Das schaut dann wie folgt aus, wobei auf der linken Seite der vorherige Zustand und auf der rechten Seite der modifizierte Zustand zu sehen ist.

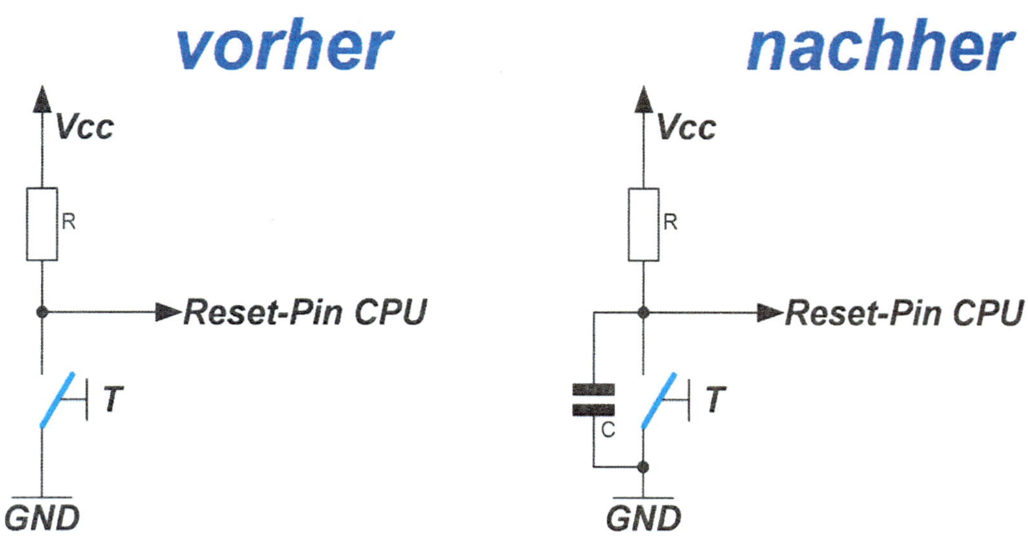

Abbildung 19 - Die Realisierung eines automatischen Resets nach dem Einschalten

Es ist zu erkennen, dass bei der modifizierten Schaltung auf der rechten Seite einfach ein Kondensator *C* parallel zum Taster *T* platziert wurde. Dieser übernimmt nach dem Einschalten die Aufgabe des Taster-Drückens, weil er ja - wie schon erwähnt - im ungeladenen Zustand einen Kurzschluss bildet und das Massepotential *GND* an den Reset-Pin der CPU leitet. Der Reset wird eingeleitet. Mit der Zeit wird er natürlich aufgeladen und bildet einen sehr hohen Widerstand aus, so dass das wiederum bedeutet, dass lediglich die Spannungsversorgung *Vcc* am Reset-Pin der CPU anliegt. Der Reset der CPU wird nicht mehr ausgeführt. Auf der folgenden Abbildung ist dieser Vorgang mit einem Scope aufgezeichnet worden.

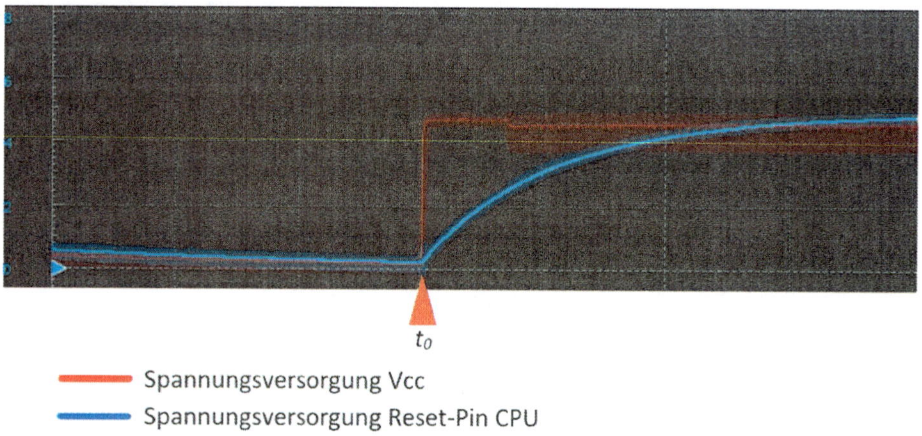

Abbildung 20 - Die Reset-Spannung steigt mit der Zeit

Es ist gut zu erkennen, dass mit der Zeit nach dem Einschalten zum Zeitpunkt t_0 die Reset-Spannung langsam ansteigt. Zeit genug, um einen Reset der CPU bei entsprechend hoher Taktrate zu bewirken.

Ein Stützkondensator

Wenn es darum geht, eine Schaltung zu entwickeln, dann ist es natürlich außerordentlich wichtig, eine stabile und konstante Spannungsversorgung zu haben. Es kann immer mal vorkommen, dass ein bestimmtes Bauteil kurzzeitig einen höheren Energiebedarf vorweist, was zur Folge haben könnte, dass sich die Stromstärke recht schnell ändert und daraufhin die Versorgungsspannung ebenfalls einbricht. Das kann zum Beispiel dadurch entstehen, wenn ein digitaler Ausgang eines intergierten Bauteils beim Umschalten des Pegels die internen Ausgangstransistoren beansprucht und darüber ein erhöhter Stromimpuls entsteht. Mögliche Instabilitäten wären hier die Folge. Das ganze Verhalten ist schon schlimm genug, doch zusätzlich kann es noch zu einem Aufschaukeln des Effektes kommen, was ein Schwingen des integrierten Schaltkreises zur Folge hätte. In der Elektronik gibt es ein Bauteil, das in der Lage ist, Energie zu Speichern. Es nennt sich *Kondensator*, den wir schon kennengelernt haben. Es ist also eine gute Sache und ist auch gängige Praxis, das je integriertem Schaltkreis ein sogenannter *Stützkondensator* zwischen der

Betriebsspannung und Masse positioniert wird. Dieser besitzt in der Regel eine Kapazität von 100nF, was 0,1μF entspricht. Auf der folgenden Abbildung ist ein derartiger Keramikkondensator zu sehen, der mit der Bezeichnung 104 versehen ist.

Abbildung 21 - Ein Keramikkondensator mit 100nF

Ein derartiger Kondensator sollte so positioniert werden, dass der Weg von Kondensator zu den Pins des integrierten Schaltkreises sehr kurz ist. Es bleibt natürlich jedem selbst überlassen, ob er diese Erweiterung zur Schaltung hinzufügt.

Rechnen - Addieren und Subtrahieren

Nun habe ich in meinem ersten Teil schon einiges über das Rechnen mit der CPU erzählt, doch das war eher ein Geplänkel am Rande, wie man das so schön nennt. Es gibt hinsichtlich unterschiedlicher Operationen ein spezielles Register, das in den meisten CPUs eine entscheidende Rolle spielt. Es ist der Akkumulator, auch kurz *Akku* genannt.

Was der Akkumulator ist und wozu er benötigt wird, habe ich natürlich im ersten Teil schon etwas durchscheinen lassen. An dieser Stelle möchte ich das nun etwas vertiefen. Der Akkumulator dient als universelle Recheninstanz. Operationen, welche sich auf zwei Speicherstellen beziehen, müssen den Weg zuerst über den Akkumulator gehen. Somit ist der Akkumulator eines der am meisten genutzten Register in der CPU. Doch was nützt es, wenn wir wissen, dass da ein Akkumulator ist, der mit einzelnen Bits etwas anstellt und dann daraus irgendetwas macht, was als Ergebnis zur Verfügung steht? Man könnte das natürlich so stehen lassen, doch ich möchte darauf näher eingehen, denn das Rechnen mit Bits sollte verstanden werden. Natürlich könnte ich jetzt gewaltig ausholen und ein gewaltig dickes Buch mit 1000 Seiten Schreiben, wo es nur um Digitaltechnik und den entsprechenden Grundlagen geht. Dazu gibt es genügend freies Material im Internet. Ich werde es aber recht kurz und knapp halten und mich auf Dinge und Bereiche konzentrieren, die für uns wichtig sind.

Die Grundlage beziehungsweise Basis ist natürlich das sogenannte *Byte*, was einen Zusammenschluss von 8 einzelnen Bits bedeutet, wie das auf der folgenden Abbildung noch einmal zu sehen ist.

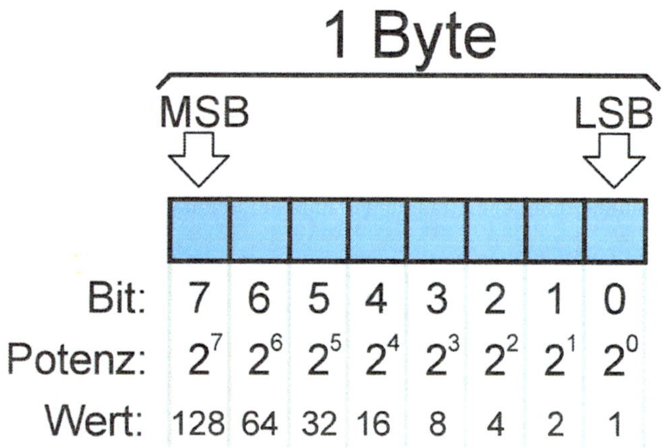

Abbildung 22 - Das Byte

Diese 8 Bits steigen in ihren Wertigkeiten von rechts nach links, was durch die gezeigte Potenzierung mit der Basis 2 je Stelle immer eine Verdopplung des Wertes bedeutet. Also 1, 2, 4, 8, usw. Zudem besitzen die ganz außen liegenden Bits, die quasi die Begrenzungen des Bytes repräsentieren, besondere Bezeichnungen. Ganz rechts außen ist es das niederwertigste Bit, was *LSB = Least Significant Bit* genannt wird und ganz links außen das höchstwertigste Bit mit der Bezeichnung *MSB = Most Significant Bit*. Die gleichen Bezeichnungen gibt es noch einmal im Verbund mit mehreren Bytes, wo es dann aber bei *LSB = Least Significant Byte* und *MSB = Most Significant Byte* lautet. Die folgenden Beispiele zeigen einige unterschiedliche Werte.

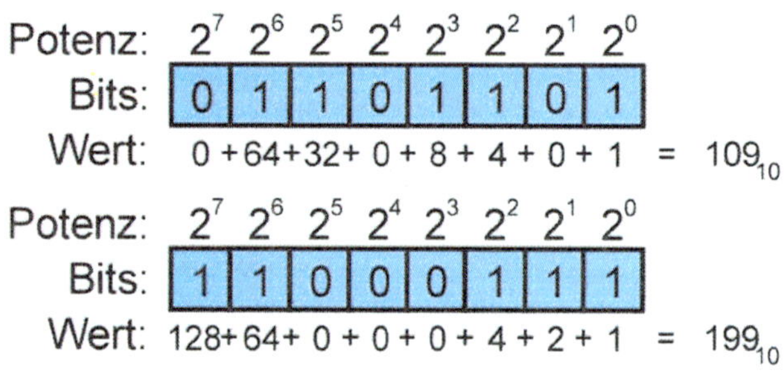

Abbildung 23 - Zwei Beispiele

Bevor ich jedoch beginne, sollte ich eine sehr einfache Vorgehensweise zeigen, mit der man Dezimalzahlen quasi zu Fuß in Binärzahlen wandeln kann. Ich hör schon die Kritiker schreien, dass es dafür doch Taschenrechner oder Programme wie *Calc* im *Programming-Mode* gibt. Schön!

Eine entsprechende Umrechnungsvorschrift entspricht der Division mit dem anfallenden Restwert. Da eine Zahl dividiert durch den Wert 2 immer nur den Restwert 0 oder 1 ergeben kann, entsteht daraus die äquivalente Binärzahl. Folgende Punkte müssen demnach abgearbeitet werden.

1. Die Zahl durch den Wert 2 dividieren
2. Den Restwert der Division notieren
3. Ist das Ganzzahl-Ergebnis nicht 0 ist, müssen die Schritte 1 und 2 wiederholt werden

Ich möchte die Dezimalzahl 150_{10} in eine Binärzahl wandeln.

Rechnung	Ganzzahl-Ergebnis	Restwert
150 ÷ 2 =	75	0
75 ÷ 2 =	37	1
37 ÷ 2 =	18	1
18 ÷ 2 =	9	0
9 ÷ 2 =	4	1
4 ÷ 2 =	2	0
2 ÷ 2 =	1	0
1 ÷ 2 =	0	1

Das Ergebnis erscheint nun in der Spalte Restwert, wobei das LSB ganz oben steht. Wir können also folgendes schreiben: $\mathbf{150_{10}} = \mathbf{10010110_2}$

Dieser kleine Einschub zur händischen Umrechnung von einer Dezimal- in eine Binärzahl sollte an dieser Stelle erst einmal genügen. Ich denke, ich sollte jetzt einfach einmal mit ein paar einfachen Rechenoperationen beginnen, damit klar ist, wie das mit den einzelnen Bits gehandhabt wird.

Die Addition

Vielleicht erinnern sich einige noch an die Addition von Zahlen, wie wir sie in der Grundschule gelernt haben. Wir schreiben die Zahlen mit den einzelnen Stellen untereinander und addieren sie dann Stelle für Stelle. Dabei beginnen wir mit der letzten rechten Stelle und arbeiten uns dann langsam nach vorne durch. Die gleiche Vorgehensweise kommt zur Anwendung, wenn wir Binärzahlen - auch Dualzahlen genannt - addieren wollen. Ich werde das zu Beginn mal anhand von 4-Bit-Zahlen erläutern. Die zugrunde liegenden Rechenregeln lauten wie folgt, wobei sich das natürlich nur auf eine einzige Stelle bezieht.

```
            Ü
    0 + 0 = 0 0
    0 + 1 = 1 0
    1 + 0 = 1 0
    1 + 1 = 0 1
1 + 1 + 1 = 1 1
```

Abbildung 24 - Rechenregeln für eine Addition

In einem einzelnen Additionsschritt werden immer nur zwei Werte addiert. Soll also eine Summe aus mehreren Werten gebildet werden, dann addiert man zunächst die erste und den zweiten Wert, wobei das Ergebnis dann zum dritten Wert addiert wird. In dieser Weise wird fortgefahren, bis alle Werte addiert wurden. Eine Kolonnenaddition, wie man das von Dezimalzahlen gewohnt ist, ist bei Binärzahlen also nicht möglich, da es Probleme bei einem möglichen Übertrag gibt. Was ein Übertrag ist, wird gleich genauer beleuchtet, doch die meisten ahnen das schon, denn es bedeutet eine Berücksichtigung des Ergebnisses einer Stelle auf die nächste. Sehen wir uns also ein paar Beispiel zur Addition an.

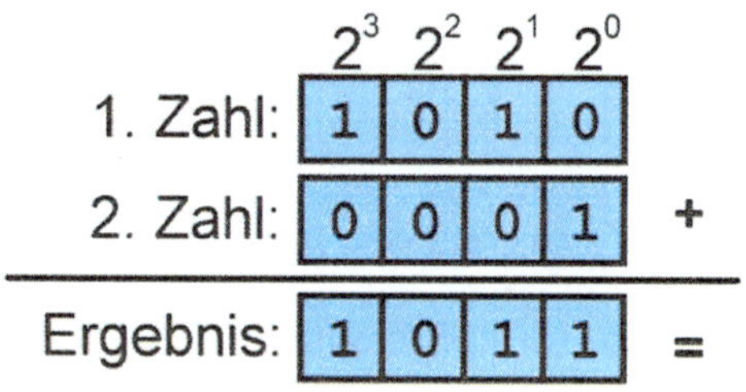

Abbildung 25 - Die Addition zweier Binärzahlen (ohne Übertrag)

Addiert wird natürlich von rechts nach links, wobei in diesem Beispiel noch kein Übertrag zustande kommt. In Prosa ausgedrückt lautet das dann.

- 0 + 1 gleich 1 und kein Übertrag auf die nächste Stelle
- 1 + 0 gleich 1 und kein Übertrag auf die nächste Stelle
- 0 + 0 gleich 0 und kein Übertrag auf die nächste Stelle
- 1 + 0 gleich 1 und kein Übertrag auf die nächste Stelle

Im nächsten Beispiel ist dann zu sehen, wie ein Übertrag zu handhaben ist.

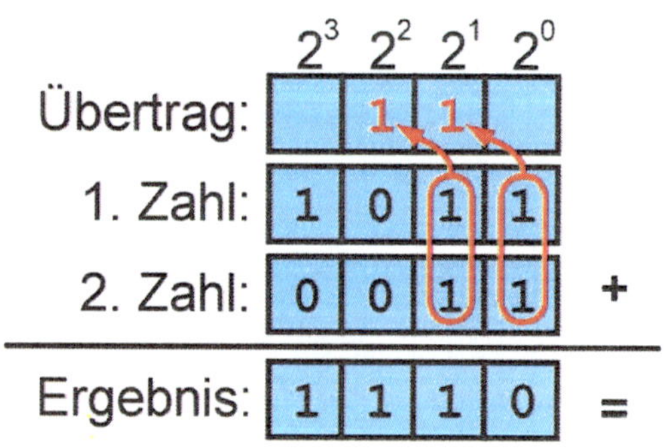

Abbildung 26 - Die Addition zweier Binärzahlen (mit Übertrag)

In Prosa ausgedrückt lautet das dann.

- 1 + 1 gleich 0 plus einen Übertrag auf die nächste Stelle
- 1 + 1 + 1 gleich 1 plus einen Übertrag auf die nächste Stelle
- 1 + 0 + 0 gleich 1 und kein Übertrag auf die nächste Stelle
- 1 + 0 gleich 1 und kein Übertrag auf die nächste Stelle

Mit diesem 4-Bit-Beispielen kann man das Szenario auf jede mögliche Bit-Länge adaptieren. Ok verstehe, ich sollte doch mal was mit 8-Bit-Werten machen. Ist auch eine gute Sache, denn die 6502-CPU ist ja eine 8-Bit-CPU und gerade, wenn es da zu einem Überlauf kommt, sieht es schlecht aus?! Nein, nicht wirklich! Aber sehen wir uns das an. Die beiden 8-Bit-Werte sollen also addiert werden. Beim ersten Beispiel ist noch alles sozusagen im grünen Bereich, doch beim zweiten Beispiel gibt es das angesprochene Szenario, dass das Ergebnis nicht mehr in den Wertebereich von 8-Bits hineinpasst. Wie groß ist dieser denn noch mal?

$$\text{Anzahl Kombinationen} = 2^{\text{Anzahl Bits}}$$

$$\text{Anzahl Kombinationen} = 2^{8} = 256$$

Mit einer Datenbreite von 8 Bits können also 256 unterschiedliche Kombinationen erzielt werden. Das ist der Wertebereich von 0 bis 255, nicht 256! Beim folgenden Beispiel werden die Werte 198 und 58 einer Addition unterzogen.

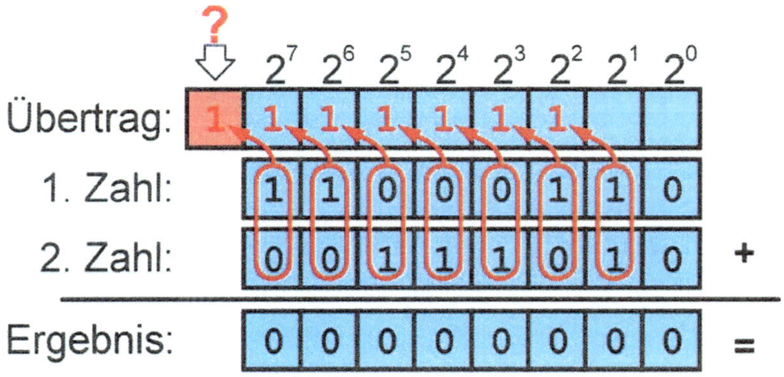

Abbildung 27 - Die Addition zweier Werte mit einem Überlauf

Natürlich habe ich die beiden Summanden nicht ohne Grund so gewählt, denn das Ergebnis der Addition von 198 und 58 ist genau 256. Da mit einem einzigen Byte jedoch nur Werte bis maximal 255 abgebildet werden können, kommt es zwangsläufig zu einem Problem. Das Ergebnis ist 00000000_2, was einfach 0 bedeutet und nicht 256. Die nächste binäre Stelle nach 2^7 wäre 2^8 und genau diese entspräche dem Wert 256. Natürlich darf dieser Umstand eines Überlaufes auf keinen Fall unter den Tisch fallen und beim Design der 6502-CPU wurde dieser Umstand natürlich berücksichtigt. Man hatte also zwei Möglichkeiten, diesem Dilemma zu begegnen.

- Den Datenbus breiter machen
- Ein Signal erstellen, dass den Überlauf kennzeichnet

Man hat sich für den zweiten Punkt entschieden. Dieses Signal ist im schon kurz erwähnten Status-Register als sogenanntes Flag (Flagge) zu finden, wie das auf der folgenden Abbildung zu sehen ist, wobei in diesem Register noch weitere Flags vorhanden sind, die über andere Gegebenheit Aufschluss geben.

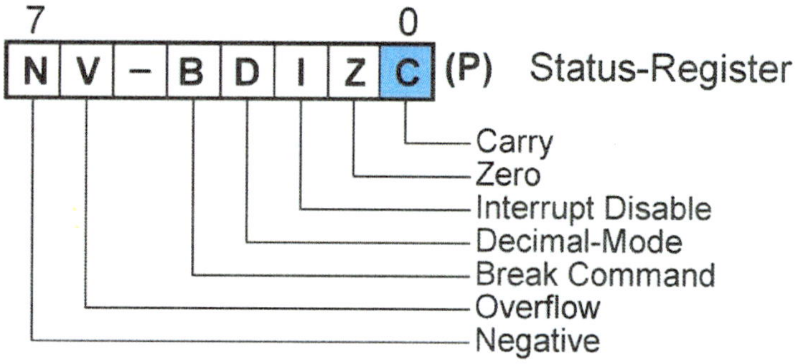

Abbildung 28 - Das Status-Register – Das Carry-Flag

Ich habe das für uns wichtige Bit ganz rechts außen farblich hervorgehoben. Dieses sogenannte Carry-Bit besitzt immer dann den Wert 1, wenn es bei einer Rechenoperation zu einem Überlauf gekommen ist. Die restlichen Bits des Status-Registers werden im Moment vernachlässigt und kommen später in eine nähere Betrachtung. Jetzt stellt sich erst einmal die Frage - und ich will ganz von vorne beginnen - mit welchen OP-Code eine Addition erzielt wird. Im nächsten Schritt sollte man sich dann Gedanken machen, wie denn dieses Carry-Bit angefragt oder sichtbar gemacht werden kann. Doch es ist erforderlich, noch einen Schritt zurück zu machen, denn bevor es an die angestrebte Rechenoperation geht, muss klar sein, wie die CPU das alles verarbeitet.

Die ALU und der Akku

ALU ist die Abkürzung für *Arithmetic Logic Unit* (Recheneinheit). Es handelt sich um eine Einheit in der CPU, die einen oder zwei numerische Werte annimmt, eine arithmetische Operation durchführt und dann das Ergebnis ausgibt. Die Operationen können von der einfachen Addition bis zu bitweisen Funktionen wie OR, XOR oder AND reichen. Er ist das Herzstück der Prozessorarchitektur. Moderne Prozessorarchitekturen können mehrere ALUs enthalten, wobei der 6502 mit nur einer einzigen auskommt. Auf der folgenden Abbildung ist das Zusammenspiel zwischen ALU, Akku und dem Datenbus zu sehen.

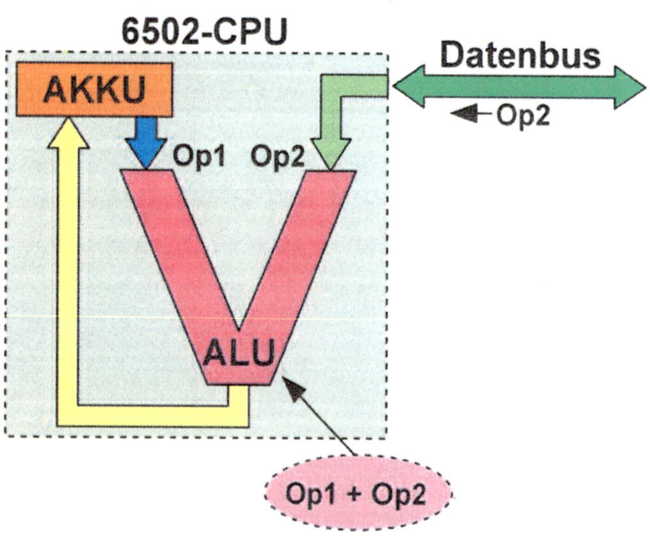

Abbildung 29 - Die Alu, der Akku und der Datenbus

Die Vorgehensweise bei einer Rechenoperation - hier eine Addition - ist wie folgt.

- Der Akku enthält den Operanden *Op1*
- Der Wert des Akkus gelangt an den linken Arm der ALU
- Der zweite Operand *Op2* gelangt vom Datenbus an den rechten Arm der ALU
- Die ALU führt die Addition durch
- Das Ergebnis der Rechenoperation wird zurück in den Akku transferiert

Hinsichtlich des Status-Registers kann gesagt werden, dass die Bits von der ALU in Abhängigkeit von der zuletzt durchgeführten Rechenoperation gesetzt werden. Gerade der schon erwähnte Überlauf wird bei Addition mit entsprechend großen Werten gesetzt.

Die verwendeten OP-Codes

So weit, so gut! Kommen wird nun zu den erforderlichen OP-Codes, um eine Addition durchzuführen. Einen OP-Code haben wir natürlich schon kennengelernt. Es ist der Lade-Akku *lda* OP-Code. Nun benötigen wir noch einen OP-Code, der die Addition mit einem bestimmten Wert ermöglicht. Es gibt da mehrere Varianten, doch ich möchte das Beispiel mit einem festen Wert beginnen. Auf der folgenden Abbildung sind schon mal die entsprechenden Werte und das Ergebnis der angestrebten Addition zu sehen.

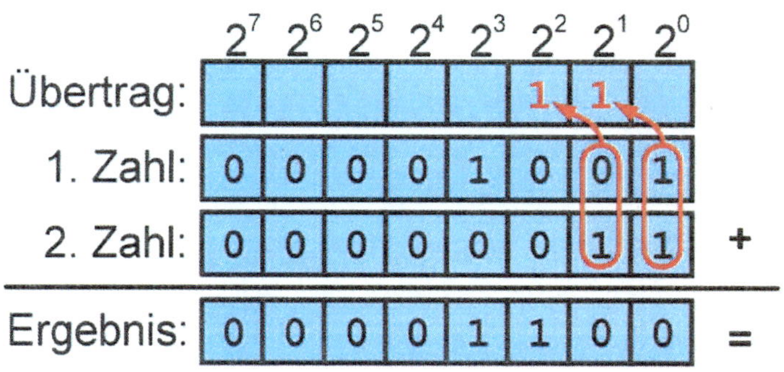

Abbildung 30 - Die Addition ohne Überlauf

Zur Anzeige des Ergebnisses kann natürlich wieder der Serial-Monitor des Arduino verwendet werden. Ich möchte jedoch das Ganze ein wenig visueller gestalten und die beiden Ports des VIA-65C22 nutzen. PORT-A soll das Status-Register anzeigen und PORT-B das Ergebnis der Rechenoperation, was letztendlich im Akku zu finden ist. Doch nun zu den versprochenen OP-Codes für das Programm. Um eine Addition unter der Berücksichtigung des Carry-Flags durchzuführen, wird der folgende OP-Code benötigt, der *adc* (add with carry) lautet. Also eine Addition unter Berücksichtigung des Carry-Flags.

MSD	W65C02S OpCode Matrix																MSD
	0	1	2	3	4	5	6	7	8	9	A	B	C	D	E	F	
0	BRK s	ORA (zp,x)			TSB zp •	ORA zp	ASL zp	RMB0 zp •	PHP s	ORA	ASL A		TSB a •	ORA a	ASL a	BBR0 r •	0
1	BPL r	ORA (zp),y	ORA (zp) •		TRB zp •	ORA zp,x	ASL zp,x	RMB1 zp •	CLC i	ORA a,y	INC A •		TRB a •	ORA a,x	ASL a,x	BBR1 r •	1
2	JSR a	AND (zp,x)			BIT zp	AND zp	ROL zp	RMB2 zp •	PLP s	AND	ROL A		BIT a	AND a	ROL a	BBR2 r •	2
3	BMI r	AND (zp),y	AND (zp) •		BIT zp,x •	AND zp,x	ROL zp,x	RMB3 zp •	SEC i	AND a,y	DEC A •		BIT a,x •	AND a,x	ROL a,x	BBR3 r •	3
4	RTI s	EOR (zp,x)				EOR zp	LSR zp	RMB4 zp •	PHA s	EOR	LSR A		JMP a	EOR a	LSR a	BBR4 r •	4
5	BVC r	EOR (zp),y	EOR (zp) •			EOR zp,x	LSR zp,x	RMB5 zp •	CLI i	EOR a,y	PHY s •			EOR a,x	LSR a,x	BBR5 r •	5
6	RTS s	ADC (zp,x)			STZ zp •	ADC zp	ROR zp	RMB6 zp •	PLA s	ADC #	ROR A		JMP (a)	ADC a	ROR a	BBR6 r •	6

Abbildung 31 - Die OP-Code-Matrixtabelle für den Op-Code ADC - (Quelle: W65C02 Datasheet)

Doch bevor eine Addition erfolgt, sollte sichergestellt sein, dass das Carry-Flag zurückgesetzt ist, denn es könnte von einer vorherigen Operation gesetzt sein, was ja nicht gewünscht ist und zu einem falschen Ergebnis führen kann. Der entsprechende OP-Code lautet *clc* (Clear Carry).

MSD	W65C02S OpCode Matrix																MSD
	0	1	2	3	4	5	6	7	8	9	A	B	C	D	E	F	
0	BRK s	ORA (zp,x)			TSB zp •	ORA zp	ASL zp	RMB0 zp •	PHP	ORA #	ASL A		TSB a •	ORA a	ASL a	BBR0 r •	0
1	BPL r	ORA (zp),y	ORA (zp) •		TRB zp •	ORA zp,x	ASL zp,x	RMB1 zp •	CLC i	ORA a,y	INC A •		TRB a •	ORA a,x	ASL a,x	BBR1 r •	1

Abbildung 32 - Die OP-Code-Matrixtabelle für den Op-Code CLC - (Quelle: W65C02 Datasheet)

Somit hätten wir - fast - alle benötigten Befehle beisammen und könnten uns dem Programm widmen. Eine wichtige Sache fehlt noch, denn es muss eine Möglichkeit geben, das Status-Register auszulesen, um es dann auch anzuzeigen. Ich wähle dafür zum einen den Befehl, den Inhalt des Status-Registers auf den Stack zu legen, und ihn dann von dort in den Akku zu laden. Die entsprechenden OP-Codes lauten *php* (Push Status on Stack) und *pla* (Pull Accumulator).

MSD	W65C02S OpCode Matrix																MSD
	0	1	2	3	4	5	6	7	8	9	A	B	C	D	E	F	
0	BRK s	ORA (zp,x)			TSB zp •	ORA zp	ASL zp	RMB0 zp •	PHP s	ORA #	ASL A		TSB a •	ORA a	ASL a	BBR0 r •	0
1	BPL r	ORA (zp),y	ORA (zp) *		TRB zp •	ORA zp,x	ASL zp,x	RMB1 zp •	CLC	ORA a,y	INC A *		TRB a •	ORA a,x	ASL a,x	BBR1 r •	1
2	JSR a	AND (zp,x)			BIT zp	AND zp	ROL zp	RMB2 zp •	PLP	AND #	ROL A		BIT a	AND a	ROL a	BBR2 r •	2
3	BMI r	AND (zp),y	AND (zp) *		BIT zp,x *	AND zp,x	ROL zp,x	RMB3 zp •	SEC	AND a,y	DEC A *		BIT a,x *	AND a,x	ROL a,x	BBR3 r •	3
4	RTI s	EOR (zp,x)				EOR zp	LSR zp	RMB4 zp •	PHA	EOR #	LSR A		JMP a	EOR a	LSR a	BBR4 r •	4
5	BVC r	EOR (zp),y	EOR (zp) *			EOR zp,x	LSR zp,x	RMB5 zp •	CLI	EOR a,y	PHY s •			EOR a,x	LSR a,x	BBR5 r •	5
6	RTS s	ADC (zp,x)			STZ zp •	ADC zp	ROR zp	RMB6 zp •	PLA s	ADC #	ROR A		JMP (a)	ADC a	ROR a	BBR6 r •	6

Abbildung 33 - Die OP-Code-Matrixtabelle für die Op-Codes PHP u. PLA - (Quelle: W65C02 Datasheet)

Hier nun das Assembler-Programm.

```
VIA      = $6000
PORTB    = VIA+0
PORTA    = VIA+1
DDRB     = VIA+2
DDRA     = VIA+3
    org $8000          ; Startadresse
    lda #$ff           ;
    sta DDRA           ; DDRA - Alle aus OUTPUT
    sta DDRB           ; DDRB - Alle aus OUTPUT
    clc                ; Carry-Bit löschen
    lda #%00001001     ; Akku mit 9 laden
    adc #%00000011     ; Addition mit 3
    php                ; Status-Register to Stack
    sta PORTB          ; Ergebnis Addition -> PORTB
    pla                ; Lade Akku vom Stack
    sta PORTA          ; Status-Register -> PORTA
loop:
    jmp loop
    org $fffc    ; Startadresse des Reset-Vektors
    word $8000   ; Startadresse des Programms
    word $0000   ; zwei Füll-Bytes
```

Abbildung 34 - Das Assembler-Programm zur Addition – ohne Überlauf (adc001.asm)

Bevor es losgeht, hier einmal der aus Teil 1 schon bekannte Teil-Schaltplan zur Ansteuerung der LEDs über den VIA-Baustein 65C22S.

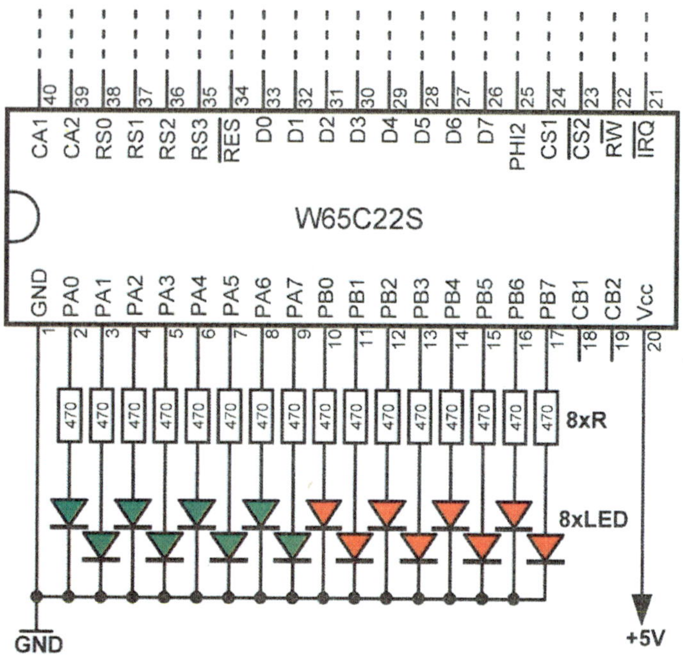

Abbildung 35 - Der Teil-Schaltplan zur Ansteuerung der LEDs

Auf der folgenden Abbildung ist das Ergebnis der Rechenoperation zu sehen, wie es sich bei mir gestaltet, wobei ich mir eine kleine Platine mit entsprechenden LEDs zusammengelötet habe, die die logischen Pegel der beiden Ports am 65C22 zeigen. Ich verwende diesmal jedoch den Typ 65C22**S**, der für PORT-A keinen Buffer benötigt. Hinweise dazu stehen in Teil 1 des Buches.

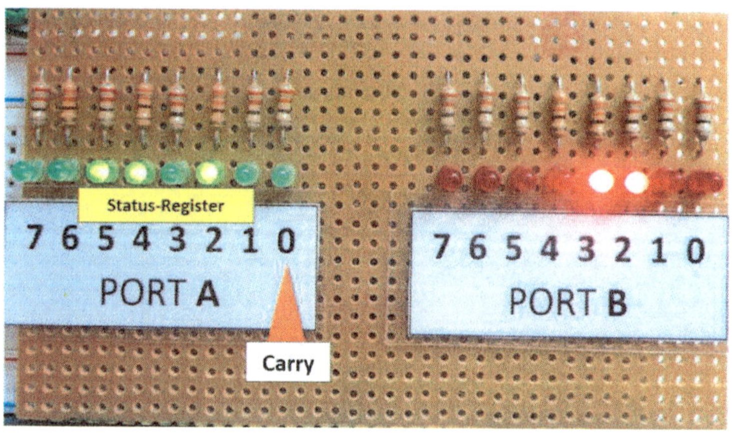

Abbildung 36 - Das Ergebnis der Addition mit den zuvor gezeigten Werten

Es ist zu sehen, dass das Carry-Flag (PORT-A) nicht gesetzt ist und das Ergebnis 00001100 (PORT-B) lautet, was dem Ergebnis der Addition entspricht. Es scheint also alles gut gelaufen zu sein. Sehen wir und im nächsten Beispiel eine Addition mit Überlauf an. Es soll die Addition von 198 und 61 erfolgen, wie das die Abbildung zeigt.

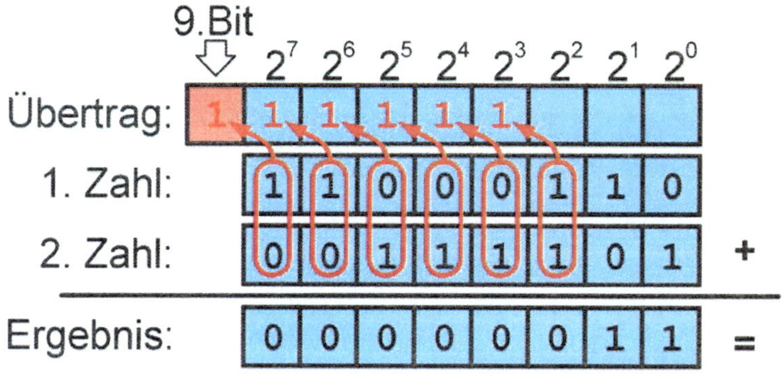

Abbildung 37 - Die Addition mit Überlauf

Wenn man sich das Ergebnis ohne den Überlauf anschaut, dann ist das der Wert 3, was natürlich falsch ist. Das Carry-Flag muss mit einbezogen werden ist repräsentiert quasi ein 9. Bit. Das richtige Ergebnis lautet also.

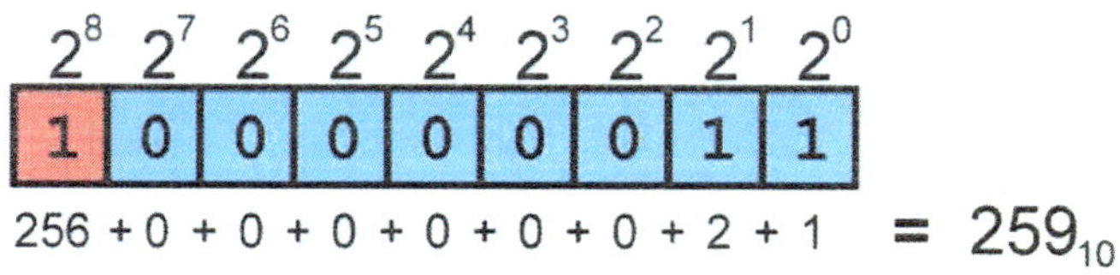

Abbildung 38 - Das richtige Ergebnis der Addition

Das entsprechende Assembler-Programm gestaltet sich wie folgt.

```
VIA      EQU $6000
PORTB    EQU VIA+0
PORTA    EQU VIA+1
DDRB     EQU VIA+2
DDRA     EQU VIA+3
    ; Mit Überlauf
    .org $8000       ; Startadresse
    lda #$ff         ;
    sta DDRA         ; DDRA - Alle aus OUTPUT
    sta DDRB         ; DDRB - Alle aus OUTPUT
    clc              ; Carry-Bit löschen
    lda #%11000110   ; Akku mit 198 laden
    adc #%00111101   ; Addition mit 61
    php              ; Status-Register to Stack
    sta PORTB        ; Ergebnis Addition -> PORTB
    pla              ; Lade Akku vom Stack
    sta PORTA        ; Status-Register -> PORTA
loop:
    jmp loop
    .org $fffc  ; Startadresse des Reset-Vektors
    .word $8000 ; Startadresse des Programms
    .word $0000 ; zwei Füll-Bytes
```

Abbildung 39 - Das Assembler-Programm zur Addition – mit Überlauf (adc002.asm)

Werfen wir zum Schluss einen Blick auf die Anzeige der LEDs. Es ist nun zu erkennen, dass die LED des Carry-Flags aufleuchtet.

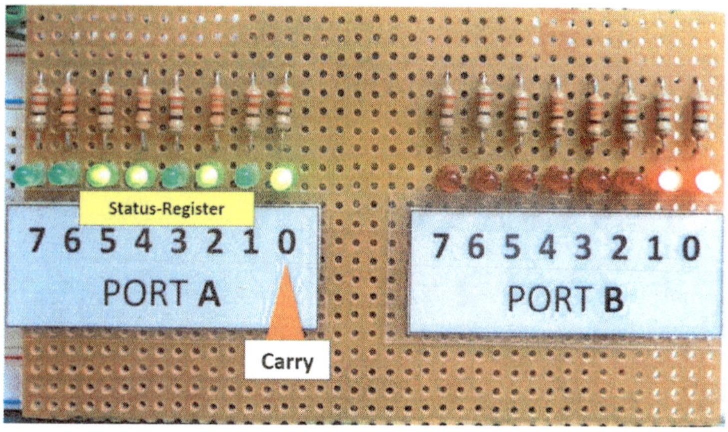

Abbildung 40 - Das Ergebnis der Addition mit dem Überlauf

Das Status-Register

Der Inhalt des Status-Registers bleibt solange unverändert, bis eine neue Operation erfolgt, die Auswirkungen auf das Register hat.

Unterschiedliche Adressierungsarten

Hier kommt nun erstmalig etwas ins Spiel, was die 6502-CPU sehr stark macht. Es handelt sich um verschiedene Adressierungsarten. Einen Schimmer, was das sein könnte? Wenn wir zum Beispiel den Befehl zum Laden eines Wertes in den Akku verwendet haben, dann ist da der *Befehl* und der sogenannte *Operand*.

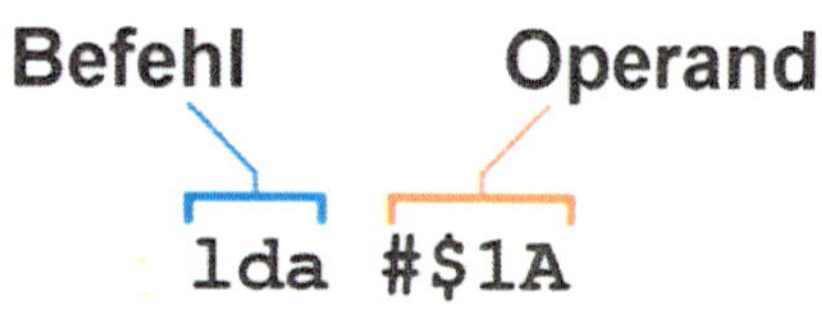

Abbildung 41 - Befehl und Operand

Die Adressierung bezieht sich nun auf die Angabe im besagten Befehl, wo der Operand überhaupt zu finden ist, mit dem dann eine Operation durchgeführt werden soll. Ich möchte hier einleitend einmal zwei unterschiedliche Adressierungsarten vorstellen, wobei die erste schon - ohne sie zu benennen - mehrfach zum Einsatz gekommen ist. Es handelt sich dabei um die sogenannte *unmittelbare Adressierung*, die *Immediate* genannt wird.

Die unmittelbare Adressierung - Immediate

Dem 8-Bit langen Befehlscode wird dabei eine acht Bit lange Konstante - auch *Literal* genannt - angehängt. Verschiedene Beispiele zur unmittelbaren Adressierung schauen wie folgt aus.

- lda #$1b (Hex-Wert)
- ldx #$ff (Hex-Wert)

- lda #%10101010 (Binär-Wert)

Die Schreibeweise mit dem anführenden Hash # (auch Lattenzaun genannt) symbolisiert die unmittelbare Adressierung. Auch der gerade hinzugekommene Befehl *adc* nutzt diese Art der Adressierung. Also zum Beispiel.

- adc #17 (Dezimal-Wert)
- adc #$fa (Hex-Wert)
- adc #%10010110 (Binär-Wert)

Was kennzeichnet die unmittelbare Adressierung?

Bei der unmittelbaren Adressierung werden die Daten - auch Operand genannt - die dem Op-Code folgen, unmittelbar in das betreffende Register geladen. Beispiele hierfür sind Akku, X-Register oder Y-Register.

Schauen wir uns nun eine weitere Möglichkeit der Adressierung an.

Die absolute Adressierung - Absolute

Nun ist es nicht immer sinnvoll, mit festen Werten in Form von Literalen zu arbeiten. Gewisse Prozesse oder Algorithmen führen Berechnungen durch, die dann ihre Ergebnisse irgendwo im Speicher ablegen. Es muss dann auch möglich sein, diese Werte wieder aus dem Speicher zu lesen, um damit zu arbeiten. Auch diese Form der Adressierung haben wir schon - ohne näher darüber nachzudenken - durchgeführt, wo es um die Initialisierung des VIA-Bausteins ging und Werte im Speicher über den Befehl *sta* $xxxx abgelegt wurden. Auf der nachfolgenden Abbildung ist ein Lesevorgang über die absolute Adressierung zu sehen.

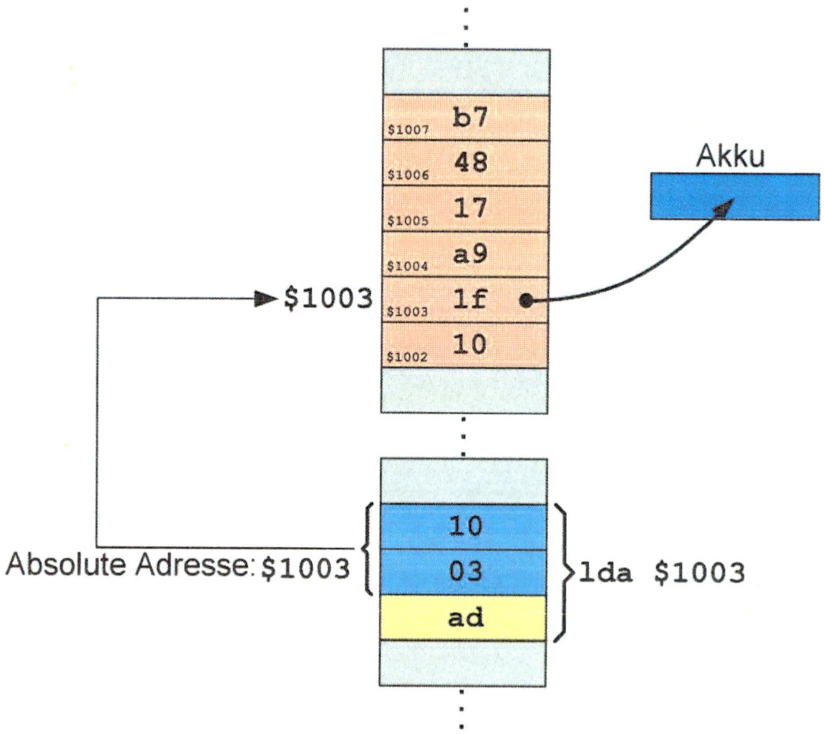

Abbildung 42 - Die Absolute Adressierung

Ich möchte dazu ein einfaches Beispiel zeigen. Das folgende Programm legt zwei bestimmte Wert im RAM ab und mit diesen soll dann eine Rechenoperation in Form einer Addition durchgeführt werden.

```
VIA      = $6000
PORTB    = VIA+0
PORTA    = VIA+1
DDRB     = VIA+2
DDRA     = VIA+3
    ; Mit Überlauf
    org $8000        ; Startadresse
    lda #$ff         ;
    sta DDRA         ; DDRA - Alle aus OUTPUT
    sta DDRB         ; DDRB - Alle aus OUTPUT
    lda #$aa         ; Wert 170
    sta $1000        ; Speicherung von $aa in $1000
    lda #$17         ; Wert 23
    sta $1001        ; Speicherung von $17 in $1001
    clc              ; Carry-Bit löschen
    lda $1000        ; Akku aus $1000 laden
    adc $1001        ; Addition aus $1001
    php              ; Status-Register to Stack
    sta PORTB        ; Ergebnis Addition -> PORTB
    pla              ; Lade Akku vom Stack
    sta PORTA        ; Status-Register -> PORTA
loop:
    jmp loop
    org $fffc   ; Startadresse des Reset-Vektors
    word $8000  ; Startadresse des Programms
    word $0000  ; zwei Füll-Bytes
```

Abbildung 43 - Das Assembler-Programm für eine absolute Adressierung (adc003.asm)

Wie das im Speicher ausschaut, wollen wir uns einmal ansehen? Die beiden Adressen zur Speicherung der Werte zur Addition müssen sich natürlich innerhalb des RAM-Bereiches befinden. Ich habe dazu willkürlich die Adressen $1000 und $1001 gewählt. Das eigentliche Programm befindet sich – wie gewohnt – innerhalb des ROM-Bereiches ab Speicherstelle $8000. In der folgenden Tabelle habe ich jedoch lediglich die Adressen aufgelistet, die sich auf die eigentliche Addition mithilfe der absoluten Adressierung beziehen. Alles andere hinsichtlich der VIA-Initialisierung ist dem zuvor gezeigten Programm zu entnehmen.

Adresse	Hex-Code	Assembler	Bemerkungen
...	...	...	...
$1000	aa		Speicherstelle im RAM
$1001	17		Speicherstelle im RAM
...	...	...	...
...	...	...	...
$8008	a9 aa	lda #$aa	Lade Akku mit Wert $aa
$800A	8d 00 10	sta $1000	Speichere Akku an Adresse $1000
$800D	a9 17	lda #$17	Lade Akku mit Wert $17
$800F	8d 01 10	sta $1001	Speichere Akku an Adresse $1001
$8012	18	clc	Clear Carry
$8013	ad 00 10	lda $1000	Lade Akku aus Speicherstelle $1000
$8016	6d 01 10	adc $1001	Addition mit Wert aus Speicherstelle $1001
...	...	...	...

RAM

ROM

Abbildung 44 - Erläuterungen zur absoluten Adressierung

Es erfolgt also die folgende Operation.

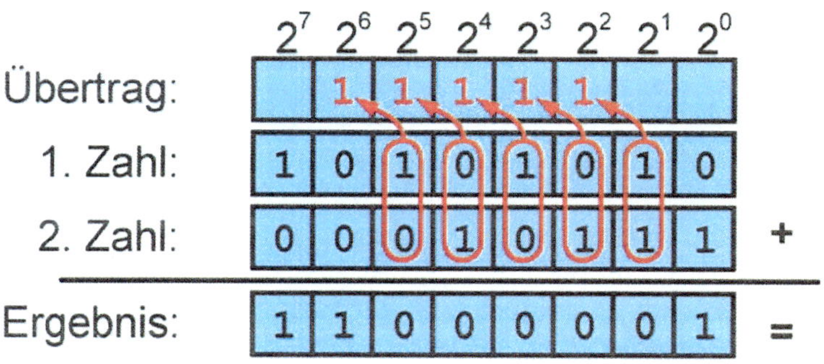

Abbildung 45 - Die Addition von $aa und $17

Sehen wir uns dazu wieder die Ausgabe bei den LEDs an.

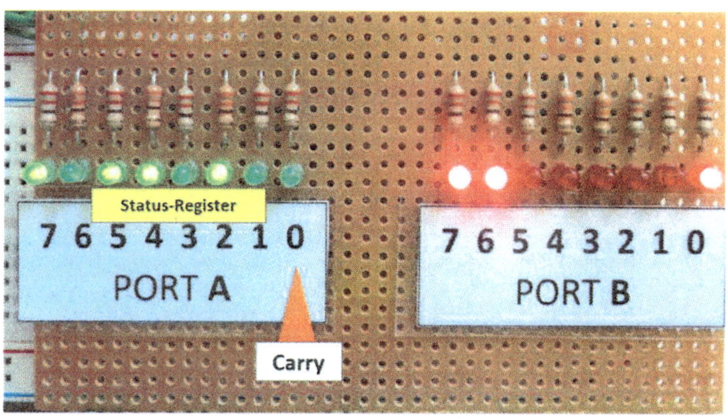

Abbildung 46 - Das Ergebnis der Addition über die absolute Adressierung

Da es bei dieser Addition von den dezimalen Werten 170 und 23 zu keinem Überlauf kommt, ist das Carry-Flag natürlich nicht gesetzt.

Die Zero-Page Adressierung

Bei dieser Adressierungsart muss ich zuvor ein wenig ausholen, denn es sollte ein Verständnis darüber bestehen, wie bestimmte Bereich oder Teile des Speichers aufgeteilt sind. Bei der 6502-CPU wird der Adressraum des 16-Bit breiten Adressbusses in logische Seiten (Pages) unterteilt. Logisch bedeutet also eine - man kann sagen - willkürliche Unterteilung, die auch anders hätte sein können und mit der realen Hardware eigentlich nicht direkt etwas zu tun hat. Eine einzige Speicherseite stellt dabei einen zusammenhängenden Block von 256 Speicherstellen dar, wie das auf der folgenden Abbildung zu erkennen ist.

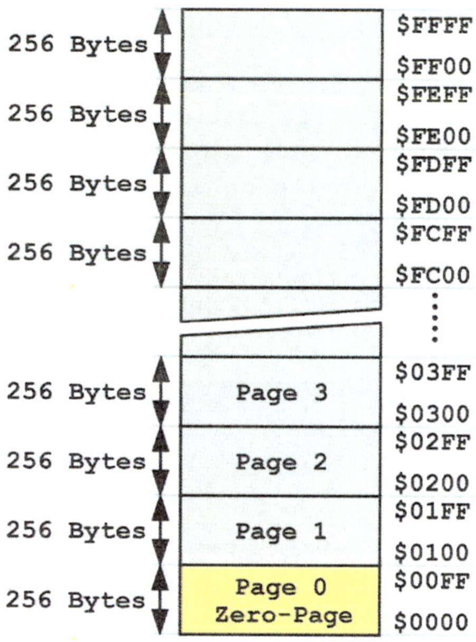

Abbildung 47 - Die Unterteilung des Adressraums in logische Seiten

Ein besonderes Augenmerk liegt hierbei auf Seite 0, die *Zero-Page* genannt wird und sich von *$00* bis *$FF* erstreckt. Diese Seite besitzt eine besondere Bedeutung, denn sie wird bei der sogenannten Zero-Page-Adressierung verwendet. Diese Adressierung ist eine Sonderform der absoluten Adressierung. Sehen wir uns diese beiden Adressierungsarten in der Gegenüberstellung an.

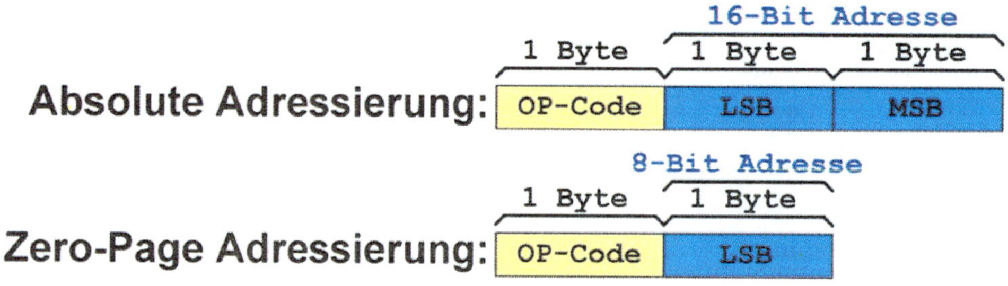

Abbildung 48 - Die Gegenüberstellung von absoluter und Zero-Page-Adressierung

Im Gegensatz zur 16-Bit Adresse bei der absoluten Adressierung nutzt die Zero-Page-Adressierung quasi eine Kurzadresse von nur 8-Bits und bedeutet eine Geschwindigkeitssteigerung, da weniger Programmcode respektive Bytes benötigt werden. Wie wir ja schon kennengelernt haben, besteht eine Adresse normalerweise aus der Zusammensetzung von zwei Bytes, dem LSB und MSB. Für den Adressbereich von 0 bis 255, also $0 bis $FF, ist das aber nicht erforderlich, da ein einziges Byte dafür ausreicht, weil das MSB in diesem Fall immer 0 wäre und aus diesem Grund einfach weggelassen wird. Auf der nachfolgenden Abbildung ist ein Lesevorgang über die absolute Zero-Page-Adressierung zu sehen.

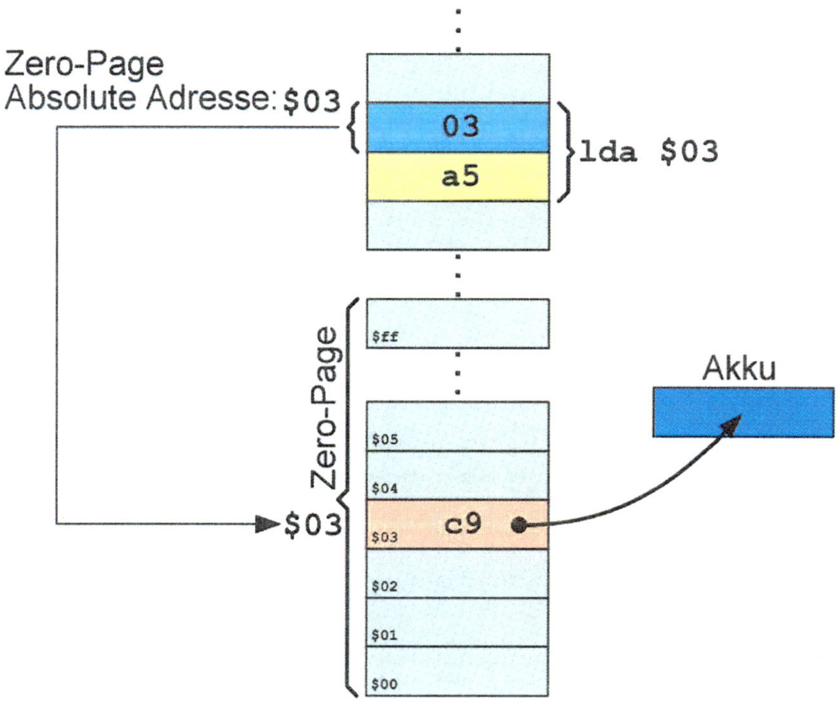

Abbildung 49 - Die Absolute Zero-Page-Adressierung

Werfen wir einen Blick auf einen Ausschnitt eines kurzen Assembler-Programms.

2 Bytes 3 Bytes

Adresse	Hex-Code	Assembler	Bemerkungen
...	...	...	...
$8000	85 ff	sta $ff	Speicherung in Zero-Page
$8002	60	rts	Rücksprung
$8003	8d 00 01	sta $100	Speicherung in Page 1
$8006	60	rts	Rücksprung
...	...	...	...

Der erste *sta*-Befehl speichert den Akku innerhalb der Zero-Page an Adresse $FF und es ist zu sehen, dass das nur 2 Bytes in Anspruch nimmt. Der OP-Code für den *sta*-Befehl lautet.

MSD	W65C02S OpCode Matrix																MSD
	0	1	2	3	4	5	6	7	8	9	A	B	C	D	E	F	
0	BRK s	ORA (zp,x)			TSB zp •	ORA zp	ASL zp	RMB0 zp •	PHP s	ORA #	ASL A		TSB a •	ORA a	ASL a	BBR0 r •	0
1	BPL r	ORA (zp),y	ORA (zp) *		TRB zp •	ORA zp,x	ASL zp,x	RMB1 zp •	CLC i	ORA a,y	INC A *		TRB a •	ORA a,x	ASL a,x	BBR1 r •	1
2	JSR a	AND (zp,x)			BIT zp	AND zp	ROL zp	RMB2 zp •	PLP s	AND #	ROL A		BIT a	AND a	ROL a	BBR2 r •	2
3	BMI r	AND (zp),y	AND (zp) *		BIT zp,x *	AND zp,x	ROL zp,x	RMB3 zp •	SEC I	AND a,y	DEC A *		BIT a,x *	AND a,x	ROL a,x	BBR3 r •	3
4	RTI s	EOR (zp,x)				EOR zp	LSR zp	RMB4 zp •	PHA s	EOR #	LSR A		JMP a	EOR a	LSR a	BBR4 r •	4
5	BVC r	EOR (zp),y	EOR (zp) *			EOR zp,x	LSR zp,x	RMB5 zp •	CLI i	EOR a,y	PHY s •			EOR a,x	LSR a,x	BBR5 r •	5
6	RTS s	ADC (zp,x)			STZ zp •	ADC zp	ROR zp	RMB6 zp •	PLA s	ADC #	ROR A		JMP (a)	ADC a	ROR a	BBR6 r •	6
7	BVS r	ADC (zp),y	ADC (zp) *		STZ zp,x •	ADC zp,x	ROR zp,x	RMB7 zp •	SEI i	ADC a,y	PLY s •		JMP (a,x) *	ADC a,x	ROR a,x	BBR7 r •	7
8	BRA r •	STA (zp,x)			STY zp	STA zp	STX zp	SMB0 zp •	DEY i	BIT # *	TXA i		STY a	STA a	STX a	BBS0 r •	8

Abbildung 50 - Die OP-Code-Matrixtabelle für den Op-Code STA-Zero-Page - (Quelle: W65C02 Datasheet)

Nun ist unterhalb des OP-Codes *STA* ein *ZP* zu erkennen und man kann schon erahnen, was das bedeutet. Werfen wir denn einen Blick in das Datenblatt auf Seite 20 und finden dort in der *Addressing Mode Table* folgenden Hinweis.

Address Mode	Instruction Times in Memory Cycle		Memory Utilization in Number of Program Sequence Bytes	
	Original NMOS 6502	W65C02S	Original NMOS 6502	W65C02S
1. Absolute a	4 (3)	4 (3)	3	3
2. Absolute Indexed Indirect (a,x)	-	6	-	3
3. Absolute Indexed with X a,x	4 (1,3)	4 (1,3)	3	3
4. Absolute Indexed with Y a,y	4 (1)	4 (1)	3	3
5. Absolute Indirect (a)	5	6	3	3
6. Accumulator A	2	2	1	1
7. Immediate #	2	2	2	2
8. Implied i	2	2	1	1
9. Program Counter Relative r	2 (1,2)	2 (1,2)	1	1
10. Stack s	3-7	3-7	1	1
11. Zero Page zp	3 (3)	3 (3)	2	2

Abbildung 51 - Addressing-Mode-Table für den W65C02 (Quelle: W65C02 Datasheet)

Für den Eintrag ZP ist dort in der Spalte rechts außen zu sehen, dass es sich um eine 2 Byte Sequenz handelt. Im Gegensatz dazu ist in der ersten Zeile für die normale *Absolute Adressierung* zu sehen, dass es sich um eine 3 Byte Sequenz handelt. Das bestätigt also – wie sollte es auch anders sein – die Angabe der Bytes im kurzen Assembler-Programm. Es ist auch gut zu erkennen, dass für den *sta*-Befehl unterschiedliche OP-Codes existieren. Für die Zero-Page lautet er $85 und für die normale Absolute Adressierung $8D. So wird das für sehr viele Befehle gehandhabt und reduziert dadurch den zu merkenden Befehlssatz der CPU. Die Anzahl der Mnemonics werden dadurch reduziert und aus dem Kontext heraus ein anderer OP-Code verwendet. Der Befehl *sta* ist also nicht gleich *sta*, wie das mehr oder weniger durchgängig für andere OP-Codes der Fall ist.

Die Indizierte Adressierung

OP-Codes mit einer indizierten Adressierung gestatten es, eine Folge von Speicheradressen für den Zugriff auf aufeinanderfolgende Speicherstellen zu bilden. Wie der Ausdruck *Indiziert* beziehungsweise *Index* schon vermuten lässt, handelt es sich dabei um eine Möglichkeit, auf verschiedene Speicher zu Zeigen. Wenn man *Zeigefinger* ins Englische übersetzt, lautet das *Index-Finger*. Hinsichtlich der indizierten Adressierung bedeutet das konkret, dass zu einer festgelegten Anfangsadresse ein sich stetig steigender (Inkrementierung) oder fallender (Dekrementierung) Wert hinzuaddiert wird. Dafür eignen sich wunderbar das X- oder das Y-Register, die aus diesem Grund auch Index-Register genannt werden. Für die indizierte Adressierung gibt es verschieden Möglichkeiten.

- Absolut-Indizierte-Adressierung
- Zero-Page-Indizierung
- Indiziert-Indirekte-Adressierung
- Indirekt-Indizierte-Adressierung

Ich möchte an dieser Stelle die *Absolute Indizierte Adressierung* zeigen, die später beim Würfelspiel zur Anwendung kommt. In dieser Adressierungsart enthält der OP-Code eine absolute Adresse, die im Zusammenspiel mit dem X- oder Y-Register die tatsächliche Adresse des gewünschten Speicherplatzes indiziert. Als Beispiel für das X-Register zeige ich den *inx*-Befehl aus der OP-Code-Matrix, der den Inhalt des X-Registers inkrementiert.

E	CPX #	SBC (zp,x)			CPX zp	SBC zp	INC zp	SMB6 zp •	INX i	SBC #	NOP i		CPX a	SBC a	INC a	BBS6 r •	E
F	BEQ r	SBC (zp),y	SBC (zp) •			SBC zp,x	INC zp,x	SMB7 zp •	S D	SBC a,y	PLX s •			SBC a,x	INC a,x	BBS7 r •	F
	0	1	2	3	4	5	6	7	8	9	A	B	C	D	E	F	

Abbildung 52 - Die OP-Code-Matrixtabelle für den Op-Code INX - (Quelle: W65C02 Datasheet)

Als Anfangsadresse ist jede Speicheradresse von *$0000* bis *$FFFF* möglich. Hier ein einfaches Beispiel: Mit dem Befehl *lda oper, x* werden die Inhalte der Speicheradressen *oper+x* in den Akkumulator geladen. Vor jeder erneuten Ausführung von *lda oper, x* sollte der Inhalt des X-Registers zum Beispiel inkrementiert werden, so dass daraus eine Folge von Adressen gebildet wird, die es anzusprechen gilt.

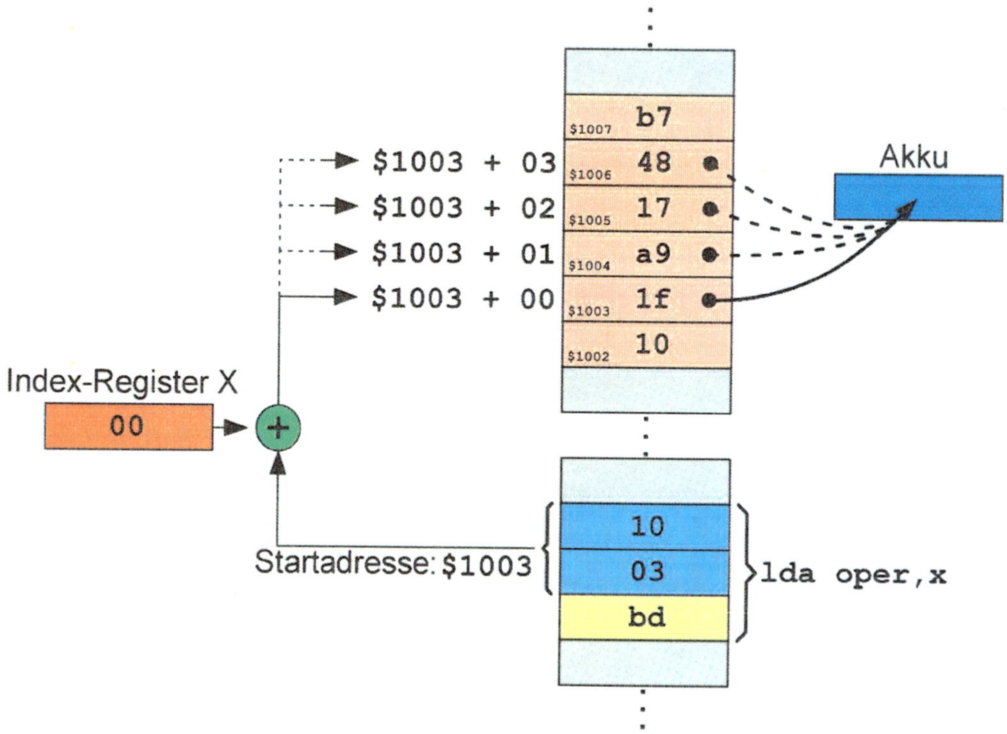

Abbildung 53 - Die absolute Indizierte Adressierung

Die Addition von zwei 16-Bit Werten

Nun haben wir also die Grundlagen dafür geschaffen, Werte im RAM über die absolute Adressierung abzulegen, dass wir den nächsten Schritt wagen können. Wie schaut es mit der Addition von zwei 16-Bit Werten aus? Die Vorgehensweise ist analog zur Addition von zwei 8-Bit Werten, wobei jetzt aber die Zwischenergebnisse im RAM abgelegt werden müssen. Wir erinnern uns, dass der Akku lediglich 8-Bit breit ist und keine 16-Bit Werte aufnehmen kann. Wie geht das ganze aber vonstatten?

Die 16-Bit-Basisarithmetik ist sehr einfach, weil es möglich ist, mithilfe des Carry-Flags 8-Bit-Operationen einfach aneinander zu reihen. Wir beginnen einfach mit dem niederwertigsten Byte (LSB) und arbeiten uns bis sich bis zum höchstwertigsten Byte (MSB) vor. Es sollte hier keine Verwirrung hinsichtlich der Potenzen der MSBs aufkommen, denn hinsichtlich einer 16-Bit Zahl werden die Potenzen von 2^0 bis 2^{15} von rechts nach links aufgeführt. Betrachtet man jedoch LSB und MSB einzeln, sind das dann die Potenzen von je 2^0 bis 2^7. Wir erinnern uns, wie man den Wertebereich über die Angabe der zur Verfügung stehenden Bits ermitteln kann. Bei 16-Bits schaut das wie folgt aus.

Anzahl Kombinationen = 2^{16}= 65536

Es können also Werte zwischen 0 und 65535 in 16-Bits gespeichert werden. Das ist doch schon einmal eine ganz gute Steigerung. Zur Realisierung werden im RAM sechs Speicherstellen für die Werte benötigt. Ich verwende sprechende Bezeichnungen, wie wir das schon von den Adressen für die VIA-Programmierung her kennen.

- **LO1**: LSB Wert 1
- **HI1**: MSB Wert 1
- **LO2**: LSB Wert 2
- **HI2**: MSB Wert 2
- **RLO**: LSB Resultat-Wert
- **RHI**: MSB Resultat-Wert

Ich möchte als Addition von 16-Bit-Werten die beiden Dezimalzahlen 11116 und 29121 verwenden. Nun kann ich diese großen Werte nicht in einem 8-Bit-System speichern. Sehen wir uns dazu die 16-Bit-Darstellung an.

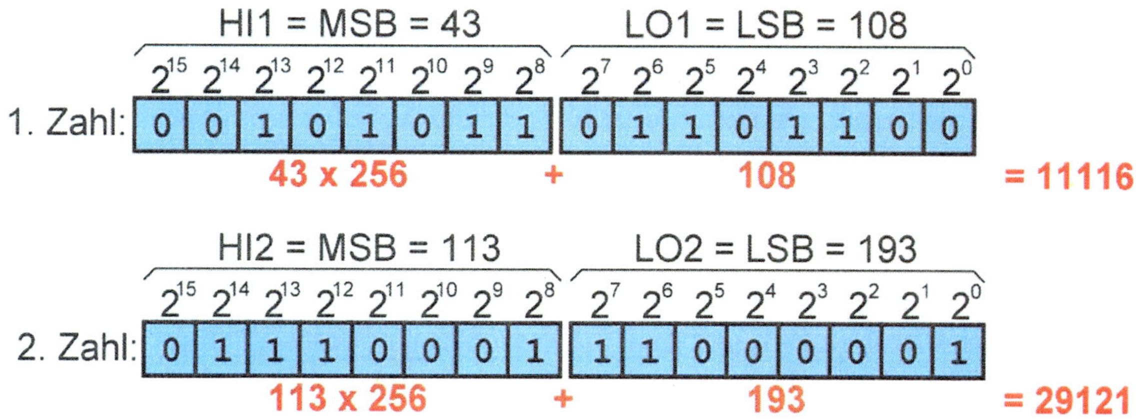

Abbildung 54 - Zwei 16-Bit-Werte

Der oberste Wert 11116 besitzt die gezeigte Bitkombination, die in zwei Hälften von 8-Bit Werten aufgeteilt ist. Das niederwertige LSB mit 8-Bits (Dezimalwert = 43) auf der rechten Seite und das höherwertige MSB mit 8-Bits (Dezimalwert 108) auf der linken Seite. Um den daraus resultierenden Wert anhand der zwei 8-Bit-Werte von LSB und MSB zu berechnen, muss das MSB mit 256 multipliziert und das LSB dazu addiert werden. Gleichermaßen wird mit dem zweiten unteren Wert verfahren. Um die Berechnung mit der 6502-CPU durchführen zu können, haben wir jetzt alle erforderlichen Einzel-Bytes (LSB und MSB) der beiden Summanden. Das wären.

- **LO1**: LSB Wert 1 = 108_{10} = 01101100_2
- **HI1**: MSB Wert 1 = 43_{10} = 00101011_2
- **LO2**: LSB Wert 2 = 193_{10} = 11000001_2
- **HI2**: MSB Wert 2 = 113_{10} = 01110001_2

Wie schaut denn die Addition dieser beiden Werte quasi zu Fuß aus.

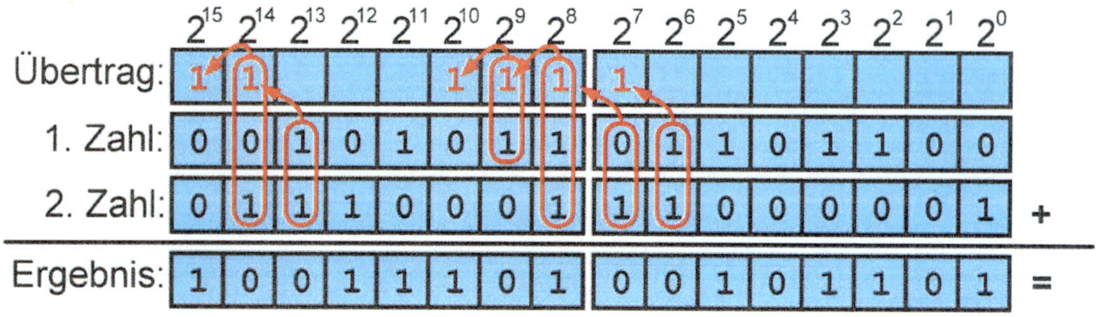

Abbildung 55 - Die Addition zweier 16-Bit-Werte

Das Ergebnis lautet in dezimaler Schreibweise 40237. Sehen wir uns dazu das entsprechende Assembler-Programm an, was etwas überdimensioniert erscheint, weil ich spezielle Speicheradressen im RAM genutzt habe. Man könnte das auch viel kürzer formulieren, doch es soll so sein wie es ist. Ich teile es aufgrund der Größe etwas auf.

Teil 1: Festlegung der Speicheradressen

```
VIA      = $6000
PORTB    = VIA+0
PORTA    = VIA+1
DDRB     = VIA+2
DDRA     = VIA+3

LO1      = $1000 ; LSB Wert 1
HI1      = $1001 ; MSB Wert 1
LO2      = $1002 ; LSB Wert 2
HI2      = $1003 ; MSB Wert 2
RLO      = $1004 ; LSB Resultat Wert
RHI      = $1005 ; MSB Resultat Wert
```

Abbildung 56 - Assembler-Programm 16-Bit Addition -Teil 1 (adc-16-Bit001.asm)

Teil 2: Speicherung der LSB- und MSB-Werte der Summanden

```
        org $8000       ; Startadresse
        lda #$ff        ;
        sta DDRA        ; DDRA - Alle aus OUTPUT
        sta DDRB        ; DDRB - Alle aus OUTPUT
        ; Speichern der Werte LSB und MSB
        lda #%01101100  ; LSB Wert 1
        sta LO1         ; Speichern unter $1000
        lda #%00101011  ; MSB Wert 1
        sta HI1         ; Speichern unter $1001
        lda #%11000001  ; LSB Wert 2
        sta LO2         ; Speichern unter $1002
        lda #%01110001  ; LSB Wert 3
        sta HI2         ; Speichern unter $1003
```

Abbildung 57 - Assembler-Programm 16-Bit Addition -Teil 2 (adc-16-Bit001.asm)

Teil 3: Beginn der Berechnungen und Anzeige im VIA

Wichtig: Das Carry-Flag darf nur einmalig am Anfang der Rechenkette zurückgesetzt werden!

```
        ; Beginn Berechnung
        clc             ; Carry-Bit löschen
        lda LO1         ; Lade LSB Wert 1
        adc LO2         ; Addiere LSB Wert 2
        sta RLO         ; Speichere LSB-Ergebnis
        lda HI1         ; Lade MSB Wert 1
        adc HI2         ; Addiere MSB Wert 2
        sta RHI         ; Speichere MSB-Ergebnis
        ; Anzeige Resultat in VIA
        lda RLO                 ; Lade LSB-Ergebnis
        sta PORTB               ; Anzeige PORTB
        lda RHI                 ; Lade MSB-Ergebnis
        sta PORTA               ; Anzeige PORTA
```

Abbildung 58 - Assembler-Programm 16-Bit Addition -Teil 3 (adc-16-Bit001.asm)

Teil 4: Endlosschleife und Startadresse des Reset-Vektors

```
    loop:
        jmp loop
        org $fffc    ; Startadresse des Reset-Vektors
        word $8000   ; Startadresse des Programms
        word $0000   ; zwei Füll-Bytes
```

Abbildung 59 - Assembler-Programm 16-Bit Addition -Teil 4 (adc-16-Bit001.asm)

Nach dem Start des Programms schaut das Ganze im Feld der LEDs wie folgt aus.

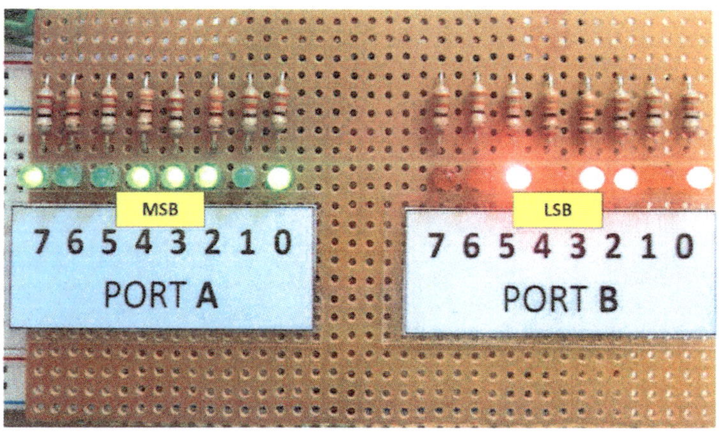

Abbildung 60 - Das Ergebnis der 16-Bit-Addition in der Anzeige

Und das entspricht doch genau dem vorher berechneten binären Wert von 1001110100101101, was wiederum der dezimale Wert 40237 ist. Natürlich wird mit dieser Anzeige von 16 einzelnen LEDs das möglichweise gesetzte Carry-Flag bei größeren Werten nicht zur Anzeige gebracht, was jedoch berücksichtigt werden sollte!

Die Subtraktion

Kommen wir nun zur gegenteiligen Operation der Addition: Die *Subtraktion*. Um eine Binärzahl von der anderen quasi abzuziehen, muss einiges beachtet werden. Beginnen wir mit einem einfachen Beispiel, was auf den ersten Blick ja nun überhaupt nichts mit der Subtraktion zu tun hat. Ich möchte zwei verschiedene Binärzahlen in den Akku laden und dann gleichzeitig das Status-Register des jeweiligen Wertes untersuchen. Nichts Spektakuläres also. Die beiden Werte schauen wir folgt aus.

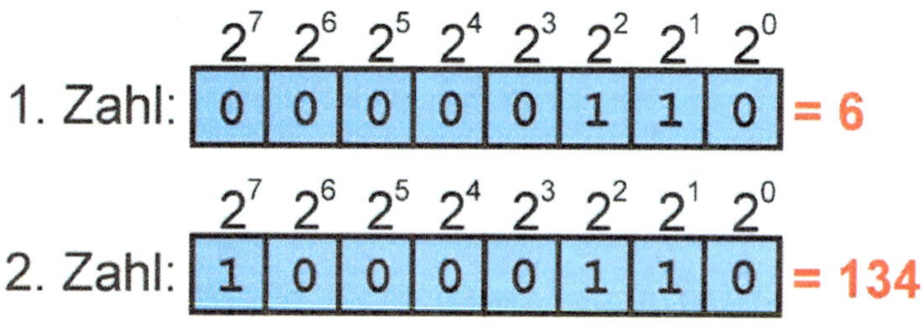

Abbildung 61 - Zwei ganz normale Werte

Beide dezimalen Werte schauen hinsichtlich ihrer Bitkombination fast gleich aus und lediglich beim untern ist das MSB (Most-Significant-Bit) gesetzt. Das entsprechende Assembler-Programm gestaltet sich wie folgt, wobei die beiden Wert 6 und 134 in einer Endlosschleife geladen und an PORT-B zur Anzeige gesendet werden. Ebenfalls kommt es zur Anzeige des Inhaltes jeweiligen Status-Registers an PORT-A.

```
VIA      = $6000
PORTB    = VIA+0
PORTA    = VIA+1
DDRB     = VIA+2
DDRA     = VIA+3
    ; Zwei Werte - Ohne und mit MSB gesetzt
    org $8000         ; Startadresse
    lda #$ff          ;
    sta DDRA          ; DDRA - Alle aus OUTPUT
    sta DDRB          ; DDRB - Alle aus OUTPUT
loop:
    ; Wert 1 laden
    lda #%00000110  ; Wert 6
    sta PORTB         ; Ergebnis LDA -> PORTB
    php               ; Status-Register to Stack
    pla               ; Lade Akku vom Stack
    sta PORTA         ; Status-Register -> PORTA
    ; Wert 2 laden
    lda #%10000110  ; Wert 134
    sta PORTB         ; Ergebnis LDA -> PORTB
    php               ; Status-Register to Stack
    pla               ; Lade Akku vom Stack
    sta PORTA         ; Status-Register -> PORTA
    jmp loop
    org $fffc   ; Startadresse des Reset-Vektors
    word $8000  ; Startadresse des Programms
    word $0000  ; zwei Füll-Bytes
```

Abbildung 62 - Assembler-Programm bei dem zwei Werte geladen werden (ZweiWerteMSB_Ja_Nein001.asm)

Sehen wir uns zuvor noch einmal die einzelnen Bits des Status-Registers an.

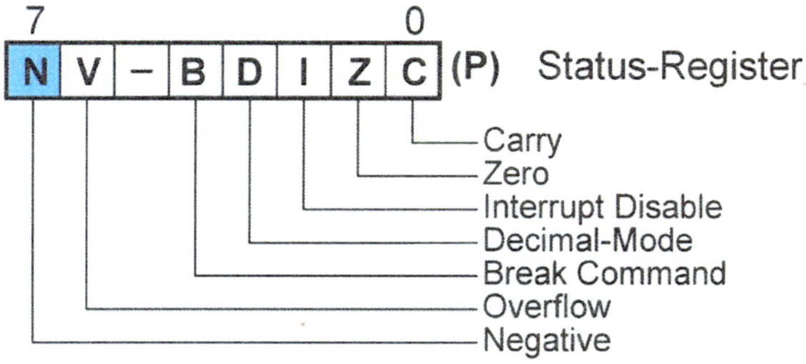

Abbildung 63 - Das Status-Register – Das Negative-Flag

Ok, diesmal habe ich links außen ein Flag markiert, dass sich *Negative* nennt. Wenn dieses gesetzt ist, wird ein Wert im Akku als ein negativer angesehen. Es ist an dieser Stelle sehr wichtig zu wissen, bei welchen Aktionen beziehungsweise OP-Codes der Inhalt des Status-Registers überhaupt beeinflusst wird. Durch das Laden eines Wertes in den Akku kommt es zur Manipulation der folgenden Flags im Status-Register.

Das wären dann also die Flags für Negative (N) und Overflow (V). Dann sehen wir uns einmal den ersten Wert 6 mit den entsprechenden LEDs am VIA an.

Abbildung 64 - Das Ergebnis des Ladens der Zahl 6

Wenn der Wert 6 in den Akku geladen wird, ist das Negative-Flag nicht gesetzt. Wird der Wert 134 in den Akku geladen, schaut das mit dem Negative-Flag schon anders aus.

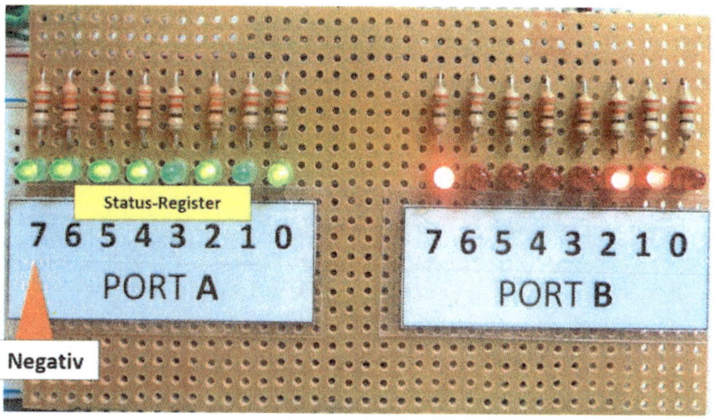

Abbildung 65 - Das Ergebnis des Ladens der Zahl 134

Nun ist das *Negative*-Flag gesetzt, was vermuten lässt, dass das MSB irgendwie ein Vorzeichenbit ist. Dazu hat man sich Folgendes einfallen lassen: Wenn die Interpretation einer Bitkombination sowohl für positive als auch negative Zahlen vorgesehen ist, wird ein spezielles Bit dafür verwendet, eine Vorzeicheninformation zu speichern. Dieses Flag ist in der Regel das Bit mit dem höchsten Wert, das - wie schon erwähnt - *MSB* genannt wird. Das wird deshalb gemacht, weil eine Binärzahl kein negatives Vorzeichen kennt und dies mit vorhandenen Bits irgendwie gekennzeichnet werden muss.

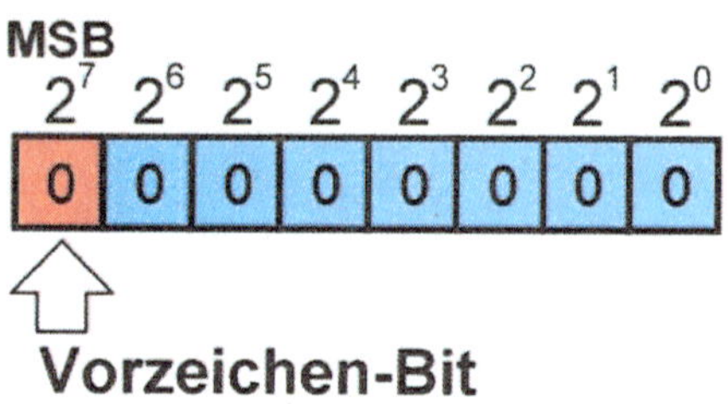

Abbildung 66 - Das MSB als Vorzeichen-Bit

Es liegt in der Natur der Sache, dass für die Abbildung des eigentlichen Wertes ein Bit weniger zur Speicherung zur Verfügung steht. Wie groß ist dann aber der zur Verfügung stehende Bereich, wenn zu den positiven Werten auch noch negative hinzukommen? Bei 8-Bits schaut das dann wie folgt aus.

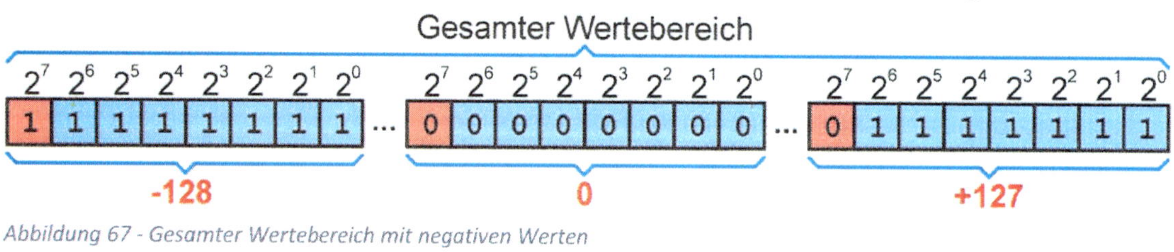

Abbildung 67 - Gesamter Wertebereich mit negativen Werten

Ich muss noch einmal betonen, dass es eine Interpretationssache ist, wie eine Bitkombination zu werden ist. Wird lediglich mit positiven Werten gearbeitet, dass ist der Wert 134 in der gezeigten Bitkombination 10000110 vollkommen richtig. Das *Negative*-Flag wird dann einfach ignoriert. Doch wenn es darum geht, zusätzlich noch mit negativen Werten zu arbeiten, schaut die Welt vollkommen anders aus. Dann ist jedoch die gezeigte Bitkombination 10000110 vollkommen anders zu bewerten und entspricht ***nicht*** - wie man das vielleicht meinen möchte - dem Wert -6! Warum ist das so? Und warum entspricht aber die Bitkombination links außen 11111111 dem dezimalen Wert -128 und wie kommt man dahin?

Es gibt zur Darstellung von negativen Werten das sogenannte *Einerkomplement* und das *Zweierkomplement*. Hört sich geschwollen an, ist aber recht einfach!

Was ist das Einerkomplement?

Das Einerkomplement ist eine arithmetische Operation im Binärsystem. Bei dieser Vorgehensweise werden alle Bits einer Binärzahl invertiert. Aus 0 wird 1 und aus 1 wird 0.

Und dann...

Was ist das Zweierkomplement?

Das Zweierkomplement stellt eine Möglichkeit dar, negative Zahlen im Binärsystem darzustellen, ohne die Angabe von zusätzlichen Zeichen wie + und - zu verwenden, da sich diese Information innerhalb der zur Verfügung stehenden Bitkombination verbirgt. Das Zweierkomplement wird aus dem Einerkomplement + 1 gebildet.

Warum muss das aber auf diese Weise geschehen? Dazu muss ich wieder ein wenig ausholen. Angenommen, wir haben die folgende Bitkombination vorliegen.

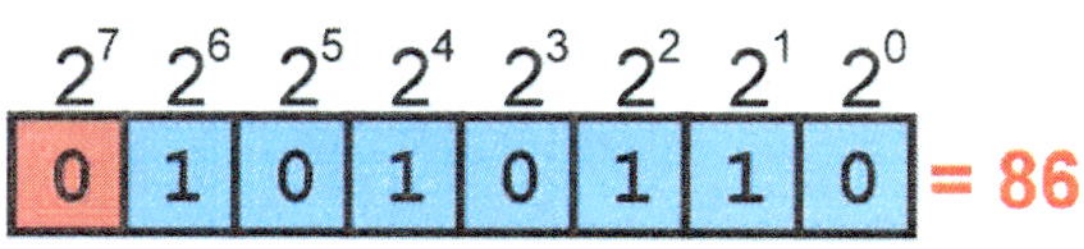

Diese positive Zahl (das MSB ist 0) stellt einen dezimalen Wert von +86 dar. OK, dann wollen wir daraus eine negative Zahl machen, indem wir lediglich das Vorzeichen-Bit von 0 auf 1 ändern. Das vermeintlich richtige Ergebnis wäre das folgende.

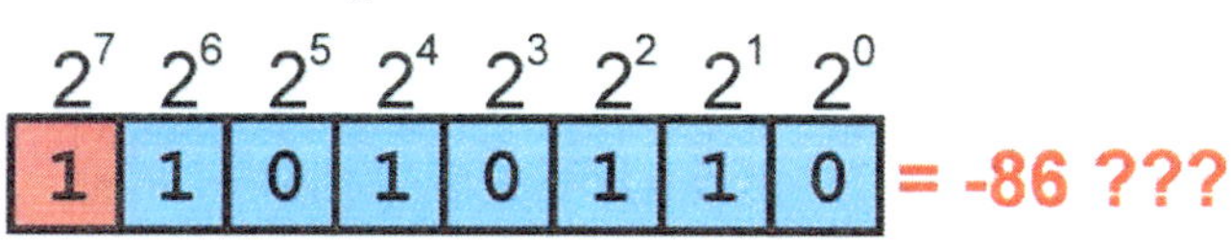

Wenn wir an dieser Stelle die Festlegung treffen würden, dass das der negative Wert der eben gezeigten positiven Zahl ist, wäre zunächst alles OK. Damit könnten wir leben. Doch in der Datenverarbeitung werden nicht nur Werte gespeichert und angezeigt. Es wird auch mit ihnen gerechnet. Und da laufen wir in ein Problem hinein. Wir nehmen einmal an, wir wollten einen Wert, sagen wir +1, addieren, was bedeutet, dass das Ergebnis um den Wert 1 größer wird als der Ursprungswert. Sehen wir uns das wieder auf Bit-Ebene an.

2^7	2^6	2^5	2^4	2^3	2^2	2^1	2^0	
1	1	0	1	0	1	1	0	= -86 ???
0	0	0	0	0	0	0	1	+1
1	1	0	1	0	1	1	1	= -87 ???

Na, fällt hier etwas auf? Trotz Addition eines positiven Wertes ist das Ergebnis um den Wert 1 kleiner geworden. -86 + 1 = -87 ??? Auf diese Art und Weise kommen wir also nicht zum Ziel. Jetzt wenden wir das eben angepriesene Einerkomplement auf den Ursprungswert an. Ich werde dabei auch direkt auf das nächste Problem hinweisen, das sich bei einer ganz besonderen Zahl ergibt. Von jedem Wert kann ich das negative Pendant bilden, in dem ich ein negatives Vorzeichen davorsetze, so auch bei der Zahl 0. Aber 0 und -0 sind absolut identisch und es besteht kein arithmetischer Unterschied.

2^7	2^6	2^5	2^4	2^3	2^2	2^1	2^0	
0	0	0	0	0	0	0	0	= 0
1	1	1	1	1	1	1	1	= 0

Das kann so nicht akzeptiert werden, da die Eindeutigkeit nicht gewährleistet ist. Aus diesem Grund wird der Wert 1 addiert, was in Summe die Zweierkomplementbildung ergibt.

Dann wollen wir doch einmal eine einfache Subtraktion zuerst händisch und dann über die CPU durchführen, um zu sehen, ob da auch das gleiche Ergebnis herauskommt. Ich möchte die Differenz von 56 und 3 bilden. Es gilt:

Ergebnis = *Minuend* minus *Subtrahend* gleich Wert der Differenz

Um das händisch durchzuführen, kann man die Summe von beiden Werten bilden, doch zuvor muss vom Subtrahenden das Zweierkomplement gebildet werden. Das würde dann wie folgt ausschauen. Der Binärwert des Minuenden 56 steht ganz oben und das Zweierkomplement von 3 wird darunter gebildet.

	2^7	2^6	2^5	2^4	2^3	2^2	2^1	2^0	
1. Zahl:	0	0	1	1	1	0	0	0	= 56

	2^7	2^6	2^5	2^4	2^3	2^2	2^1	2^0	
2. Zahl:	0	0	0	0	0	0	1	1	= 3

	2^7	2^6	2^5	2^4	2^3	2^2	2^1	2^0	
2. Zahl:	1	1	1	1	1	1	0	0	Einerkomplement
	0	0	0	0	0	0	0	1	+1
	1	1	1	1	1	1	0	1	Zweierkomplement = -3

Also muss nun lediglich die Summe von 00111000 (56) und 11111101 (-3) gebildet werden. Der entstandene Übertrag wird dabei nicht berücksichtigt!

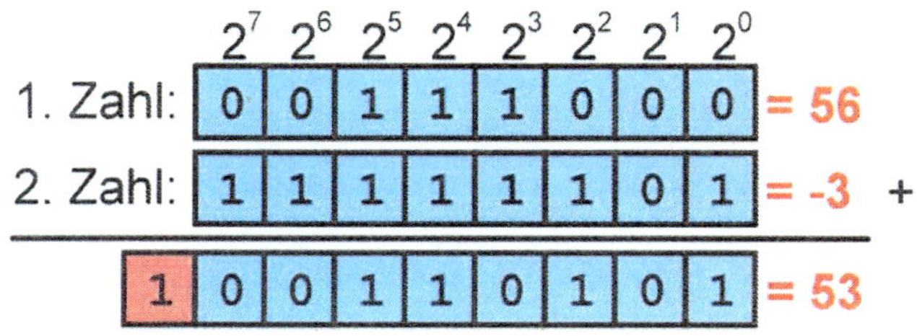

Das Ergebnis lautet binär korrekterweise 00110101, was dezimal +53 entspricht. Abschließend zum Zweierkomplement zeige ich einmal den Zahlenkreis für 4-Bite-Werte, in dem sowohl die positiven, als auch die negativen Werte aufgetragen sind.

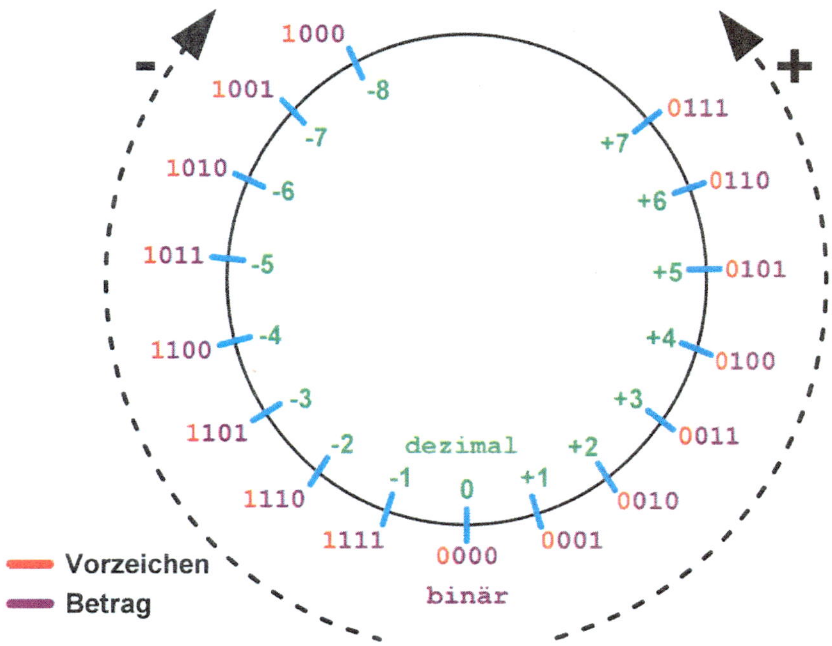

Abbildung 68 - Der Zahlenkreis für positive und negative Werte

Nun wollen wir diese Rechnung einmal mit der CPU umsetzen, doch nicht wie hier gezeigt, sondern mit einem speziellen OP-Code für das Subtrahieren. Dazu verwenden wir folgende neue OP-Codes.

MSD	W65C02S OpCode Matrix																MSD
	0	1	2	3	4	5	6	7	8	9	A	B	C	D	E	F	
0	BRK s	ORA (zp,x)			TSB zp •	ORA zp	ASL zp	RMB0 zp •	PHP s	ORA	ASL A		TSB a •	ORA a	ASL a	BBR0 r •	0
1	BPL r	ORA (zp),y	ORA (zp) *		TRB zp •	ORA zp,x	ASL zp,x	RMB1 zp •	CLC	ORA a,y	INC A *		TRB a •	ORA a,x	ASL a,x	BBR1 r •	1
2	JSR a	AND (zp,x)			BIT zp	AND zp	ROL zp	RMB2 zp •	PLP s	AND	ROL A		BIT a	AND a	ROL a	BBR2 r •	2
3	BMI r	AND (zp),y	AND (zp) *		BIT zp,x *	AND zp,x	ROL zp,x	RMB3 zp •	SEC i	AND a,y	DEC A *		BIT a,x *	AND a,x	ROL a,x	BBR3 r •	3
4	RTI s	EOR (zp,x)				EOR zp	LSR zp	RMB4 zp •	PHA s	EOR	LSR A		JMP a	EOR a	LSR a	BBR4 r •	4
5	BVC r	EOR (zp),y	EOR (zp) *			EOR zp,x	LSR zp,x	RMB5 zp •	CLI i	EOR a,y	PHY s •			EOR a,x	LSR a,x	BBR5 r •	5
6	RTS s	ADC (zp,x)			STZ zp •	ADC zp	ROR zp	RMB6 zp •	PLA s	ADC	ROR A		JMP (a)	ADC a	ROR a	BBR6 r •	6
7	BVS r	ADC (zp),y	ADC (zp) *		STZ zp,x •	ADC zp,x	ROR zp,x	RMB7 zp •	SEI i	ADC a,y	PLY s •		JMP (a,x) *	ADC a,x	ROR a,x	BBR7 r •	7
8	BRA r •	STA (zp,x)			STY zp	STA zp	STX zp	SMB0 zp •	DEY i	BIT # *	TXA i		STY a	STA a	STX a	BBS0 r •	8
9	BCC r	STA (zp),y	STA (zp) *		STY zp,x	STA zp,x	STX zp,y	SMB1 zp •	TYA i	STA a,y	TXS i		STZ a •	STA a,x	STZ a,x •	BBS1 r •	9
A	LDY #	LDA (zp,x)	LDX #		LDY zp	LDA zp	LDX zp	SMB2 zp •	TAY i	LDA	TAX i		LDY A	LDA a	LDX a	BBS2 r •	A
B	BCS r	LDA (zp),y	LDA (zp) *		LDY zp,x	LDA zp,x	LDX zp,y	SMB3 zp •	CLV i	LDA A,y	TSX i		LDY a,x	LDA a,x	LDX a,y	BBS3 r •	B
C	CPY #	CMP (zp,x)			CPY zp	CMP zp	DEC zp	SMB4 zp •	INY i	CMP	DEX i	WAI I •	CPY a	CMP a	DEC a	BBS4 r •	C
D	BNE r	CMP (zp),y	CMP (zp) *			CMP zp,x	DEC zp,x	SMB5 zp •	CLD i	CMP a,y	PHX s •	STP I •		CMP a,x	DEC a,x	BBS5 r •	D
E	CPX #	SBC (zp,x)			CPX zp	SBC zp	INC zp	SMB6 zp •	INX i	SBC #	NOP i		CPX a	SBC a	INC a	BBS6 r •	E

Abbildung 69 - Die OP-Code-Matrixtabelle für die Op-Codes SBC und SEC - (Quelle: W65C02 Datasheet)

Es handelt sich um *sbc* (Subtract with Carry) und *sec* (Set Carry). Was machen diese beiden OP-Codes? Zum einen benötigen wir natürlich einen Befehl, der zwei Werte subtrahiert und dafür wird *sbc* verwendet, der ähnlich wie der schon bekannte *adc* zur Addition arbeitet. Und zum anderen haben wir den *sec*, der das Carry-Flag setzt, weil die CPU intern mit dem erwähnten Zweierkomplement arbeitet und aus diesem Grund dieses gesetzt werden muss. Sehen wir uns dazu nun den Assembler-Code an.

```
VIA      EQU $6000
PORTB    EQU VIA+0
PORTA    EQU VIA+1
DDRB     EQU VIA+2
DDRA     EQU VIA+3
     org $8000       ; Startadresse
     lda #$ff        ;
     sta DDRA        ; DDRA - Alle aus OUTPUT
     sta DDRB        ; DDRB - Alle aus OUTPUT
     sec             ; Set Carry
     lda #%00111000  ; Wert 56
     sbc #%00000011  ; Wert subtrahieren 3
     php             ; Status-Register to Stack
     sta PORTB       ; Ergebnis Subtraktion -> PORTB
     pla             ; Lade Akku vom Stack
     sta PORTA       ; Status-Register -> PORTA
loop:
     jmp loop
     org $fffc   ; Startadresse des Reset-Vektors
     word $8000  ; Startadresse des Programms
     word $0000  ; zwei Füll-Bytes
```

Abbildung 70 - Das Assembler-Programm für die Subtraktion (sbc001.asm)

In der Anzeige unseres VIA-Bausteins ist das korrekte Ergebnis der Rechnung 56 - 3 abzulesen und das *Negative*-Flag des Status-Registers ist nicht gesetzt.

Abbildung 71 - Das Ergebnis der Subtraktion 56 - 3 ist abzulesen

Wie schaut das aber jetzt mit einer Rechnung aus, wo das Ergebnis negativ wird? Sehen wir uns das genauer an. Es soll die simple Subtraktion 1 - 3 durchgeführt werden. Das entsprechende Assembler-Programm schaut wie folgt aus.

```
VIA     = $6000
PORTB   = VIA+0
PORTA   = VIA+1
DDRB    = VIA+2
DDRA    = VIA+3
    org $8000        ; Startadresse
    lda #$ff         ;
    sta DDRA         ; DDRA - Alle aus OUTPUT
    sta DDRB         ; DDRB - Alle aus OUTPUT
    sec              ; Set Carry
    lda #%00000001   ; Wert 1
    sbc #%00000011   ; Wert subtrahieren 3
    php              ; Status-Register to Stack
    sta PORTB        ; Ergebnis Subtraktion -> PORTB
    pla              ; Lade Akku vom Stack
    sta PORTA        ; Status-Register -> PORTA
loop:
    jmp loop
    org $fffc    ; Startadresse des Reset-Vektors
    word $8000   ; Startadresse des Programms
    word $0000   ; zwei Füll-Bytes
```

Abbildung 72 - Das Assembler-Programm für die Subtraktion (sbc002.asm)

Was sagen die LEDs am VIA-Baustein? Das Ergebnis schaut wie folgt aus.

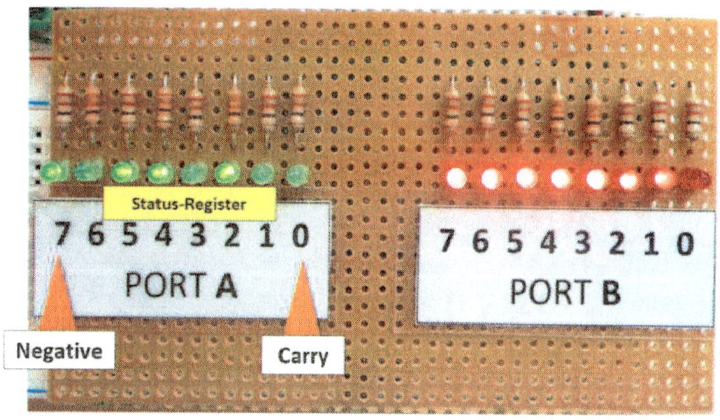

Abbildung 73 - Das Ergebnis der Subtraktion 1 – 3

Ok, was sofort auffällt, ist die Tatsache, dass das Negative-Flag des Status-Registers gesetzt ist. Das deutet darauf hin, dass die Binärzahl, die rechts an PORT-B nicht so zu lesen ist, wie sich das hier darstellt. Es muss eine Umrechnung mithilfe des Zweierkomplementes stattfinden, denn 11111110 ist auf Anhieb nicht als -2 zu identifizieren. Also hier die Umrechnung.

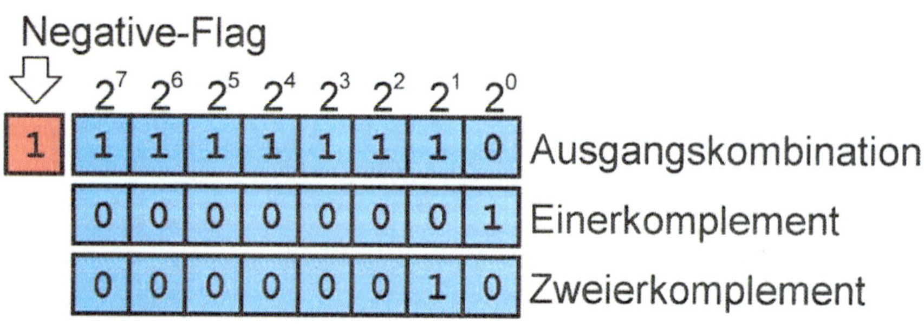

Abbildung 74 - Umrechnung zur Ermittlung des negativen Wertes

Es ist zu sehen, dass es sich um den binären Wert 00000010 handelt, der dem dezimalen Wert 2 entspricht. Durch das gesetzte Negative-Flag ist das natürlich als -2 zu interpretieren.

Ich möchte an dieser Stelle die Sache mit dem Carry-Flag einmal etwas beleuchten. Dieses Flag zeigt also an, wenn bei einer arithmetischen Operation ein Übertrag auf die nächst höhere Stelle aufgetreten ist. Also zum Beispiel bei der Addition von 255 + 1. Das Ergebnis wäre 100000000 und würde 9 Bits zur Speicherung erfordern. Das höchstwertigste Bit (1) besitzt dabei den Stellenwert 256. Also keine Chance für 8-Bits! Bei der arithmetischen Operation *ADC* (Add-With-Carry) wird dieser Übertrag also berücksichtigt und das Carry-Flag mit hinzuaddiert. Bei der Subtraktion über *SBC* (Subtract-With-Carry) wird das Carry-Flag ebenfalls berücksichtigt, wobei es im Grunde genommen nicht Übertrag, sondern *Borger* genannt wird. Im Mathematikunterricht haben wir gelernt, dass bei einer Subtraktion, bei der der Minuend kleiner als der Subtrahend ist, ein sogenannter Borger erforderlich ist. Das ist am folgenden Beispiel einfach zu erkennen.

```
  125 (Minuend)
-  36 (Subtrahend)
-----
   89 (Differenz)
```

Wenn man also von rechts nach links mit der Differenzbildung der einzelnen Stellen beginnt, stellt man ganz zu Beginn fest, dass 5 - 6 nicht geht, weil 5 kleiner als 6 ist. Was macht man in diesem Fall also? Ganz einfach! Es muss eine 10 (die Basiszahl bei der Dezimalrechnung) von der nächsten Spalte ausgeliehen werden zum Minuenden hinzugefügt werden. Das würde dann in meinem Fall 15 - 6 ergeben. Diese ausgeliehene - geborgte - 10 wird dann wieder auf den Subtrahenden der nächsten Spalte zurückgesetzt, sobald die Differenz gebildet wurde. Bei der Subtraktion von Binärzahlen kommt das gleiche Verfahren zur Anwendung, wie bei der Subtraktion von Dezimalzahlen, wobei hier natürlich die Basis 2 zur Anwendung kommt. Es gelten folgende Regeln.

```
          Ü
0 - 0 = 0 0
1 - 0 = 1 0
1 - 1 = 0 0
0 - 1 = 1 1
```

Abbildung 75 - Rechenregeln für eine Subtraktion

Die Subtraktion von 0 - 1 führt zu einem negativen Ergebnis, was zu Problemen führt. Aus diesem Grund kommt hier wieder der Übertrag zum Zuge. Die einfachste Vorgehensweise zur Bildung einer Differenz bei Binärzahlen ist dann wirklich die Bildung des Zweierkomplementes des Subtrahenden und die nachfolgende Addition beider Werte.

Jetzt fehlen zur Abrundung der vier Grundrechenarten natürlich noch die Multiplikation und die Division, die ich jedoch etwas später im Kapitel über die Schleifen zeige. Wenn es soweit ist, wird klar, warum das hier noch nicht so richtig passt.

Schleifen

In unserem bisherigen Assembler-Programmen hatten wir es nach der Abarbeitung des Codes in der Regel mit einer Schleife zu tun, die endlos durchlaufen wurde, weil kein weiterer Code mehr abzuarbeiten war.

```
        ...
loop:
        jmp loop
        ...
```

Nun kann es aber sehr oft sinnvoll erscheinen, eine Schleife nicht endlos durchlaufen zu lassen, sondern nur eine begrenze Anzahl von Schleifendurchläufen - auch *Iterationen* genannt - zuzulassen. Ich möchte ein Assembler-Programm schreiben, das ein Lauflicht ermöglicht, wobei die Anzahl der Schritte für das Weitergehen zur nächsten LED-Position bestimmt werden kann. In Teil 1 habe ich ein derartiges Lauflicht mit dem *rol*-Befehl für Rotate-Left realisiert. Dort sah es wie folgt aus.

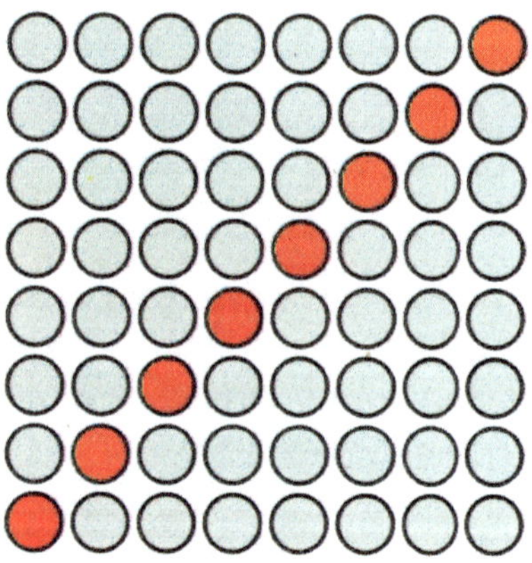

Abbildung 76 - Die wandernde LED

Nach dem erfolgten Durchlauf ging es dann wieder von vorne los. Nun möchte ich ein Assembler-Programm erstellen, wo ich die Anzahl der auszuführenden *rol*-Befehle in einem Register gespeichert wird. Hört sich für den Anfang vielleicht etwas unklar an, ist aber recht einfach. Vielleicht sollte ich ein wenig auf die Funktion einer Schleife eingehen.

Was ist eine Schleife?

Eine Schleife – englisch loop genannt – ist eine Kontrollstruktur in unterschiedlichen Programmiersprachen. Sie wird immer dann eingesetzt, um bestimmte Anweisungen – den sogenannten Schleifenrumpf – solange auszuführen, wie die Schleifenbedingung logisch *wahr* bleibt oder eine Abbruchbedingung eintritt.

Auf der folgenden Abbildung ist eine einfache Schleife über ein Flussdiagramm zu sehen.

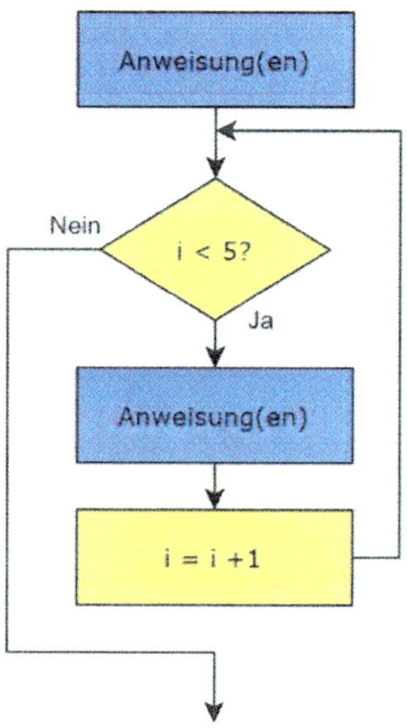

Abbildung 77 - Eine einfache Schleife

Erreicht die Programmausführung die Raute, in der eine Bedingung formuliert ist, findet eine Bewertung statt. Ist der Inhalt der Variablen kleiner dem Wert 5, erfolgt die Fortführung gemäß dem Pfad, der mit *Ja* beschriftet ist. Die darunter liegenden Anweisungen werden ausgeführt. Damit es nicht zu einer Endlosschleife kommt, muss die Variable, die in der Bedingung vorkommt, in irgendeiner Form verändert werden. Das passiert hinter der Anweisung, wo i = i + 1 steht, was bedeutet, dass eine Inkrementierung der Variablen i um den Wert 1 erfolgt. Anschließend wird wieder zur Bewertung verzweigt, um dort zu erneut prüfen, ob der Inhalt der Variablen immer noch kleiner 5 ist. Ist das nicht der Fall, ist quasi eine Abbruchbedingung der Schleife erreicht, wird mit der Programmausführung über den Pfad fortgeführt, der mit *Nein* gekennzeichnet ist. Wird die Schleife mit dem Startwert i = 1 begonnen, kommt es zu einem 4-maligen Durchlauf der Schleife. Für einen 5-maligen Durchlauf muss entweder der Startwert von i auf 0 gesetzt werden oder die Bedingung auf i <= 5 angepasst werden.

Nun gibt es für die Realisierung von sogenannten bedingten Sprüngen bzw. Schleifen unterschiedliche Verzweigungs-Anweisungen, die *Branch-Instructions* genannt werden. Das sind zum Beispiel.

Mnemonic	Bedeutung	Erklärung
BPL	Branch on PLus	verzweige, wenn Ergebnis positiv (N-Flag = 0)
BMI	Branch on MInus	verzweige, wenn Ergebnis negativ (N-Flag = 1)
BCC	Branch on Carry Clear	verzweige, wenn Carry gelöscht (C-Flag = 0)
BCS	Branch on Carry Set	verzweige, wenn Carry gesetzt (C-Flag = 1)
BNE	Branch on Not Equal	verzweige, wenn Ergebnis der letzten Operation ungleich 0 war (Z-Flag = 0)
BEQ	Branch on EQual	verzweige, wenn Ergebnis der letzten Operation gleich 0 war (Z-Flag = 1)

Assembler-Programm für ein Lauflicht

Ok, dann sehen wir uns das mit der Schleife einmal am schon angekündigten Assembler-Programm für das Lauflicht an. Ich möchte also das Ganze derart gestalten, dass ich zum Beispiel im X-Register die Anzahl der *rol*-Befehle, die ausgeführt werden sollen, hinterlege.

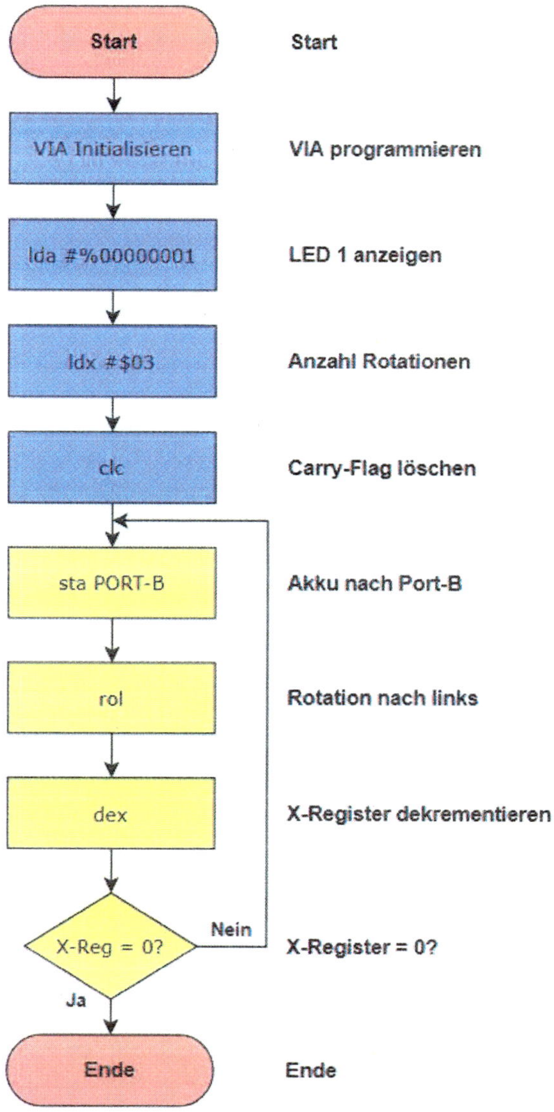

Abbildung 78 - Das Flussdiagramm für ein Lauflicht

Dann wollen wir mal sehen, welche OP-Codes wir benötigen, um das Vorhaben umzusetzen. Da sind also *ldx* und *rol*, die wir aus Teil 1 schon kennen. Es geht also um das Laden des X-Registers und die Rotation nach links vom Akku-Inhalt. Neu dazu kommen jetzt der OP-Code *dex* für das Dekrementieren des X-Registers und der Branch-OP-Code *bne*, was ja für *Branch-On-Not-Equal* steht.

MSD	W65C02S OpCode Matrix																MSD
	0	1	2	3	4	5	6	7	8	9	A	B	C	D	E	F	
0	BRK s	ORA (zp,x)			TSB zp •	ORA zp	ASL zp	RMB0 zp •	PHP s	ORA #	ASL A		TSB a •	ORA a	ASL a	BBR0 r •	0
1	BPL r	ORA (zp),y	ORA (zp) *		TRB zp •	ORA zp,x	ASL zp,x	RMB1 zp •	CLC i	ORA a,y	INC A *		TRB a •	ORA a,x	ASL a,x	BBR1 r •	1
2	JSR a	AND (zp,x)			BIT zp	AND zp	ROL zp	RMB2 zp •	PLP s	AND #	ROL A		BIT a	AND a	ROL a	BBR2 r •	2
3	BMI r	AND (zp),y	AND (zp) *		BIT zp,x *	AND zp,x	ROL zp,x	RMB3 zp •	SEC i	AND a,y	DEC A *		BIT a,x *	AND a,x	ROL a,x	BBR3 r •	3
4	RTI s	EOR (zp,x)				EOR zp	LSR zp	RMB4 zp •	PHA s	EOR #	LSR A		JMP a	EOR a	LSR a	BBR4 r •	4
5	BVC r	EOR (zp),y	EOR (zp) *			EOR zp,x	LSR zp,x	RMB5 zp •	CLI i	EOR a,y	PHY s •			EOR a,x	LSR a,x	BBR5 r •	5
6	RTS s	ADC (zp,x)			STZ zp •	ADC zp	ROR zp	RMB6 zp •	PLA s	ADC #	ROR A		JMP (a)	ADC a	ROR a	BBR6 r •	6
7	BVS r	ADC (zp),y	ADC (zp) *		STZ zp,x •	ADC zp,x	ROR zp,x	RMB7 zp •	SEI i	ADC a,y	PLY s •		JMP (a,x) *	ADC a,x	ROR a,x	BBR7 r •	7
8	BRA r •	STA (zp,x)			STY zp	STA zp	STX zp	SMB0 zp •	DEY i	BIT # *	TXA i		STY a	STA a	STX a	BBS0 r •	8
9	BCC r	STA (zp),y	STA (zp) *		STY zp,x	STA zp,x	STX zp,y	SMB1 zp •	TYA i	STA a,y	TXS i		STZ a •	STA a,x	STZ a,x •	BBS1 r •	9
A	LDY #	LDA (zp,x)	LDX #		LDY zp	LDA zp	LDX zp	SMB2 zp •	TAY i	LDA #	TAX i		LDY A	LDA a	LDX a	BBS2 r •	A
B	BCS r	LDA (zp),y	LDA (zp) *		LDY zp,x	LDA zp,x	LDX zp,y	SMB3 zp •	CLV i	LDA A,y	TSX i		LDY a,x	LDA a,x	LDX a,y	BBS3 r •	B
C	CPY #	CMP (zp,x)			CPY zp	CMP zp	DEC zp	SMB4 zp •	INY i	CMP #	DEX i	WAI I •	CPY a	CMP a	DEC a	BBS4 r •	C
D	BNE r	CMP (zp),y	CMP (zp) *			CMP zp,x	DEC zp,x	SMB5 zp •	CLD i	CMP a,y	PHX s •	STP I •		CMP a,x	DEC a,x	BBS5 r •	D

Abbildung 79 - Die OP-Code-Matrixtabelle für die Op-Codes DEX und BNE - (Quelle: W65C02 Datasheet)

Beim OP-Code *bne* steht unterhalb ein kleines *r*, was einer Erklärung bedarf. Sehen wir dazu wieder im entsprechenden Datenblatt der CPU auf Seite 20 nach.

Address Mode	Instruction Times in Memory Cycle		Memory Utilization in Number of Program Sequence Bytes	
	Original NMOS 6502	W65C02S	Original NMOS 6502	W65C02S
1. Absolute a	4 (3)	4 (3)	3	3
2. Absolute Indexed Indirect (a,x)	-	6	-	3
3. Absolute Indexed with X a,x	4 (1,3)	4 (1,3)	3	3
4. Absolute Indexed with Y a,y	4 (1)	4 (1)	3	3
5. Absolute Indirect (a)	5	6	3	3
6. Accumulator A	2	2	1	1
7. Immediate #	2	2	2	2
8. Implied i	2	2	1	1
9. Program Counter Relative r	2 (1,2)	2 (1,2)	1	1

Abbildung 80 - Addressing-Mode-Table für den W65C02 (Quelle: W65C02 Datasheet)

Da ist zu sehen, dass es sich beim OP-Code *bne* um einen Befehl handelt, der einen Einfluss auf den Program-Counter hat, weil er in Anhängigkeit einer Prüfung einen bedingten Sprung zu einer relativen Speicheradresse unternimmt.

Bedingte Sprünge werden Branch-Instructions bezeichnet (branch = verzweigen). Es wird zwischen zwei unterschiedlichen Arten von Branch-Instructions unterschieden.

- Bedingte Sprünge
- Nicht bedingte (unbedingte) Sprünge

Bei einem bedingten Sprung - der Name sagt es ja schon - erfolgt der Sprung nur, wenn eine definierte Bedingung erfüllt ist. Also zum Beispiel, wenn das Ergebnis einer Operation Null ist. Bedingte Sprünge arbeiten in der Regel mit dem Status-Register eng zusammen und werten die einzelnen Bits aus, um über einen Sprung zu entscheiden. Einen unbedingten Sprung kennen wir aber schon, denn mit *jmp* (Jump) wird direkt zur angegebenen Adresse beziehungsweise Label gesprungen, ohne, dass es zuvor zu einer Auswertung einer Bedingung kommt. Wiederspruch ist zwecklos! Sehen wir uns nun das entsprechende Assembler-Programm an.

```
VIA     = $6000
PORTB   = VIA+0
PORTA   = VIA+1
DDRB    = VIA+2
DDRA    = VIA+3
        org $8000         ; Startadresse
        lda #$ff          ;
        sta DDRB          ; DDRB - Alle als OUTPUT
        lda #%00000001    ; Startmuster laden
        ldx #$08          ; Anzahl Schritte
        clc               ; Carry-Flag löschen
lauf:
        sta PORTB
        rol               ; Rotation Akku nach links
        dex               ; X-Register dekrementieren
        bne lauf          ; Branch not =al
loop:
        jmp loop
        org $fffc      ; Startadresse des Reset-Vektors
        word $8000     ; Startadresse des Programms
        word $0000     ; zwei Füll-Bytes
```

(Pfeile im Listing: ≠0 → lauf, =0 → loop)

Abbildung 81 - Assembler-Programm Lauflicht (lauflicht001.asm)

Es ist nun wichtig zu verstehen, wie der OP-Code *bne* arbeitet. Er soll zur angegebenen Adresse oder Label - hier *lauf* - verzweigen, wenn das Ergebnis der letzten Operation ungleich 0 war. Was war denn überhaupt die letzte Operation? Nun, es handelt sich um den OP-Code *dex*, der sich direkt vor *bne* befindet. Der OP-Code *dex* dekrementiert den Inhalt des X-Registers um den Wert 1. Erst nach dem 2. Durchlauf der Schleife *lauf* ist der Inhalt des X-Registers gleich 0 und dann wird der Befehl, der sich unmittelbar hinter *bne* befindet, ausgeführt. Bei der Ausgangs-Bitkombination von 00000001 wurde die 1 also 2x nach links verschoben, so dass letztendlich die Bitkombination

00000100 in der Anzeige an PORT-B zu sehen ist. Das Programm verharrt dann in der schon bekannten Endlosschleife *loop*. Wie schaut das Ergebnis jetzt bei den LEDs aus? Sehen wir nach!

Abbildung 82 - Das Ergebnis der 3-fachen Ausführung von rol

Es ist zu erkennen, dass die 3. LED von rechts leuchtet, was einem 2-maligen Ausführen des *rol*-Befehls entspricht. Was würde wohl passieren, wenn der Inhalt des X-Registers zu Beginn 0 ist? Würde dann die Schleife nicht durchlaufen werden? Hmm... Ausprobieren ist angesagt und dann überlegen, warum sich das Ergebnis so darstellt, wie es ist. Ich rate, die Anzeige eine Zeitlang zu beobachten!

Assembler-Programm für einen Vergleich

Nun wäre es doch sicherlich interessant, wenn man das Lauflicht immer dann starten könnte, wenn ein Taster gedrückt wird. Eine echte Interaktion mit der CPU also. Von außen wird ein Impuls an die Schaltung herangetragen und das bewirkt dann eine bestimmte Reaktion. Wie man Taster an den VIA-Baustein anschließt, habe ich in Teil 1 schon beschrieben. Wir wollen das jedoch hinsichtlich der Abfrage etwas eleganter realisieren. Doch bevor es losgehen kann, muss ich wiederum etwas ausholen und eine geeignete Einleitung zum Thema *Werte-Vergleichen* finden. Dazu eignet sich der OP-Code *cmp*, was *Compare*, also Vergleichen bedeutet.

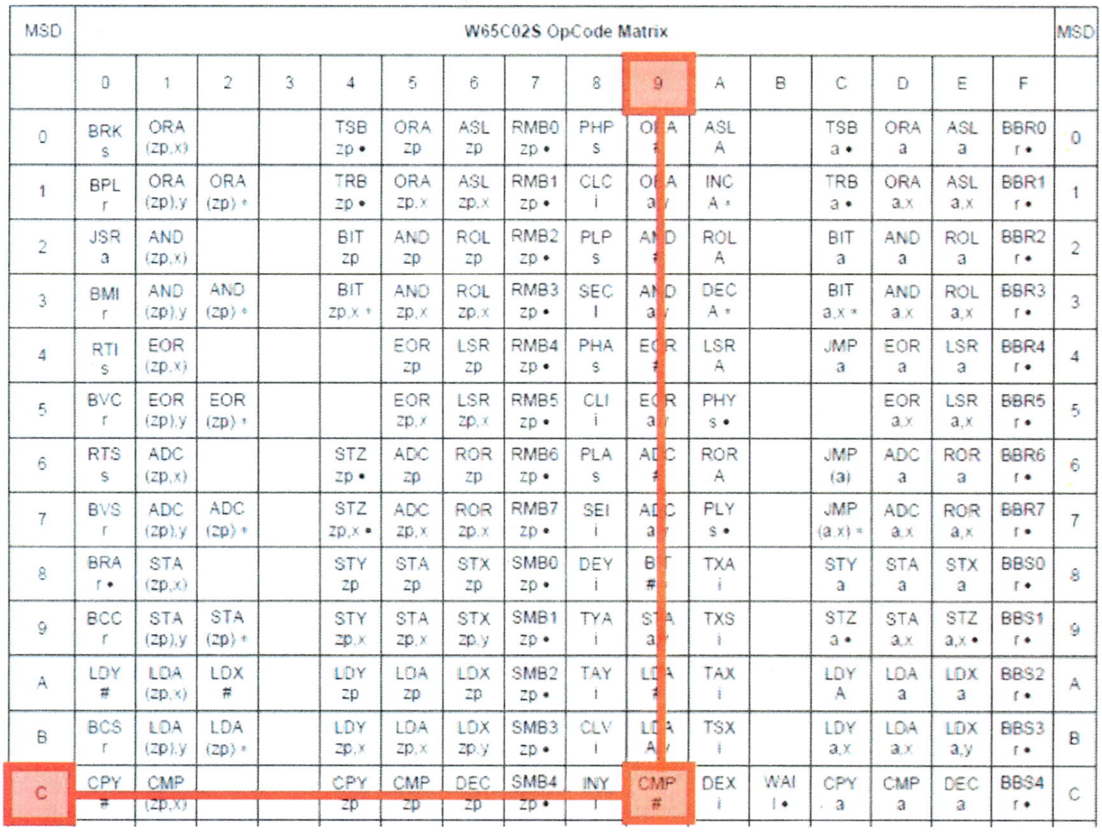

W65C02S OpCode Matrix

MSD	0	1	2	3	4	5	6	7	8	9	A	B	C	D	E	F	MSD
0	BRK s	ORA (zp,x)			TSB zp •	ORA zp	ASL zp	RMB0 zp •	PHP s	ORA #	ASL A		TSB a •	ORA a	ASL a	BBR0 r •	0
1	BPL r	ORA (zp),y	ORA (zp) •		TRB zp •	ORA zp,x	ASL zp,x	RMB1 zp •	CLC i	ORA a,y	INC A •		TRB a •	ORA a,x	ASL a,x	BBR1 r •	1
2	JSR a	AND (zp,x)			BIT zp	AND zp	ROL zp	RMB2 zp •	PLP s	AND #	ROL A		BIT a	AND a	ROL a	BBR2 r •	2
3	BMI r	AND (zp),y	AND (zp) •		BIT zp,x •	AND zp,x	ROL zp,x	RMB3 zp •	SEC i	AND a,y	DEC A •		BIT a,x •	AND a,x	ROL a,x	BBR3 r •	3
4	RTI s	EOR (zp,x)				EOR zp	LSR zp	RMB4 zp •	PHA s	EOR #	LSR A		JMP a	EOR a	LSR a	BBR4 r •	4
5	BVC r	EOR (zp),y	EOR (zp) •			EOR zp,x	LSR zp,x	RMB5 zp •	CLI i	EOR a,y	PHY s •			EOR a,x	LSR a,x	BBR5 r •	5
6	RTS s	ADC (zp,x)			STZ zp •	ADC zp	ROR zp	RMB6 zp •	PLA s	ADC #	ROR A		JMP (a)	ADC a	ROR a	BBR6 r •	6
7	BVS r	ADC (zp),y	ADC (zp) •		STZ zp,x •	ADC zp,x	ROR zp,x	RMB7 zp •	SEI i	ADC a,y	PLY s •		JMP (a,x) •	ADC a,x	ROR a,x	BBR7 r •	7
8	BRA r •	STA (zp,x)			STY zp	STA zp	STX zp	SMB0 zp •	DEY i	BIT #	TXA i		STY a	STA a	STX a	BBS0 r •	8
9	BCC r	STA (zp),y	STA (zp) •		STY zp,x	STA zp,x	STX zp,y	SMB1 zp •	TYA i	STA a,y	TXS i		STZ a •	STA a,x	STZ a,x •	BBS1 r •	9
A	LDY #	LDA (zp,x)	LDX #		LDY zp	LDA zp	LDX zp	SMB2 zp •	TAY i	LDA #	TAX i		LDY a	LDA a	LDX a	BBS2 r •	A
B	BCS r	LDA (zp),y	LDA (zp) •		LDY zp,x	LDA zp,x	LDX zp,y	SMB3 zp •	CLV i	LDA a,y	TSX i		LDY a,x	LDA a,x	LDX a,y	BBS3 r •	B
C	CPY #	CMP (zp,x)			CPY zp	CMP zp	DEC zp	SMB4 zp •	INY i	CMP #	DEX i	WAI i •	CPY a	CMP a	DEC a	BBS4 r •	C

Abbildung 83 - Die OP-Code-Matrixtabelle für den Op-Code CMP - (Quelle: W65C02 Datasheet)

Da es mehrere Vergleichsbefehle gibt, die sich auf den Akku und das X- beziehungsweise Y-Register beziehen, werde ich diese ebenfalls in der folgenden Tabelle erwähnen. Diese Vergleichsbefehle setzen oder löschen drei der Status-Flags (Übertrag, Null und Negativ), die mit wiederum mit Verzweigungsbefehlen überprüft werden können, ohne den Inhalt des Operanden zu verändern. Nachfolgend sind die drei Vergleichsbefehle aufgelistet.

Mnemonic	Bedeutung
CMP	Compare Memory and Akkumulator - Speicher und Akku vergleichen
CPX	Compare Memory and X-Register - Speicher und X-Register vergleichen
CPY	Compare Memory and Y-Register - Speicher und Y-Register vergleichen

Der CMP-Befehl unterstützt acht verschiedene Adressierungsmodi. Das sind dieselben, die auch von den ADC- und SBC-Befehlen unterstützt werden. Da die X- und Y-Register in erster Linie als Zähler zum Einsatz kommen, benötigen die CPX- und CPY-Befehle diese aufwendige Adressierungsmöglichkeit nicht und arbeiten mit nur drei Adressierungsmodi *Immediate*, *Absolute* und *Zero-Page*.

Die Vergleichsbefehle subtrahieren ohne die Berücksichtigung des Übertrags einen unmittelbaren Wert oder den Inhalt einer angegebenen Speicherstelle von dem adressierten Register, speichern das Ergebnis jedoch nicht in dem Register. Hinsichtlich der drei genannten Vergleichsoperationen CMP, CPX und CPY werden die folgend genannten Flags im Status-Register beeinflusst. Die grünen Häkchen bedeutet nicht, dass alle betreffenden Bits gesetzt werden, sondern dass diese bei der Vergleichsoperation berücksichtigt werden!

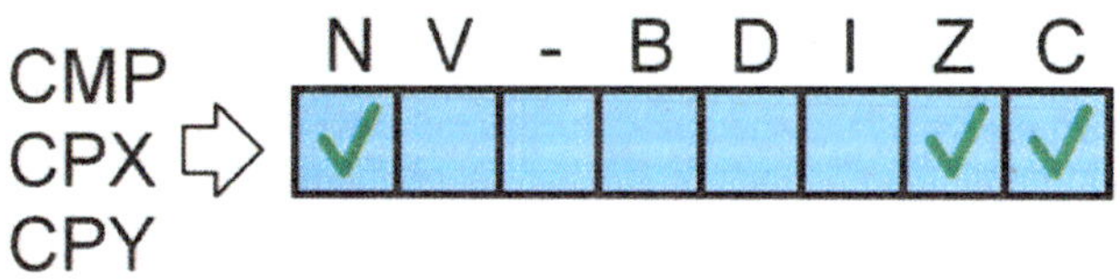

Die Kombination dieser drei Flags zeigt an, ob der Registerinhalt kleiner, gleich oder größer als der des Operanden oder der Inhalt der Speicherstelle ist. In der folgenden Tabelle sind die Ergebnisindikatoren für die Vergleichsbefehle zusammengefasst.

Vergleichs-Ergebnis	N	Z	C
A, X oder Y < Operand	*	0	0
A, X oder Y = Operand	0	1	1
A, X oder Y > Operand	*	0	1

Die vorgestellten Vergleichsbefehle liefern wichtige Informationen, die durch eine nachfolgende Verzweigungs-Anweisung (*Branch-Instruction*) geprüft werden können. Angenommen, man möchte zu einer bestimmten Stelle im Programm verzweigen, wenn der Inhalt des Akkus kleiner als der Wert $07 ist. Laut Tabelle ist dann das Carry-Flag auf den Wert 0 hin zu überprüfen. Also würde man den OP-Code *bcc* (Branch on Carry Clear) verwenden, wie das im folgenden Code-Schnipsel zu sehen ist.

```
1          ...
2          lda #$17     ; Akku laden
3          cmp #$07     ; Mit Wert $07 vergleichen
4          bcc kleiner
5          ...
6          ...
7  kleiner:
8          ...          ; Hier fortführen,
9          ...          ; wenn Akku < $07
```

Abbildung 84 - Assembler-Programm mit Wertevergleich

Ist der Wert des Akkus kleiner, als der angegebene Wert $07, kommt es zu einer Verzweigung zum Label *kleiner* in Zeile 7. Falls dem nicht so ist, wird mit Zeile 5 fortgefahren, was in diesem Fall zutrifft, denn $17 ist nicht kleiner $07. Nun möchte ich ein kleines Experiment aufbauen, um verschiedene Binärkombinationen miteinander zu vergleichen. Damit wir nicht jedes Mal das EEPROM mit verschiedenen zu vergleichenden Werten neu brennen müssen, habe ich eine Schaltung hergestellt, die es über sogenannte DIP-Switches ermöglicht, Binärkombinationen zur Laufzeit des Programms zu ändern. DIP-

Switches sind eine spezielle Bauform von Schiebeschaltern, die zum Beispiel auf Leiterplatten eingesetzt werden und der Konfiguration bestimmter Grundeinstellungen dienen. Die Abkürzung *DIL* steht für ***Dual-In-Line*** Package. Aufgrund der parallelen Anordnung der kleinen Schiebeschalter werden diese auch *Mäuseklavier* genannt. Es gibt sie in unterschiedlicher Anzahl von Schaltern. Auf der folgenden Abbildung ist ein DIP-Switch mit 4 Schiebeschaltern zu sehen, die ich auch verwende, wobei die aufgedrückte Bezeichnung der einzelnen Schiebeschalter hier überhaupt keine Rolle spielt. Das Niederwertigste Bit (LSB) ist in meinen Beispielen immer rechts außen zu finden.

Abbildung 85 - 4-poliger DIP-Switch

Über eine geeignete Schaltung können zwei dieser DIP-Switches zum Beispiel mit PORT-A des VIA-Bausteins verbunden werden, um zwei 4-Bit-Werte an den Eingängen bereitzustellen. Das wäre dann ein Wertebereich von 0 bis 15, was zum Experimentieren mit unterschiedlich großen Werten für die geplante Vergleichsoperation vollkommen ausreicht. PORT-B wird dann zur Ansteuerung von LEDs verwendet. Der Schaltplan schaut wie folgt aus, wobei ich mich lediglich auf den VIA-Baustein 65C22 beziehe und die schon einmal zum Einsatz gekommenen Pull-Up-Widerstände verwende. Wer nicht mehr weiß, warum ich das mache, sollte noch einmal einen Blick in Teil 1 werfen. Über drei LEDs wird das Ergebnis des Vergleichs beider 4-Bit-Binärzahlen unmittelbar zur Anzeige gebracht.

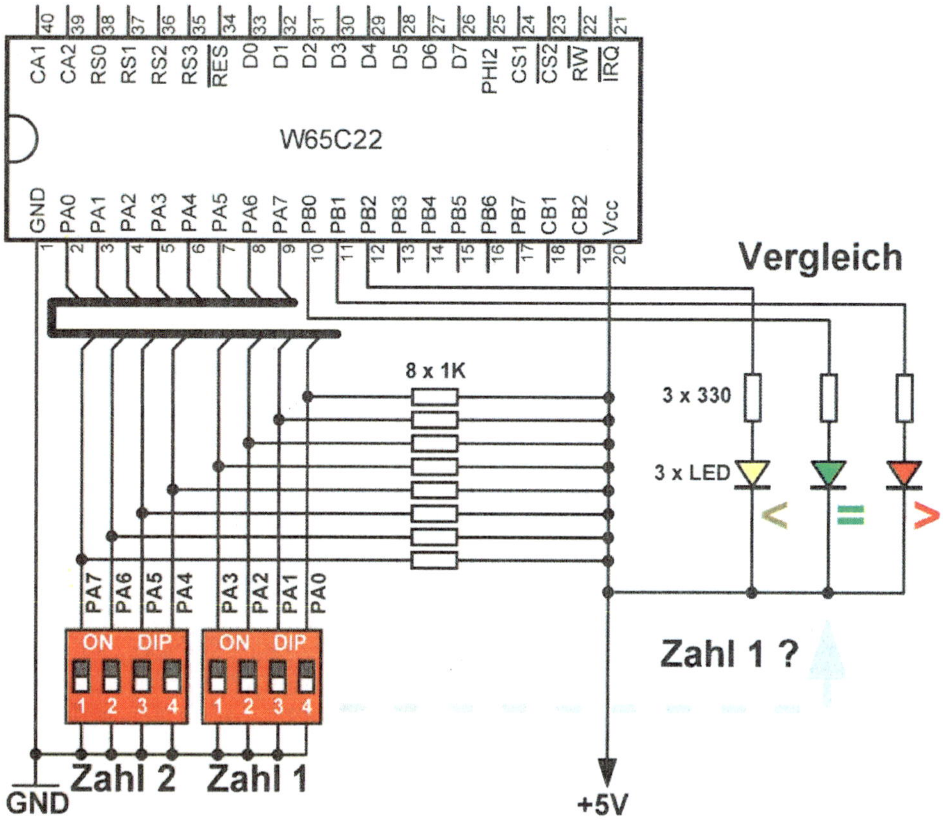

Abbildung 86 - Schaltplan zum Wertevergleich

Das Ergebnis wird dabei in Bezug auf den Wert 1 (Akku-Inhalt) zur Anzeige gebracht. Hier ein paar Beispiele.

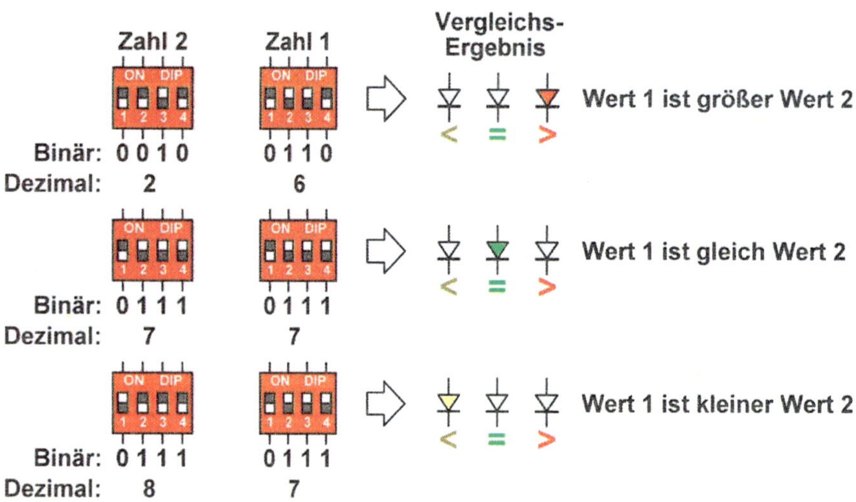

Abbildung 87 - Vergleiche mit verschiedenen Werten

Dann wollen wir mal sehen, wie es möglich ist diese Vergleichslogik zu programmieren. Natürlich gibt es hier nicht nur einen Ansatz, sondern sehr viele Möglichkeiten und auch vielleicht elegantere. Doch darum geht es jetzt primär nicht. Bevor es jedoch losgeht, muss ich einige Dinge zur Sprache bringen, die bis jetzt noch nicht behandelt wurde. Es geht um Bit-Schiebereien und Maskierungen. Doch der Reihe nach!

Bit-Maskierung / Manipulation

Das folgende Thema ist sehr interessant und spannend und doch kann ich nur an der Oberfläche kratzen, denn es bedarf wohl eines ganzen Buches, um erschöpfend auf die Bit-Markierung beziehungsweise -Manipulation einzugehen. Ich möchte einleitend nur so viel sagen, dass es sich dabei um bestimmte Konzepte handelt, die in der Programmierung eingesetzt werden, um Einfluss auf einzelne Bits in Registern oder im Speicher zu nehmen. Dabei können zum Beispiel Bits in einem Schreibprozess gesetzt oder gelöscht oder bei einem Leseprozess Bits ausgeblendet, also maskiert werden. Ich möchte jedoch an dieser Stelle für unser Projekt erst einmal mit der Maskierung beginnen. Warum? Ganz einfach, denn es befinden sich an PORT-A zwei 4-Bit DIP-Switches, die jeweils einen eigenen 4-Bit breiten Wert entgegennehmen, was bedeutet, dass es hier nicht zur Auswertung eines 8-Bit breiten Wertes kommt. Sehen wir uns das genauer an. Der Anschluss der zwei DIP-Switches hinsichtlich des VIA-Bausteins schaut wie folgt aus, wobei ich die Pull-Up-Widerstände hier nicht berücksichtigt habe, weil es zur Demonstration des eigentlichen Themas keine Rolle spielt. Also bitte ein bisschen flexibel sein.

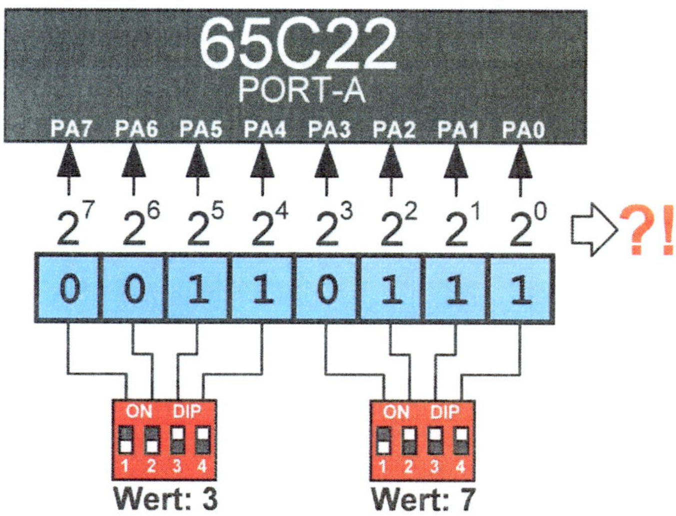

Abbildung 88 - Die DIP-Switches am VIA-Baustein 65C22 - Nicht ganz richtig!!!

Die gezeigten Wertigkeiten - von rechts nach links - 2^0 bis 2^7 stimmen so nicht, wie man das eigentlich gewohnt wäre! Warum? Nun, es handelt sich nicht um einen einzigen 8-Bit-Wert, sondern um zwei 4-Bit-Werte, was bedeutet, dass dem linken DIP-Switch, die gleichen Wertigkeiten zustehen, wie dem rechten. Also hier nun die korrigierte Version des gezeigten Anschlussplans.

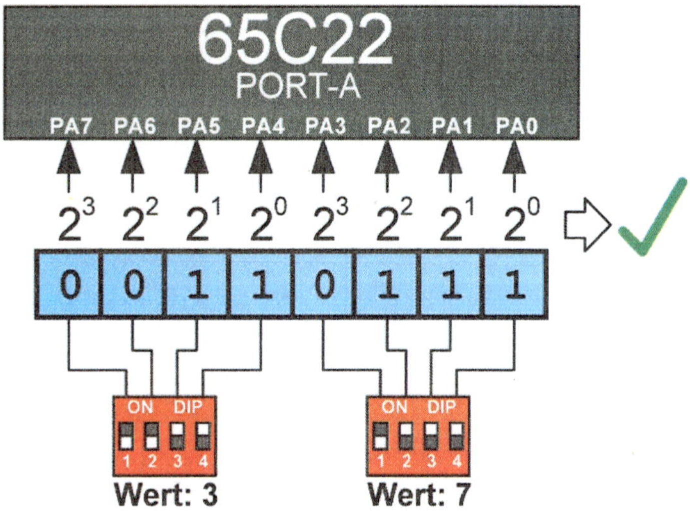

Abbildung 89 Die DIP-Switches am VIA-Baustein 65C22 - Jetzt richtig!!!

Um mit den zwei 4-Bit-Werten rechnen zu können, müssen diese in irgendeiner Weise aus dem 8-Bit-Verbund herausgelöst werden. Ein Zusammenschluss von 4-Bits wird übrigens ein *Nibble* genannt. Ich fange einmal mit der Zahl 2 und dessen Wert 3 auf der linken Seite an. Damit diese nicht den Stellewert 2^4 bis 2^7 besitzt, sondern 2^0 bis 2^3 muss der Inhalt 4x nach rechts verschoben werden. Natürlich gib es dazu einen entsprechenden OP-Code der sich *lsr* (Logical-Shift-Right) nennt. Auf den Akku angewendet, schaut das allgemein wie folgt aus.

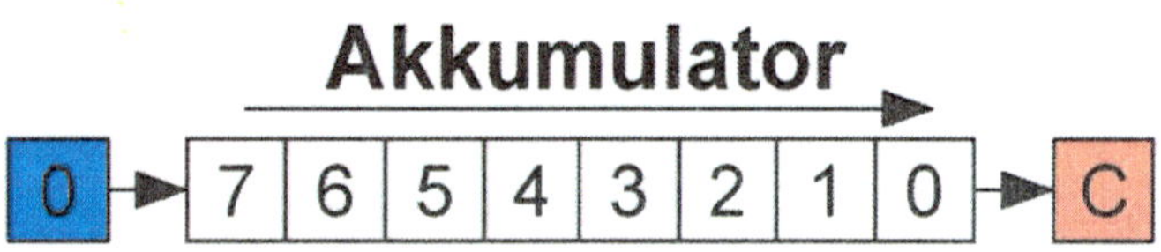

Abbildung 90 - Der Befehl lsr (Logical Shift Right)

Wird der Befehl ausgeführt, werden alle Bits im Akku um eine Position nach rechts verschoben. Bei dieser Operation ist es unter anderem sehr wichtig, was sich an den Rändern so abspielt. Auf der linken Seite ist in diesem Fall natürlich kein neuntes Bit vorhanden, dass nach rechts verschoben werden könnte. Das bedeutet, dass eine 0 beim MSB (Bit links außen) eingeschoben wird. Auf der rechten Seite fällt das LSB beim nach rechts Schieben nicht weg, sondern wandert zur möglichen Überprüfung in das Carry-Bit. Sehen wir uns das einmal an einem Beispiel mit einem anderen Wert an.

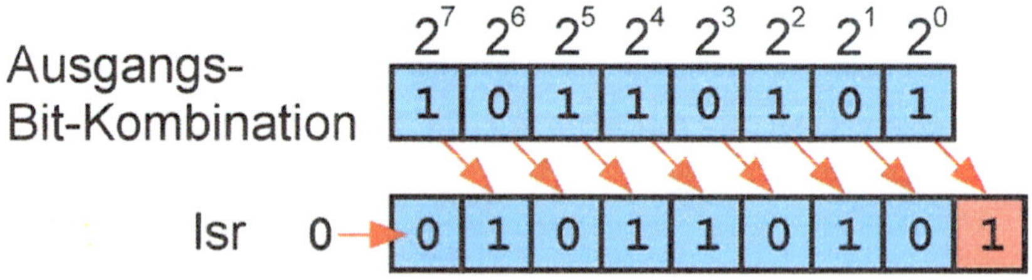

Abbildung 91 - Einmaliges Schieben der Bits nach rechts

Hinsichtlich unseres Beispiels würde das dann für die Bit-Kombination **0011**0111 bei einem 4-maligen Ausführens des *lsr*-Befehls wie folgt aussehen und als Ergebnis sollte dann 0011 herauskommen.

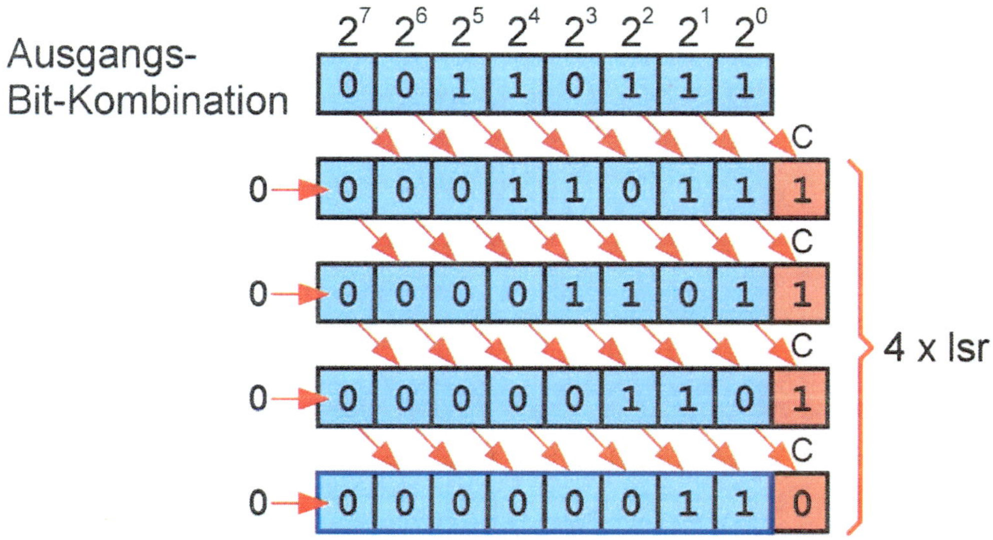

Abbildung 92 - Viermaliges Schieben der Bits nach rechts

Ok, das sieht gut aus, denn das Ergebnis lautet – wie erhofft – 00000011 und entspricht dem Dezimalwert 3, der ja auch über den linken DIP-Switch so eingestellt ist. Hier noch ein Blick in die OP-Code-Matrix für *lsr* für den Akku.

MSD	W65C02S OpCode Matrix																MSD
	0	1	2	3	4	5	6	7	8	9	A	B	C	D	E	F	
0	BRK s	ORA (zp,x)			TSB zp •	ORA zp	ASL zp	RMB0 zp •	PHP s	ORA #	ASL A		TSB a •	ORA a	ASL a	BBR0 r •	0
1	BPL r	ORA (zp),y	ORA (zp) •		TRB zp •	ORA zp,x	ASL zp,x	RMB1 zp •	CLC i	ORA a,y	INC A •		TRB a •	ORA a,x	ASL a,x	BBR1 r •	1
2	JSR a	AND (zp,x)			BIT zp	AND zp	ROL zp	RMB2 zp •	PLP s	AND #	ROL A		BIT a	AND a	ROL a	BBR2 r •	2
3	BMI r	AND (zp),y	AND (zp) •		BIT zp,x •	AND zp,x	ROL zp,x	RMB3 zp •	SEC i	AND a,y	DEC A •		BIT a,x •	AND a,x	ROL a,x	BBR3 r •	3
4	RTI s	EOR (zp,x)				EOR zp	LSR zp	RMB4 zp •	PHA s	EOR #	LSR A		JMP a	EOR a	LSR a	BBR4 r •	4

Abbildung 93 - Die OP-Code-Matrixtabelle für den Op-Code LSR - (Quelle: W65C02 Datasheet)

Am kleinen darunter befindlichen *A* ist zu erkennen, dass sich dieser OP-Code auf den Akku bezieht und nicht etwa auf eine Speicherstelle.

Kommen wir nun zum rechten DIP-Switch, bei dem ja der Binärwert 00000111 eingestellt ist und dem Dezimalwert 7 entspricht. Das offensichtliche Problem ist also, dass die vier Bits der Ausgangs-Bit-Kombination **0011**0111 zur Linken dafür ausgeblendet werden müssen. Um das zu erreichen, kommt die schon angesprochene *Maskierung* ist Spiel. Man kann sich die Funktion der Maskierung mit dem Einsatz einer Lochmaske vorstellen, wie das auf der folgenden Abbildung zu erkennen ist.

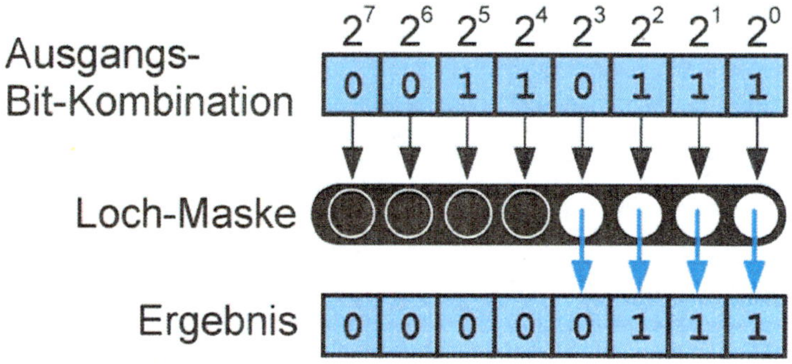

Abbildung 94 - Die Maskierung über eine Lochmaske

Überall dort, wo ein Loch ist, kommt das Bit - 0 oder 1 - durch die Lochmaske durch und wird nach unten weitergeleitet. Um diese Funktion in einem Programm zu realisieren, kommt die schon bekannte Logik-Funktion des UND-Gatters (AND-Gate) zum Einsatz. Hier noch einmal die entsprechende Logik-Tabelle, des Gatters.

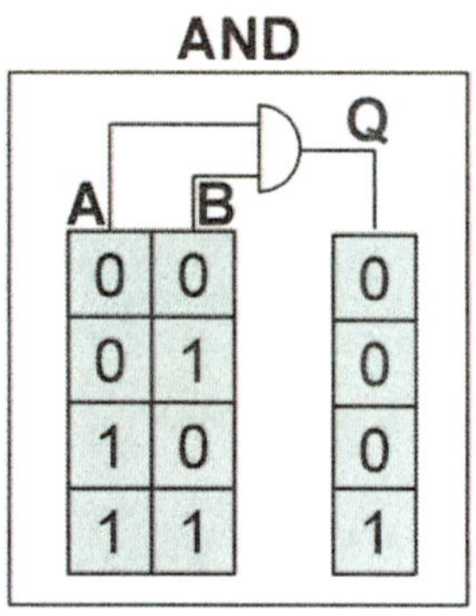

Abbildung 95 - das UND-Gatter mit Logik-Tabelle

Wir erinnern uns, dass der Ausgang nur dann einen HIGH-Pegel (1) vorweist, wenn beide Eingänge A und B einen HIGH-Pegel besitzen.

Was bedeutet Maskierung?

Bei der Maskierung wird eine Bit-Maske definiert, über die festgelegt wird, welche Bits erhalten und welche Bits gelöscht werden sollen.

Natürlich gibt es eine derartige Funktion beim 6502 auch als OP-Code. Hier werfen wir wieder ein Blick in die OP-Code-Matrix für *and* für eine Speicherstelle.

MSD	W65C02S OpCode Matrix																MSD
	0	1	2	3	4	5	6	7	8	9	A	B	C	D	E	F	
0	BRK s	ORA (zp,x)			TSB zp •	ORA zp	ASL zp	RMB0 zp •	PHP s	ORA #	ASL A		TSB a •	ORA a	ASL a	BBR0 r •	0
1	BPL r	ORA (zp),y	ORA (zp) •		TRB zp •	ORA zp,x	ASL zp,x	RMB1 zp •	CLC i	ORA a,y	INC A •		TRB a •	ORA a,x	ASL a,x	BBR1 r •	1
2	JSR a	AND (zp,x)			BIT zp	AND zp	ROL zp	RMB2 zp •	PLP s	AND #	ROL A		BIT a	AND a	ROL a	BBR2 r •	2

Abbildung 96 - Die OP-Code-Matrixtabelle für den Op-Code AND - (Quelle: W65C02 Datasheet)

Das wird natürlich wieder anhand eines Beispiels am deutlichsten und nehmen dafür direkt unser konkretes Bitmuster 00110111. Die störenden obersten 4 Bits müssen gelöscht werden, was dann über die Bit-Maske 00001111 erfolgt. Beide Bitmuster müssen einer logischen UND-Verknüpfung unterzogen werden. Auf der folgenden Abbildung ist das gut zu erkennen.

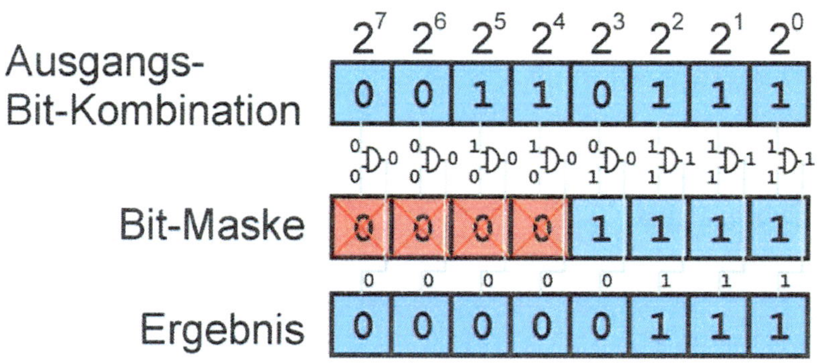

Abbildung 97 - Die Maskierung von Bits

Das Ergebnis der Bitkombination 00000111 entspricht dem erwarteten Ergebnis der Dezimalzahl 7. Sehen wir uns dazu das Assembler-Programm an. Zu Beginn erfolgt wieder die Konfiguration des VIA-Bausteins, denn PORT-A muss komplett als Eingang und PORT-B als Ausgang – ich nutze aber nur PB0, PB1 und PB2 – programmiert werden.

```
VIA      = $6000
PORTB    = VIA+0
PORTA    = VIA+1
DDRB     = VIA+2
DDRA     = VIA+3
      org $8000         ; Startadresse
      lda #$ff          ;
      sta DDRB          ; DDRB - Alle als OUTPUT
      lda #$00          ;
      sta DDRA          ; DDRA - Alle als INPUT
```

Abbildung 98 - Assembler-Programm Compare - Teil 1 (compare001.asm)

Nun kommt die eigentliche Logik zur Abfrage der DIP-Switches und Ansteuerung der drei LEDs.

```
loop:
    lda PORTA          ; Bit-Kombination in Akku laden
    lsr                ; Bits 1 x nach rechts schieben
    lsr                ; Bits 1 x nach rechts schieben
    lsr                ; Bits 1 x nach rechts schieben
    lsr                ; Bits 1 x nach rechts schieben
    eor #$ff           ; Bits umkehren
    sta $1000          ; Akku in $1000 speichern
    lda PORTA          ; Bit-Kombination in Akku laden
    and #%00001111     ; Die untersten 4 Bits maskieren
    eor #$ff           ; Bits umkehren
    cmp $1000          ; Akku mit $1000 vergleichen
    beq gleich         ; Werte sind gleich
    bcc kleiner        ; Der erste Wert ist kleiner
    lda #%00000010     ; Der erste Wert ist größer (PB1=1)
    sta PORTB          ; LEDs ansteuern
    jmp loop           ; Springe nach loop
gleich:
    lda #%00000001     ; LED für gleich (PB0=1)
    sta PORTB          ; LEDs ansteuern
    jmp loop           ; Springe nach loop
kleiner:
    lda #%00000100     ; LED für kleiner (PB2=1)
    sta PORTB          ; LEDs ansteuern
    jmp loop           ; Springe nach loop
```

Abbildung 99 - Assembler-Programm Compare - Teil 2 (compare001.asm)

Ich erspare mir hier die detaillierte Beschreibung der Funktion der einzelnen Zeilen, denn es befindet sich hinter jeder ein entsprechender Kommentar. Lediglich zur Bewertung (gleich/größer/kleiner) sehen wir uns das Flussdiagramm an, denn das sollte genauer unter die Lupe genommen werden.

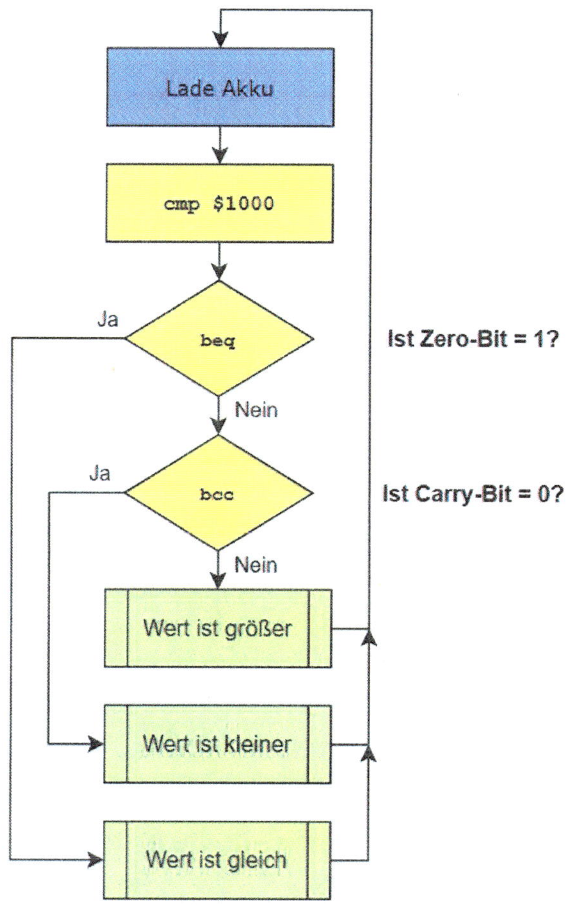

Abbildung 100 - Das Flussdiagramm für den Wertevergleich

Es wird hier der Ausschnitt der Verarbeitung gezeigt, wo es um den Wertevergleich zwischen Akku und der Speicherstelle $1000 (willkürlich im RAM gewählt) geht.

Beide Werte sind gleich

Die oberste Raute führt den *beq*-Befehl (Branch-If-Equal to Zero) aus. Dabei wird das Zero-Bit überprüft. Ist dieses gesetzt, sind beide Werte gleich. Wir erinnern uns.

Vergleichs-Ergebnis	N	Z	C
A, X oder Y < Operand	*	0	0
A, X oder Y = Operand	0	1	1
A, X oder Y > Operand	*	0	1

Ist das der Fall, kommt es zu einer entsprechenden Verzweigung (Label: GLEICH) zur Anzeige, dass beide Werte gleich sind. Bit PB0 wird 1 (PORT-B = 00000001) gesetzt und die entsprechende LED leuchtet auf.

Abbildung 101 - Die grüne LED für Gleichheit leuchtet auf

Ein Wert ist kleiner

Die zweite Raute führt den *bcc*-Befehl (Branch-If-Carry Clear) aus. Dabei wird das Carry-Bit überprüft. Ist dieses gelöscht, ist der Akku kleiner der vergleichenden Speicherstelle.

Vergleichs-Ergebnis	N	Z	C
A, X oder Y < Operand	*	0	0
A, X oder Y = Operand	0	1	1
A, X oder Y > Operand	*	0	1

Ist das der Fall, kommt es zu einer entsprechenden Verzweigung (Label: KLEINER) zur Anzeige, dass der Inhalt des Akkus kleiner ist. Bit PB2 wird 1 (PORT-B = 00000100) gesetzt und die entsprechende LED leuchtet auf.

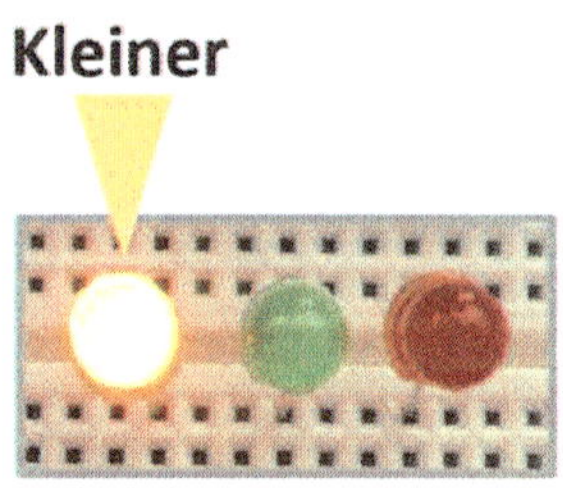

Abbildung 102 - Die gelbe LED für "Kleiner als" leuchtet auf

Ein Wert ist größer

Treffen beide Aussagen auf *Gleichheit* und *Kleiner als* nicht zu, kann es sich nur noch um *Größer als* handeln, was keiner weiteren Abfrage bedarf. Deswegen kommt es zur Ausführung der Anweisungen unterhalb der zweiten Raute. Bit PB1 wird 1 (PORT-B = 00000010) gesetzt und die entsprechende LED leuchtet auf.

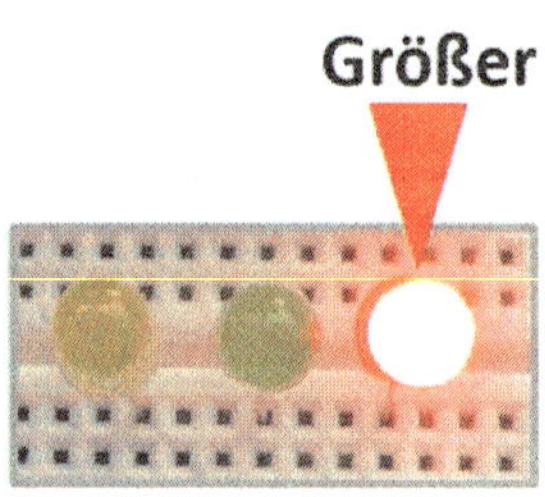

Abbildung 103 - Die gelbe LED für "Größer als" leuchtet auf

Nachfolgend ist der Teil des Schaltungsaufbaus zu sehen.

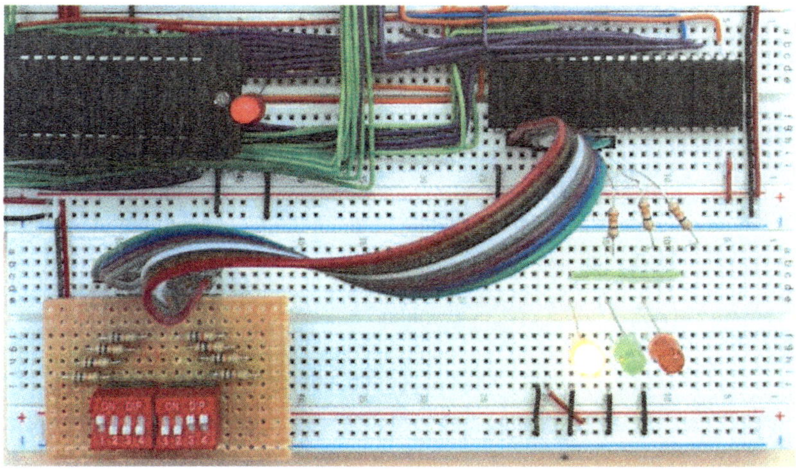

Abbildung 104 - Der Schaltungsaufbau der DIP-Switches und LEDs

Ein kleines Roulette

Nun haben wir die Möglichkeit gesehen, verschiedene Vergleiche anzustellen und zum Beispiel anliegende Kombinationen von Bits an PORT-A auszuwerten, die über DIP-Switches hergestellt wurden. Auf diese Weise können natürlich auch Taster abgefragt werden. Ich möchte jetzt ein kleines Roulette-Spiel programmieren, das über den Druck auf einen Taster - nachfolgend T1 - gestartet werden kann und solange läuft, wie der Taster gedrückt wird. Ist die Taktfrequenz recht gering, äußert sich das Ganze derart, dass die aufleuchtende LED bei jedem kurzen Tastendruck eine Position weiterwandert. Der Schaltplan gestaltet sich dabei wie folgt, wobei ich zwei Taster angebracht habe, um damit einen weiteren Test zur Abfrage zu ermöglichen.

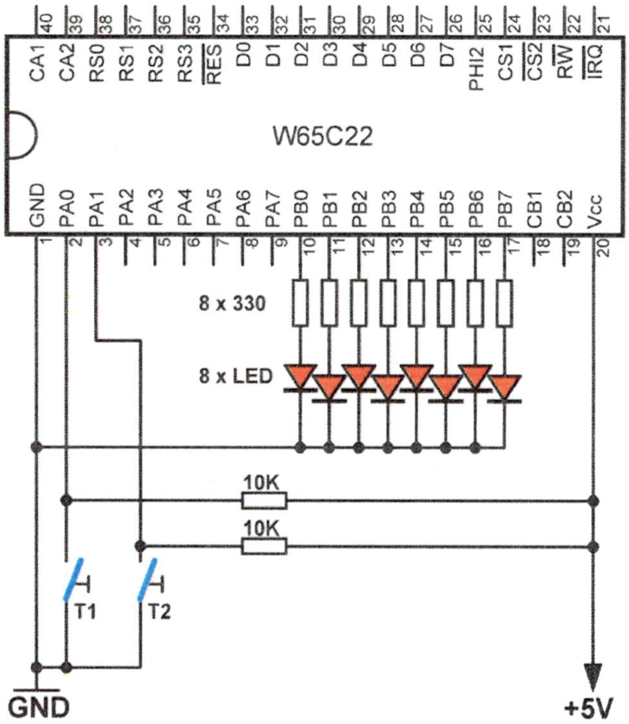

Abbildung 105 - Einfache Roulette-Schaltung

Die Grundlagen zur Realisierung sind - ich erwähnte es schon - vorhanden. Um eine aufleuchtende LED eine oder mehrere Positionen wandern zu lassen, haben wir schon gesehen und das Abfragen eines Tasters stellt nun auch kein Problem mehr dar. Es kann also losgehen. Haben wir zuvor den Inhalt des Akkus über den *rol*-Befehl (Rotate-Left) nach links rotieren lassen, wenden wir jetzt diesen OP-Code auf eine bestimmte Speicherstelle an. Auch hier ist wieder das Carry-Flag beteiligt, was zuvor gelöscht werden sollte. Werfen wir diesmal zuerst einen Blick auf das Flussdiagramm, das etwas umfangreicher geworden ist.

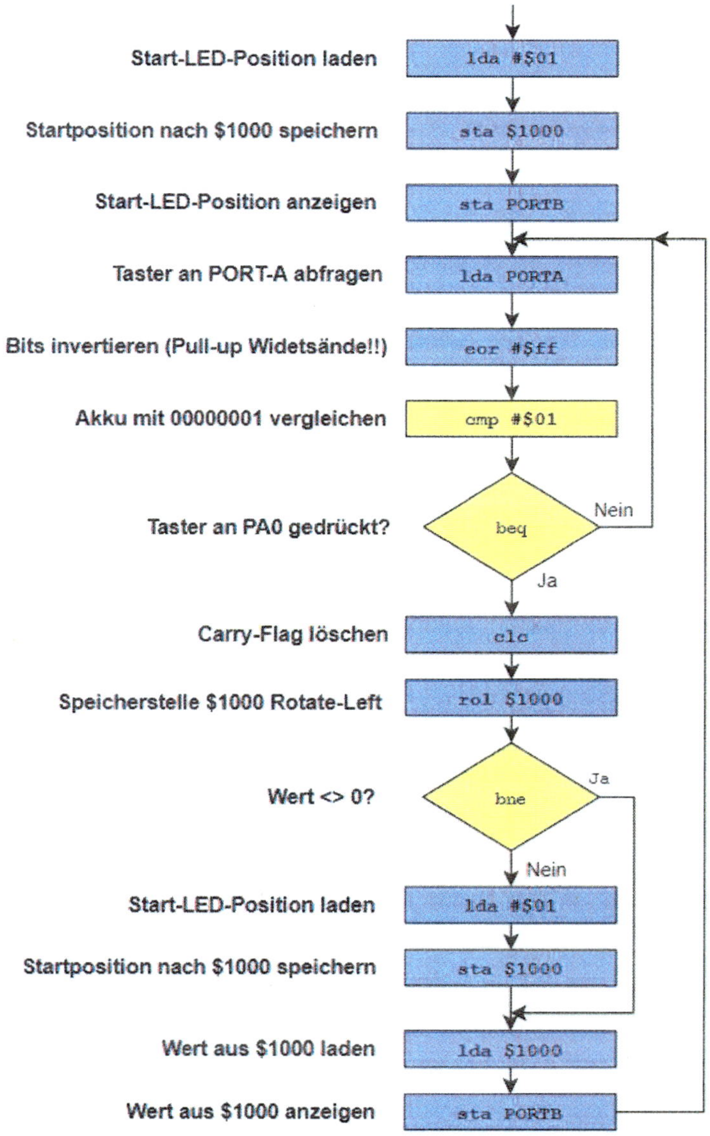

Abbildung 106 - Das Flussdiagramm für das Roulette

Ganz zu Beginn wird in Speicherstelle $1000, die frei im RAM gewählt wurde, die Bit-Kombination 00000001 geladen und an PORT-B versendet, so dass die erste LED an PB0 leuchtet. Diese 1 (LSB von PORT-B) soll dann beim Rotieren immer um eine Position nach links verschoben werden. An der ersten Raute wird überprüft, ob der Taster an PA0 gedrückt ist. Falls dem nicht so ist, wird zurück an die Stelle gesprungen, wo der PORT-A erneut abgefragt wird. Wurde der Taster jedoch gedrückt, wird das Carry-Flag als Vorbereitung für den *rol*-Befehl gelöscht, denn es ist nicht erwünscht, dass beim Rotieren vielleicht eine zusätzliche 1 mit eingeschoben wird. Über die zweite Raute wird nun abgefragt, ob der Wert 0 ist, denn beim Rotieren wird irgendwann einmal die 1 ganz links herausgeschoben, so dass dann der Wert 0 vorhanden ist, was wiederum bedeutet, dass keine LED leuchten würde. Um diesem Zustand vorzubeugen, erfolgt die Prüfung auf den Wert 0, der dann über das Laden des erneuten Startwertes $01 an die Speicherstelle $1000 korrigiert wird. Letztendlich wird dann der Wert aus der Speicherstelle $1000 ganz unten im

Flussdiagramm über PORT-B an die LEDs versendet. Sehen wir uns jetzt das entsprechende Assembler-Programm einmal an. Zu Beginn ist wieder die Initialisierung erforderlich.

```
VIA     = $6000
PORTB   = VIA+0
PORTA   = VIA+1
DDRB    = VIA+2
DDRA    = VIA+3
        org $8000           ; Startadresse
        lda #$ff            ;
        sta DDRB            ; DDRB - Alle als OUTPUT
        lda #%11111100      ; PA0 und PA1 INPUT
        sta DDRA            ; DDRA - INPUT-Pins
        lda #$01            ; Akku = 1, LED-Startposition
        sta $1000           ; Akku -> $1000
        sta PORTB           ; Akku -> LEDs
```

Abbildung 107 - Assembler-Programm Roulette - Teil 1 (roulette001.asm)

Nun kommt der Part, der über die verschiedenen Sprünge die verschiedenen Schleifen durchläuft. Über das Label *rollen* wird der eigentliche Prozess des Roulettes gestartet, wobei dann das Label *los* letztendlich die Anzeige zu den LEDs startet. Das wird deswegen gemacht, um den schon angesprochenen unerwünschten Zustand mit dem Wert $00 in der Speicherstelle $1000 zu begegnen, der dazu führen würde, dass keine LED leuchtet.

```
loop:
        lda PORTA           ; Port-A abfragen
        eor #$03            ; PA0 und PA1 invertieren
        cmp #$01            ; Taster PA0 gedrückt?
        beq rollen          ; Falls Ja   -> springe zu rollen
        jmp loop            ; Falls Nein -> springe zu loop
rollen:
        clc                 ; Carry löschen
        rol $1000           ; Rotate left $1000
        bne los             ; Ungleich 0 -> springe zu los
        lda #$01            ; Startposition vorbereiten
        sta $1000           ; Startposition laden
los:
        lda $1000           ; Speicherstelle $1000 laden
        sta PORTB           ; LEDs ansteuern
        jmp loop            ; springe zu loop
```

Abbildung 108 - Assembler-Programm Roulette - Teil 2 (roulette001.asm)

Abschließend kommt natürlich noch der obligatorische Part für den Reset-Vektor, der nicht vergessen werden darf.

```
        org $fffc   ; Startadresse des Reset-Vektors
        word $8000  ; Startadresse des Programms
        word $0000  ; zwei Füll-Bytes
```

Abbildung 109 - Assembler-Programm Roulette - Teil 3 (roulette001.asm)

Auf der folgenden Abbildung ist mein Versuchsaufbau auf einer kleinen Platine zu sehen, auf dem sich die beiden Mikrotaster und die acht LEDs mit entsprechenden Widerständen befinden.

Abbildung 110 - Der Schaltungsaufbau des kleinen Roulettes

Als kleine Übung schlage ich vor, statt den Taster *T1* an *PA0* einmal den Taster *T2* an *PA1* zu nutzen. Wie müsste da die Abfrage ausschauen? Wenn die Taktfrequenz recht hoch eingestellt ist, kann man sich darüber wirklich ein kleines Roulette-Spiel realisieren, denn man kann dann durch das Loslassen des Tasters nach dem Drücken, nicht genau vorhersagen, welche LED am Ende leuchtet. Noch ein kleiner Hinweis zur Bit-Verschiebung. Neben dem *rol*-Befehl (Rotate-Left), der ja die Bits nach links rotiert, gibt es noch den *asl*-Befehl (Arithmetic-Shift-Left), der die Bits nach links verschiebt. Worin mag hier der Unterschied zwischen beiden OP-Codes bestehen? Hier die Kurzfassung.

- ROL: Um ein Bit nach links rotieren / Schiebt das Carry-Bit in das LSB
- ASL: Arithmetisch links schieben / Schiebt eine 0 in das LSB

ROL

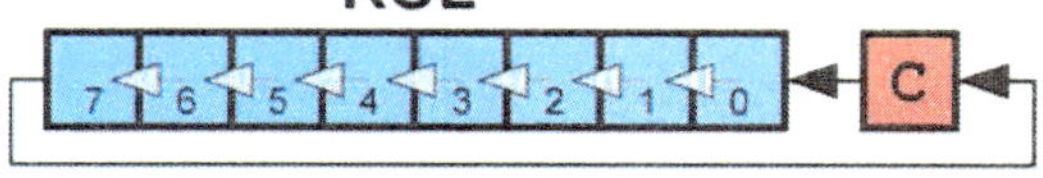

ASL

Und natürlich geht es auch in die andere Richtung.

- ROR: Um ein Bit nach rechts rotieren / Schiebt das Carry-Bit in das MSB
- LSR: Logisch rechts schieben / Schiebt eine 0 in das MSB

ROR

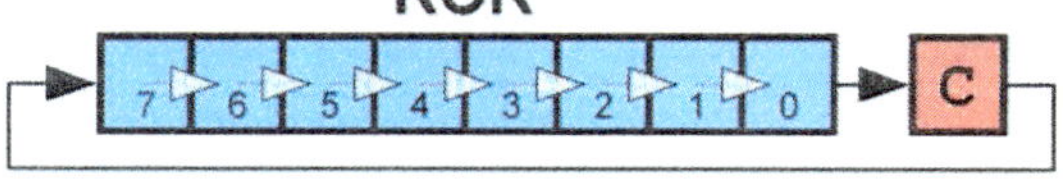

LSR

Ein elektronischer Würfel

Um noch ein zweites Spiel zu programmieren, schlage ich vor, einen elektronischen Würfel zu realisieren. Ich denke, dass jeder weiß, wie ein Würfel ausschaut. Hinsichtlich der anzusteuernden LEDs - sieben an der Zahl - schaut das dann wie folgt aus.

Abbildung 111 - Die Nummerierung der Würfel-LEDs

Die von mir gewählte Nummerierung ist absolut willkürlich und könnte auch anders ausschauen und sollte dann aber konsequent beibehalten werden. Nun kann man sicherlich die sieben LEDs recht einfach zum Beispiel mit dem PORT-B verbinden und dann gezielt ansteuern. Was aber, wenn ich sagen würde, dass man mit vier Ausgängen PB0 bis PB3 auskommt? Klingt irgendwie merkwürdig, ist aber machbar. Um auf den Trick zu kommen, sollte man sich die einzelnen LEDs anschauen, die bei den unterschiedlichen Würfelaugen vielleicht gemeinsam aufleuchten. Man kann die Würfelaugen in Gruppen organisieren und folgendes festhalten, wobei folgenden Gruppen definiert sind.

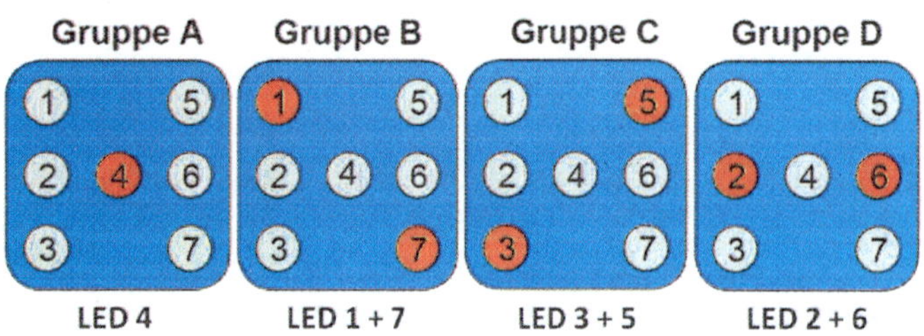

Abbildung 112 - Die vier LED-Gruppen

Das Gezeigte ist vielleicht noch nicht ganz klar, doch wenn man sich den Zusammenhang von Würfelaugen und Gruppen anschaut, wird es sehr deutlich. Für sich alleine genommen machen nur *Gruppe A* und *Gruppe B* einen Sinn, bei *Gruppe C* und *Gruppe D* ist das weniger der Fall. Aber durch eine Gruppe oder eine Kombination aus mehreren Gruppen werden die gewünschten Würfelaugen erzeugt. Wir wollen mal schauen, welche Gruppe beziehungsweise welche Gruppen bei welchen Würfelaugen betroffen sind.

Würfel						
Gruppe A	✓		✓		✓	
Gruppe B		✓	✓	✓	✓	✓
Gruppe C				✓	✓	✓
Gruppe D						✓

Es ist tatsächlich so, dass wir mit 4 statt 7 Ansteuerungsleitungen zu den LEDs auskommen. Durch die geschickte Ansteuerung mehrerer Gruppen können also alle gewünschten Würfelaugen angezeigt werden. Ich habe mich dabei für die folgende Verkabelung entschieden.

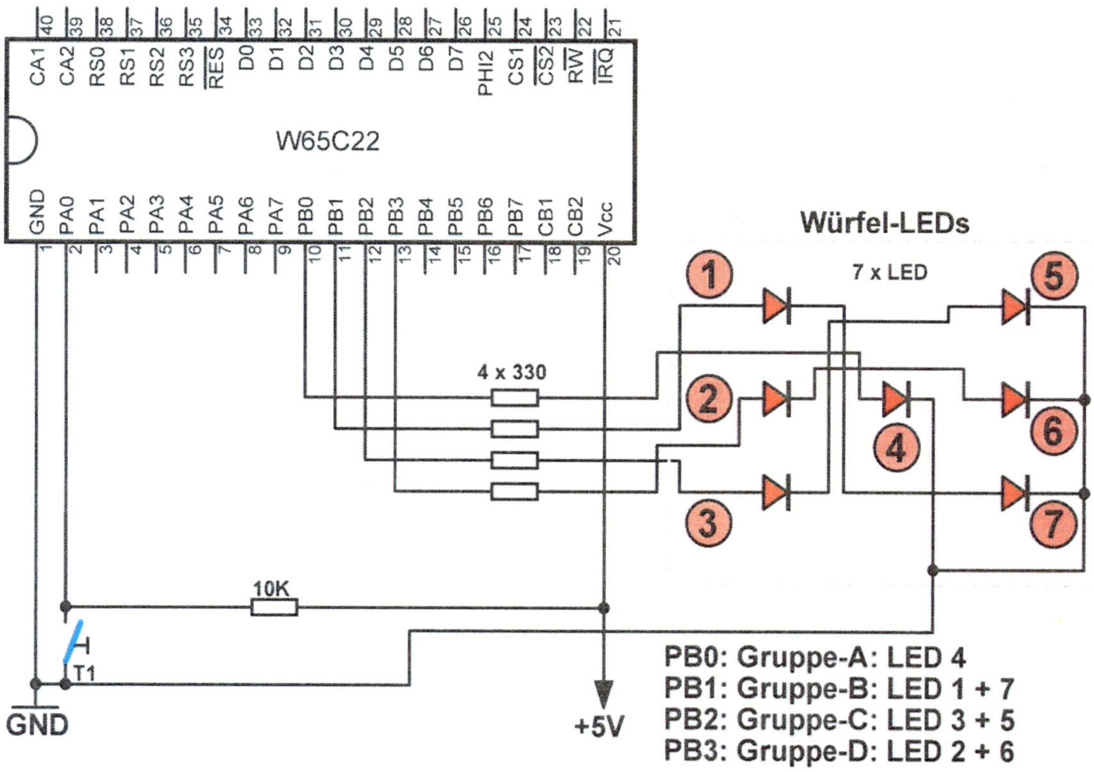

Abbildung 113 - Schaltung zur Ansteuerung der Würfel-LEDs

Es ist zu sehen, dass folgende Ansteuerung besteht:

- PB0: -> Gruppe A
- PB1: -> Gruppe B
- PB2: -> Gruppe C
- PB3: -> Gruppe D

Um das Ganze noch etwas besser zu verdeutlichen, zeige ich am besten einmal die konkrete Ansteuerung der vier Gruppen, um die Würfelaugen 1 bis 6 zu erzielen.

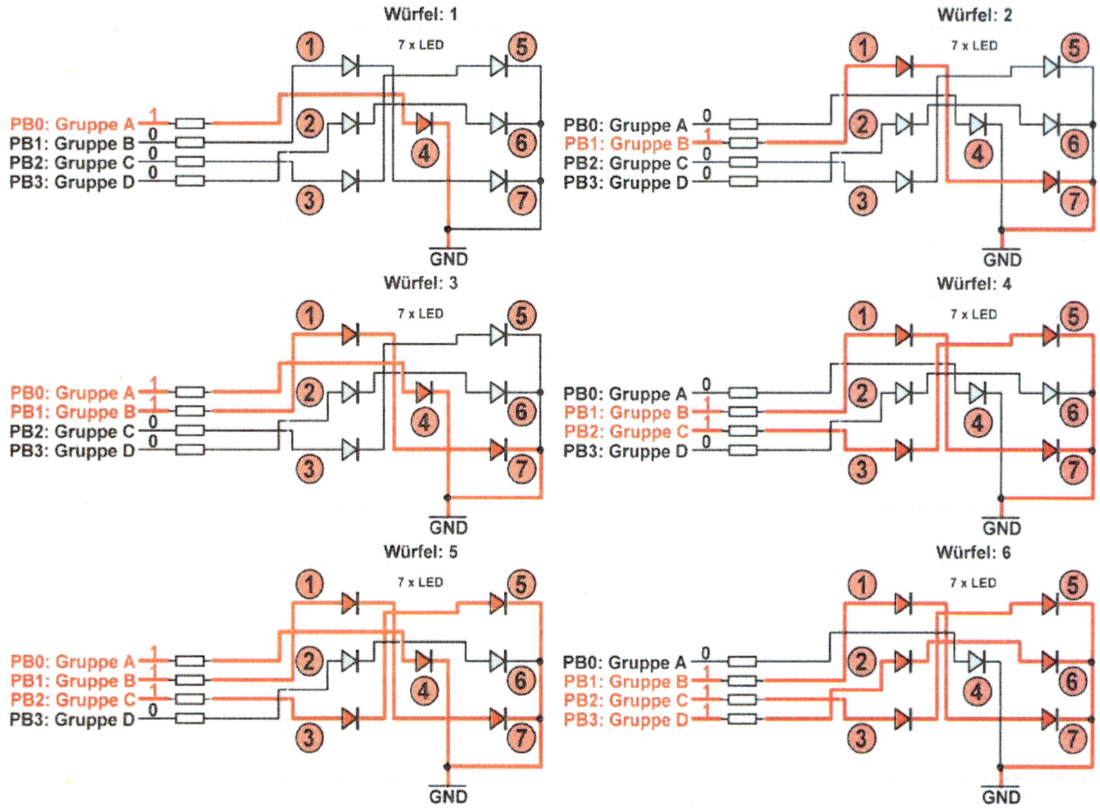

Abbildung 114 - Die Gruppen A, B, C und D steuern die Würfelaugen an

Im nächsten Schritt lenken wir die Aufmerksamkeit auf die entsprechenden Bit-Kombinationen, die je Würfelauge an den Ausgängen PB0 bis PB1 vorherrschen müssen.

Würfel	PB3 (D)	PB2 (C)	PB1 (B)	PB0 (A)
1	0	0	0	1
2	0	0	1	0
3	0	0	1	1
4	0	1	1	0
5	0	1	1	1
6	1	1	1	0

Die Grundlagen zur Programmierung in Assembler sind nun gelegt. Im ersten Schritt müssen die gezeigten Bit-Kombinationen im Speicher hinterlegt und dann über einen geeigneten programmtechnischen Mechanismus abgefragt werden. Das Ablegen der sechs Werte kann über verschiedene Ansätze realisiert werden. Sie können sowohl im ROM, als auch im RAM zu finden sein und auch die Speicherung kann unterschiedlich erfolgen. Ich habe mich für die Ablage im RAM über entsprechende *sta*-Befehle entschieden. Nun müssen wir uns Gedanken über die Abfrage machen, denn die einzelnen Bit-Kombinationen sollten geschickt nacheinander angerufen werden, solange ein Taster gedrückt wird. Nach dem Loslassen soll auch die Abfrage beendet werden. Ein paar Seiten zuvor – als es um die unterschiedlichen Adressierungsarten ging – habe ich die sogenannte Indizierte Adressierung vorgestellt. Es geht dabei um eine Startadresse, die mithilfe eines Indizes herausgezählt werden kann. Genau das ist es, was wir doch wünschen. Die nachfolgende Abbildung soll das Zusammenspiel etwas verdeutlichen.

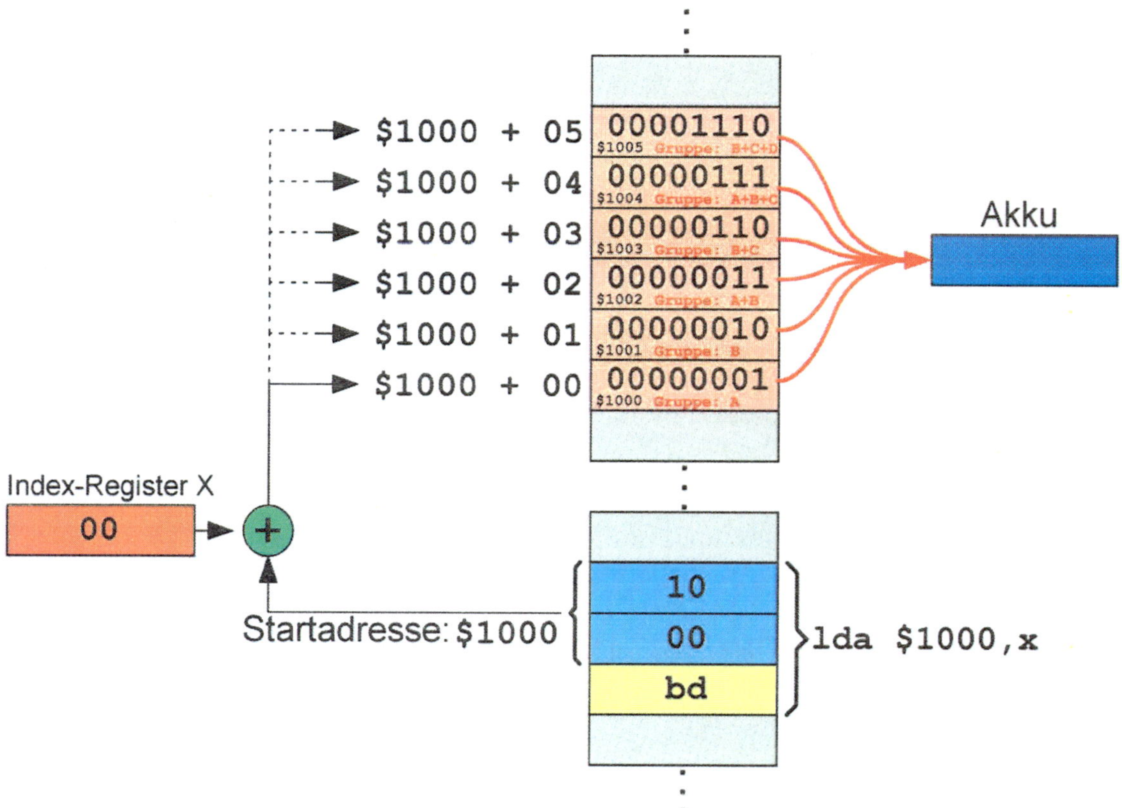

Abbildung 115 - Die Indizierte Adressierung für die Würfelaugen

Bevor es mit dem Assembler-Programm losgehen kann, sollten wir uns das Flussdiagramm ansehen, wobei ich mich lediglich auf den Bereich konzentriere, bei dem es um die Ansteuerung der LEDs geht. Die Konfiguration des VIA-Bausteins und die Speicherung der LED-Gruppen für die Würfelzahlen bleiben außen vor, weil es klar sein sollte und mit dem Schleifen-Algorithmus nicht direkt etwas zu tun hat.

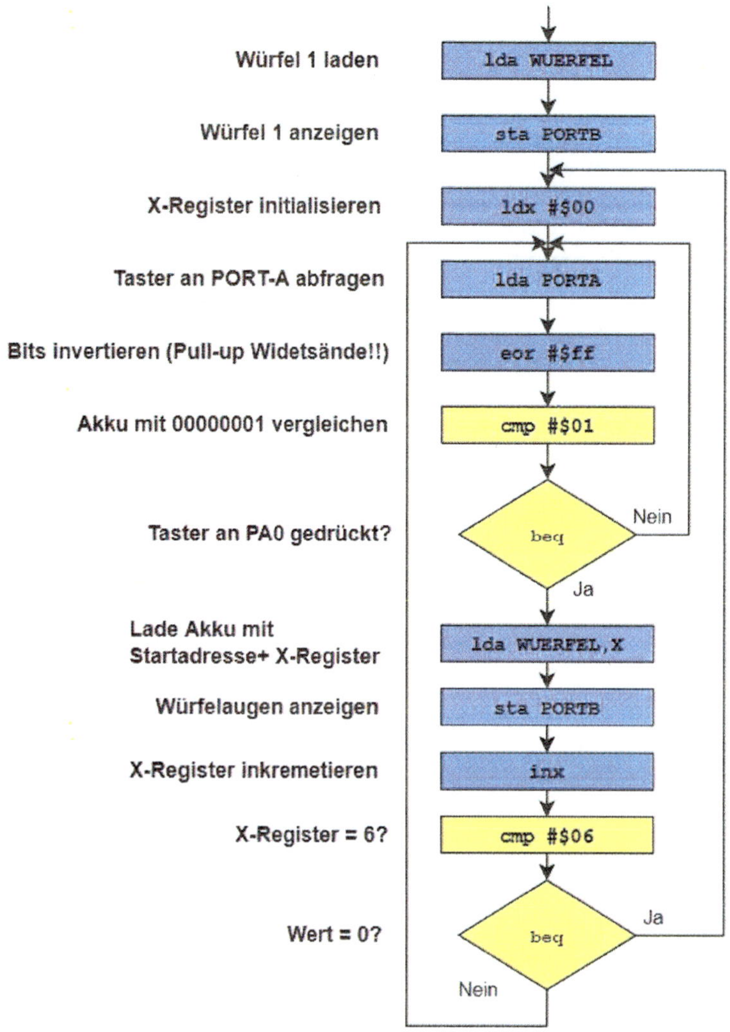

Abbildung 116 - Das Flussdiagramm für den Würfel

Wichtig zu erwähnen ist der Umstand, dass ganz am Anfang das X-Register mit dem Startwert #$00 initialisiert wird, weil es bei der unteren Schleife inkrementiert wird, um darüber die Speicheradressen für die Gruppen respektive Würfelaugen auszuwählen. Ich denke, dass ich die obere Schleife mit der Raute nicht mehr erläutern muss, denn da geht es um die Abfrage des Tasters, wie das beim Roulette schon der Fall war. Da das X-Register bei jedem Schleifendurchlauf inkrementiert wird, muss sichergestellt werden, dass sich der Wert, der ja als Index arbeitet, nicht außerhalb der zulässigen Grenzen bewegt. Dieser sogenannte *Speicher-Offset* darf sich ja lediglich zwischen 0 und 5 bewegen und muss dann wieder von vorne starten, was durch den unteren *cmp*-Befehl mit dem Wert $06 erreicht wird. Wurde dieser unzulässige Wert erreicht, erfolgt ein Sprung ganz nach oben, bei dem dann das X-Register wieder mit dem Ausgangswert $00 versehen wird. Das Spiel startet von vorne. Bei jedem Tastendruck werden also bei entsprechend hoher Taktfrequenz alle sechs Würfelaugen zur Anzeige gebracht und beim Loslassen bleibt dann der zuletzt erreichte Wert stehen.

Fangen wir also mit dem Assembler-Programm an und sehen, wie die einzelnen Werte für die Gruppen-Ansteuerungen gespeichert werden, wobei ich mich im RAM für die willkürliche Startadresse *$1000* entschieden habe. Zu Beginn erfolgt die schon bekannte VIA-Konfiguration mit den darauffolgenden Definitionen der einzelnen Würfelaugen beziehungsweise Gruppen und der Initialisierung des X-Registers.

```
VIA     = $6000
PORTB   = VIA+0
PORTA   = VIA+1
DDRB    = VIA+2
DDRA    = VIA+3
WUERFEL = $1000
        org $8000       ; Startadresse
        lda #$ff        ;
        sta DDRB        ; DDRB - Alle als OUTPUT
        lda #%11111100  ; PA0 und PA1 INPUT
        sta DDRA        ; DDRA - INPUT-Pins
        lda #%00000001  ; Gruppe-A
        sta WUERFEL     ; Akku -> $1000
        lda #%00000010  ; Gruppe-B
        sta WUERFEL+1   ; Akku -> $1001
        lda #%00000011  ; Gruppe-A + B
        sta WUERFEL+2   ; Akku -> $1002
        lda #%00000110  ; Gruppe-B + C
        sta WUERFEL+3   ; Akku -> $1003
        lda #%00000111  ; Gruppe-A + B + C
        sta WUERFEL+4   ; Akku -> $1004
        lda #%00001110  ; Gruppe-B + C + D
        sta WUERFEL+5   ; Akku -> $1005
        lda WUERFEL     ; Würfel EINS laden
        sta PORTB       ; EINS anzeigen
init:                   ; Initialisierung X-Register
        ldx #$00        ; X-Register mit $00 laden
```

Abbildung 117 - Assembler-Programm Würfel - Teil 1 (wuerfel001.asm)

Nachfolgend kommt die kontinuierliche Abfrage des Tasters und die Ansteuerung der einzelnen LEDs.

```
init:                   ; Initialisierung X-Register
    ldx #$00            ; X-Register mit $00 laden
loop:
    lda PORTA           ; Port-A abfragen
    eor #$03            ; PA0 und PA1 invertieren
    cmp #$01            ; Taster PA0 gedrückt?
    beq rollen          ; Falls Ja   -> springe zu rollen
    jmp loop            ; Falls Nein -> springe zu loop
rollen:
    lda WUERFEL,x       ; Indizierte Adressierung mit X-Register
    sta PORTB           ; Anzeige der Würfelaugen
    inx                 ; Inkrementierung des X-Registers
    cpx #$06            ; Ist Wert $06 erreicht?
    beq init            ; Falls ja, springe zu init
    jmp loop            ; springe zu loop
```

Abbildung 118 - Assembler-Programm Würfel - Teil 2 (wuerfel001.asm)

Abschließend kommt natürlich wieder der obligatorische Part für den Reset-Vektor, der nicht vergessen werden darf.

```
        org $fffc   ; Startadresse des Reset-Vektors
        word $8000  ; Startadresse des Programms
        word $0000  ; zwei Füll-Bytes
```

Abbildung 119 - Assembler-Programm Würfel - Teil 3 (wuerfel001.asm)

Ich habe mir das ganze Spiel wieder auf einer kleinen Platine untergebracht, so wie das auf der folgenden Abbildung zu sehen ist.

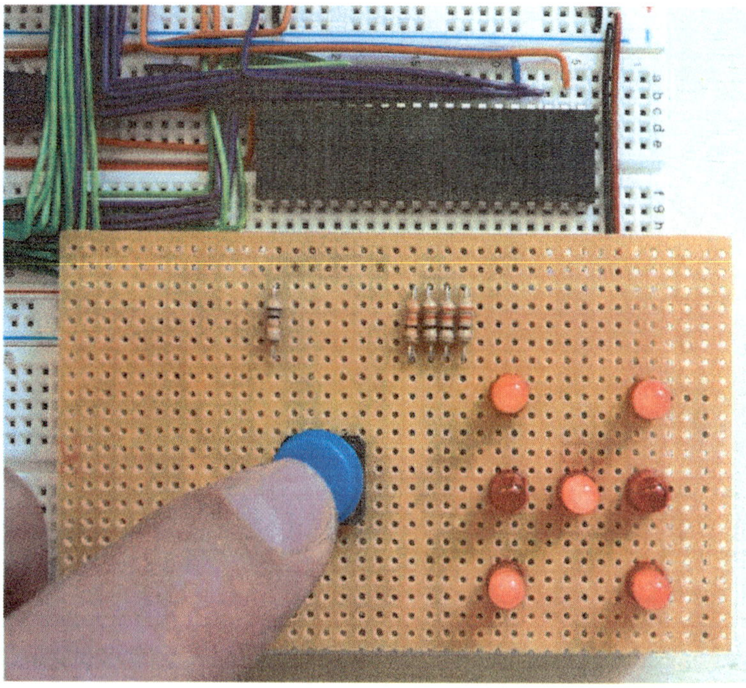

Abbildung 120 - Der Schaltungsaufbau des elektronischen Würfels

Die Multiplikation

So, nun ist es soweit, denn bis zu dieser Stelle habe ich schon einiges über Schleifen berichtet und dann kann es mit den ein paar Zeilen vorher schon angekündigten Multiplikation beziehungsweise Division weitergehen. Die 6502-CPU kennt zwar Befehle für die Addition und die Subtraktion, wie wir das gerade eben gesehen haben, doch es gibt nichts in dieser Richtung für die Multiplikation oder Division. Man muss sich also irgendwie zu helfen wissen und eine Addition - damit fangen wir an - als eine Abfolge von nacheinander ausgeführten Additionen sehen. Wenn man zum Beispiel die folgende einfache Multiplikation hat

6 x 5

kann das natürlich auch wie folgt geschrieben werden, denn der Wert 5 soll ja in der Rechnung sechs Mal vorkommen beziehungsweise in einer entsprechenden Addition untereinandergeschrieben werden. Das wäre dann

5 + 5 + 5 + 5 + 5 + 5

Lassen wir uns dieses einfache Beispiel zuerst einmal in einem Flussdiagramm anschauen. Wir brauchen dazu natürlich den Akkumulator für die eigentliche Rechenoperation und dann eine Art von Zähler, der kontrolliert, wie oft denn eine gewünschte Operation durchzuführen ist. Ich nutze diesmal das Y-Register.

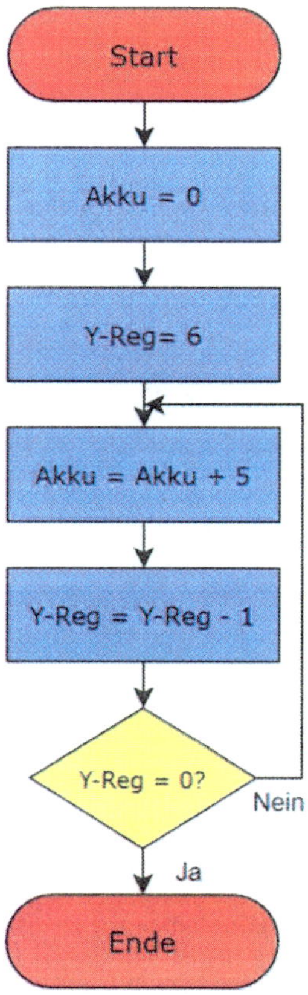

Abbildung 121 - Flussdiagramm für eine einfache Multiplikation

Nun werden wir das Flussdiagramm in ein entsprechendes Assembler-Programm übersetzen, das dann wie folgt ausschaut.

```
VIA     = $6000
PORTB   = VIA+0
PORTA   = VIA+1
DDRB    = VIA+2
DDRA    = VIA+3
    org $8000        ; Startadresse
    lda #$ff         ;
    sta DDRB         ; DDRB - Alle als OUTPUT
    lda #$00         ; Akku leeren
    clc              ; Carry-Flag löschen
    ldy #$06         ; Y-Register mit 6 laden (Schleifenzähler)
loop:
    adc #$05         ; Den Wert 5 zum Akku hinzu addieren
    dey              ; Den Wert des Y-Registers dekrementieren
    bne loop         ; Wert <>0 dann Sprung zu loop
    sta PORTB        ; Ergebnis in PORTB anzeigen
stop:
    jmp stop         ; Endlosschleife am Ende
    org $fffc    ; Startadresse des Reset-Vektors
    word $8000   ; Startadresse des Programms
    word $0000   ; zwei Füll-Bytes
```

Y-Register <> 0

Abbildung 122 - Assembler-Programm für die Multiplikation (multiplikation001.asm)

Bei der Multiplikation 6 x 5 kommt ja bekannterweise 30 heraus, was der Bitkombination 00011110 entspricht. Wir sehen nach, ob das auch mit der Anzeige der LEDs übereinstimmt.

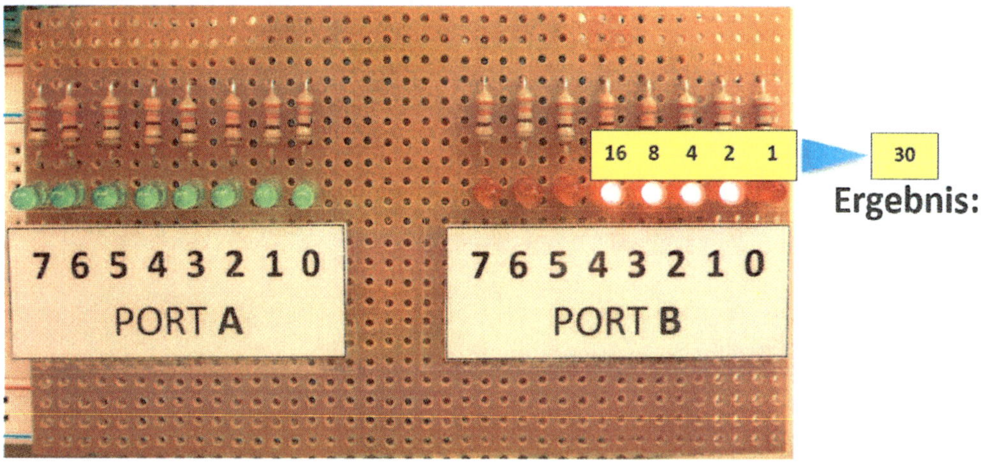

Abbildung 123 - Das Ergebnis der Multiplikation 6 x 5

Ok, das schaut gut aus! Natürlich darf das Ergebnis in dieser Weise nicht größer dem Wert 255 sein, da das Carry-Bit dann nicht berücksichtigt wird. Natürlich ist aber das auch möglich und wir werden uns das anhand des folgenden Beispiels ansehen. Dabei wird - wie zuvor - eine Zahl in einer Schleife mehrfach addiert. Tritt diesmal je Schleifendurchlauf ein Übertrag auf, wird er in einer Speicherstelle (hier $1000) quasi gesammelt und aufaddiert. Die folgende Grafik wird das sicherlich verdeutlichen.

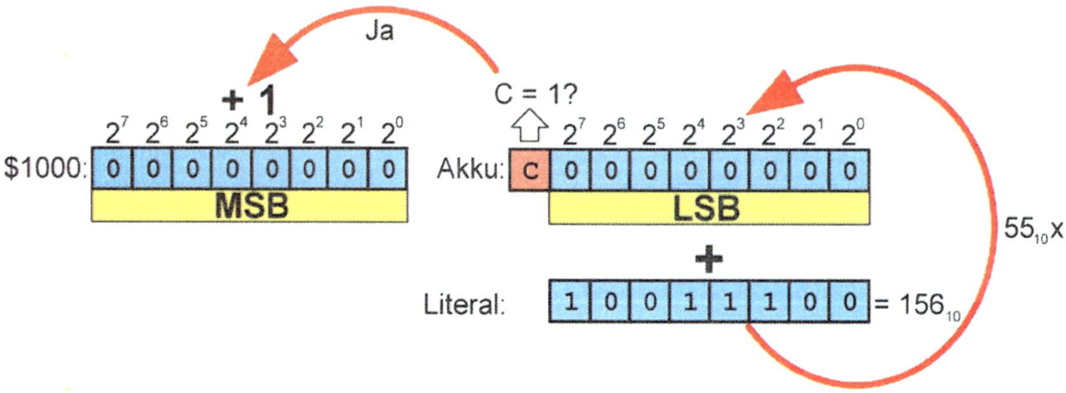

Abbildung 124 - Die Multiplikation von zwei 8-Bit-Werten mit Überlauf

Doch sehen wir uns vor dem Assembler-Programm das entsprechende Flussdiagramm an.

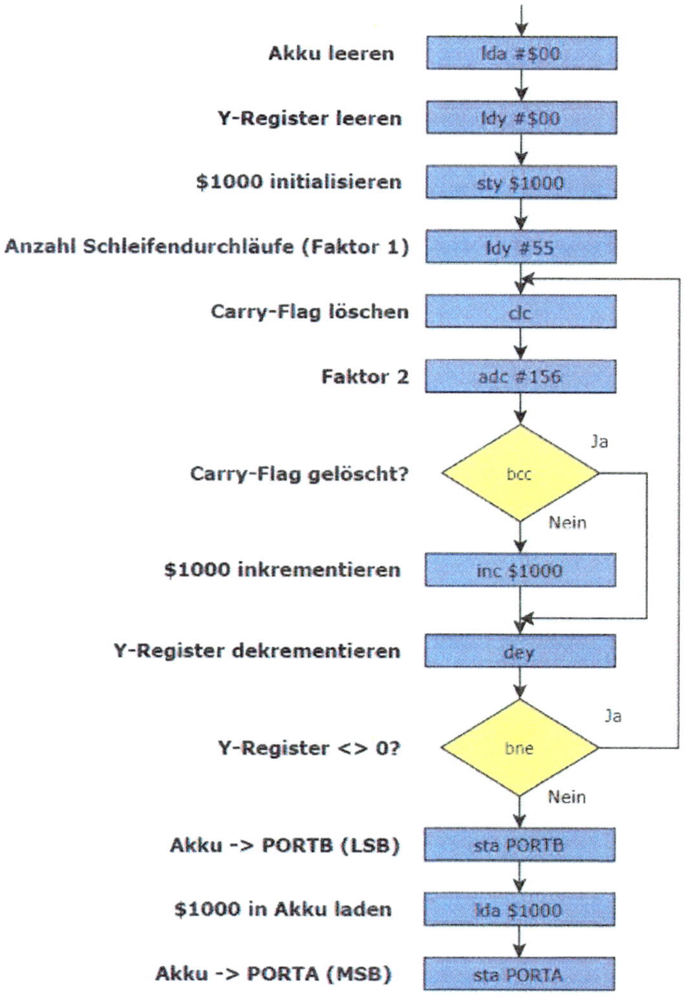

Abbildung 125 - Flussdiagramm Multiplikation zweier großer 8-Bit-Zahlen

Kommen wir nun zum eigentlichen Assembler-Programm. Ich habe mit für die Multiplikation der folgenden Werte entschieden.

55 x 156 = ???

Im Assembler-Programm habe ich genau diese Dezimalwerte angegeben, denn es können nicht nur Hexadezimalzahlen (#$xx) oder Binärwerte (#%xxxxxxxx) geschrieben werden, sondern auch Dezimalzahlen in der Form #xx. Also in unserem Fall #55 und #156. Beginnen wir wieder mit kleinen Schritten. Zu Beginn sind wieder die entsprechenden Initialisierungen des VIA-Bausteins und des Akkumulators beziehungsweise von Y-Register und Speicherstelle $1000 zu sehen.

```
1  VIA      = $6000
2  PORTB    = VIA+0
3  PORTA    = VIA+1
4  DDRB     = VIA+2
5  DDRA     = VIA+3
6          org $8000        ; Startadresse
7          lda #$ff         ;
8          sta DDRB         ; DDRB - Alle als OUTPUT
9          sta DDRA         ; DDRA - Alle als OUTPUT
10         lda #$00         ; Akku leeren
11         ldy #$00         ; $1000 soll Übertragsbits aufnehmen,
12         sty $1000        ; deswegen wird $1000 mit $00 initialisiert
13         ldy #55          ; Y-Register mit 55 dezimal laden (Schleifenzähler)
```

Abbildung 126 - Assembler-Programm für die Multiplikation - Teil 1 (multiplikation002.asm)

Nun kommt der eigentliche Ablauf zur Ermittlung des Ergebnisses und der Speicherung des LSB im Akku und MSB in der Speicherstelle $1000. Die äußere Schleife *loop* zur Abarbeitung der Anzahl der Additionen sollte klar sein. Interessant ist es zu sehen, dass die innere Schleife die Zeile 18 immer dann überspringt, wenn das Carry-Flag gelöscht ist, also kein Übertrag bei der vorherigen Addition stattgefunden hat. Es kommt dann nicht zur Erhöhung des Inhaltes von Speicherstelle $1000, die ja das MSB repräsentiert.

```
14 loop:
15         clc              ; Carry-Flag löschen
16         adc #156         ; Den Wert 156 dezimal zum Akku hinzu addieren
17         bcc nocarry      ; Verzweige, wenn kein Übertrag
18         inc $1000        ; $1000 um 1 erhöhen (Anzahl der Überträge)
19 nocarry:
20         dey              ; Den Wert des Y-Registers dekrementieren
21         bne loop         ; Wert <>0 dann Sprung zu loop
22         sta PORTB        ; Ergebnis in PORTB anzeigen (LSB)
23         lda $1000        ; Anzahl Überträge in Akkul laden
24         sta PORTA        ; Ergebnis in PORTA anzeigen (MSB)
```

Abbildung 127 - Assembler-Programm für die Multiplikation - Teil 2 (multiplikation002.asm)

Über die Zeilen 22, 23 und 24 werden dann das LSB an PORT-B und das MSB an PORT-A zur Ansteuerung der LEDs übertragen. Abschließend ist dann eine Endlosschleife und die üblichen Speicher-Initialisierungen zu sehen.

```
25 stop:
26         jmp stop         ; Endlosschleife am Ende
27         org $fffc        ; Startadresse des Reset-Vektors
28         word $8000       ; Startadresse des Programms
29         word $0000       ; zwei Füll-Bytes
```

Abbildung 128 - Assembler-Programm für die Multiplikation - Teil 3 (multiplikation002.asm)

Die Multiplikation schaut mit Ergebnis wie folgt aus.

55 x 156 = 8.580

Der Wert 8.580 lautet in binärer Schreibweise 0010000110000100 und wir vergleichen das einmal mit der Anzeige der LEDs.

Abbildung 129 - Die Anzeige des Ergebnisses der Multiplikation

Verblüffend, nicht wahr?! Eine Multiplikation auf diese Weise führt natürlich dazu, dass bei großen Werten, die Schleifen recht oft durchlaufen werden müssen. Es sollte dann derart realisiert werden, dass der kleinere Summand zur Bildung des Produktes für die Schleifendurchläufe verwendet wird.

Hinsichtlich der der Stellenwertigkeiten bei Binärzahlen ist etwas Interessantes zu bemerken. Das LSB, also das niederwertige Bit besitzt ja die Wertigkeit 1 und wenn man je eine Stelle nach links zum MSB wandert, kommt es zu einer Verdopplung des Wertes.

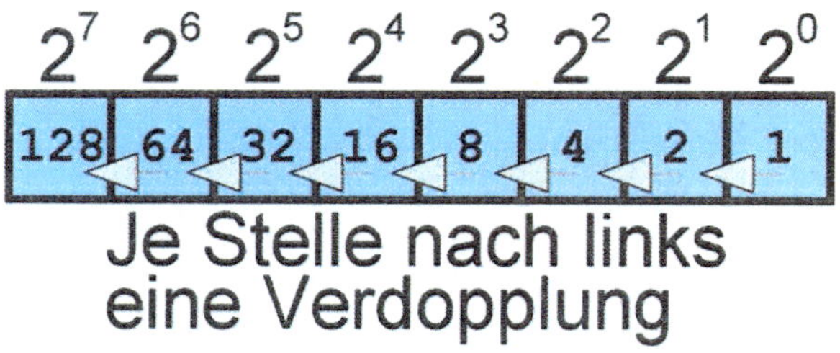

Was mit einem einzelnen Bit funktioniert, geht natürlich auch mit mehreren Bits.

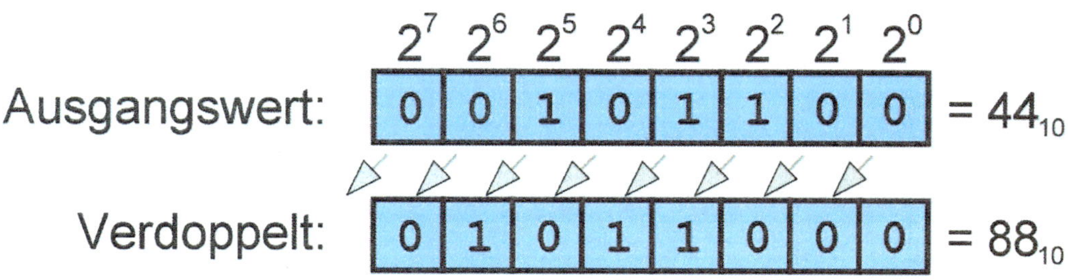

Abbildung 130 - Der Ausgangswert wurde verdoppelt

Natürlich ist auch hier wieder darauf zu achten, ob zum Beispiel das Carry-Bit bei einer entsprechenden Rotation oder Verschiebung gesetzt wurde. Darauf gehe ich aber nun nicht weiter ein.

Die Division

Wie schon erwähnt, besitzt die 6502-CPU von Hause aus auch keine Möglichkeit, eine Division durchzuführen. Analog zur Multiplikation kann eine Division als eine wiederholte Subtraktion gesehen werden. Ich möchte das an dem folgenden kleinen Beispiel verdeutlichen und die Sache nicht mit größeren Werten vertiefen. Angenommen, man möchte den Wert 40 durch 2 dividieren. Hierbei wird der Akku dafür verwendet, den entstandenen Rest der Division aufzunehmen. Also beginnend mit 40, 38, 36, 34 bis zu ..., 6, 4, 2, 0. Ich verwende sowohl X- als auch Y-Register, wobei das X-Register dazu verwendet wird, den Divisor im Speicher abzulegen und das Y-Register, die Anzahl der durchgeführten Subtraktionen. Am Ende des Programms enthält also das Y-Register den Quotienten. Hier noch einmal zur Verdeutlichung der verwendeten Begriffe.

$$Quotient = \frac{Dividend}{Divisor}$$

```
VIA     = $6000
PORTB   = VIA+0
PORTA   = VIA+1
DDRB    = VIA+2
DDRA    = VIA+3
        org $8000           ; Startadresse
        lda #$ff            ;
        sta DDRB            ; DDRB - Alle als OUTPUT
        ldy #0              ; Ergebnis / Quotient
        ldx #2              ; Divisor
        stx $1000           ; Divisor
        lda #148            ; Dividend
loop:
        sec                 ; Set Carry
        sbc #2              ; Subtraktion
        iny                 ; Y-Register inkrementieren
        cmp $1000           ; Vergleich mit Divisor
        bcs loop            ; Sprung zu loop wenn Carry set
        sty PORTB           ; Y-Register -> PORTB
stop:
        jmp stop            ; Endlosschleife am Ende
        org $fffc           ; Startadresse des Reset-Vektors
        word $8000          ; Startadresse des Programms
        word $0000          ; zwei Füll-Bytes
```

Abbildung 131 - Das Assembler-Programm für eine Division (division001.asm)

Wird der 148 durch 2 dividiert, erhält man 74 und die LEDs bestätigen diesen Wert.

Abbildung 132 - Das Ergebnis der Division 148 durch 2

Was eben bei der Multiplikation hinsichtlich der der Stellenwertigkeiten bei Binärzahlen zu bemerken war, funktioniert natürlich auch in die andere Richtung. Wenn man eine Bitkombination je eine Stelle nach rechts zum LSB hin verschiebt, kommt es zu einer Halbierung des Wertes.

Natürlich geht das auch in diesem Fall mit mehreren Bits.

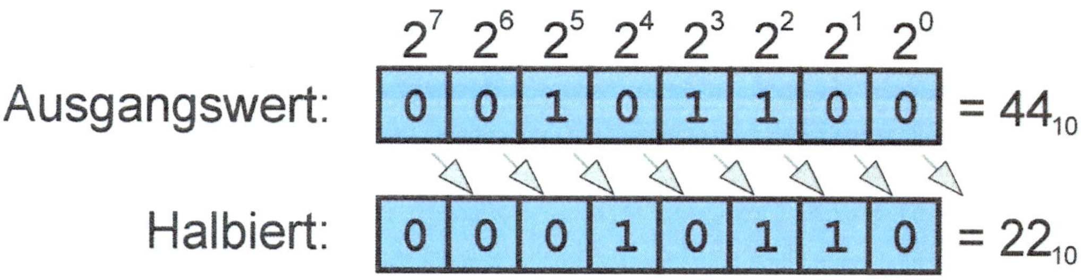

Abbildung 133 - Der Ausgangswert wurde halbiert

Auch hier wieder darauf zu achten, ob zum Beispiel das Carry-Bit bei einer entsprechenden Rotation oder Verschiebung gesetzt wurde.

Mehr über Schleifen

Was eine Schleife ist und wie sie arbeitet, sollte jetzt in Grundzügen klar sein. Doch ich möchte noch auf ein paar weitere wichtige Details eingehen. Angenommen, man möchte zum Beispiel einen Wert inkrementieren und beim Erreichen eines Grenzwertes diesen Vorgang stoppen. Nun gibt es unterschiedliche Ansätze, denn es arbeiten verschiedene OP-Codes Hand in Hand. Das Naheliegendste ist natürlich die Nutzung von Registern wie zum Beispiel das X- oder das Y-Register, doch auch Speicherstellen im RAM können rauf- oder runtergezählt werden. Sehen wir uns das folgende einfache Beispiel an, bei dem der Inhalt des X-Registers inkrementiert werden soll, um das

Ergebnis dann an PORT-B mit den angeschlossenen LEDs zu versenden. Es soll überprüft werden, ob der Wert $06 erreicht wird, um dann die Verarbeitung der Schleife zu stoppen. Ich habe dazu den folgenden Assembler-Code erstellt.

```
VIA      = $6000
PORTB    = VIA+0
PORTA    = VIA+1
DDRB     = VIA+2
DDRA     = VIA+3
    org $8000           ; Startadresse
    lda #$ff            ;
    sta DDRB            ; DDRB - Alle als OUTPUT
    ldx #$00            ; Startwert des X-Registers
loop:
    stx PORTB           ; Sende X-Register an PORT-Bytes
    inx                 ; Inkrementiere X-Register
    cpx #$06            ; Vergleiche mit Wert $06
    bne loop            ; Springe zu loop, wenn Wert nicht erreicht
end:
    jmp end
    org $fffc   ; Startadresse des Reset-Vektors
    word $8000  ; Startadresse des Programms
    word $0000  ; zwei Füll-Bytes
```

Abbildung 134 - Assembler-Programm für eine einfache Schleife (loop001.asm)

Wenn wir uns das Ergebnis an PORT-B ansehen, dann stimmt hier etwas nicht, denn es wird lediglich der binäre Wert 00000101 zur Anzeige gebracht, was dem dezimalen Wert 5 entspricht und unterhalb der definierten Grenze von 6 liegt.

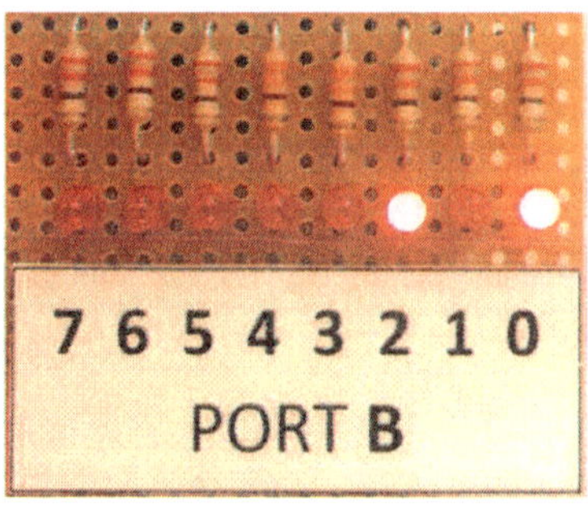

Abbildung 135 - Anzeige des letzten Schleifenwertes des X-Registers

Warum ist das so? Sehen wir uns dazu das entsprechende Flussdiagramm an.

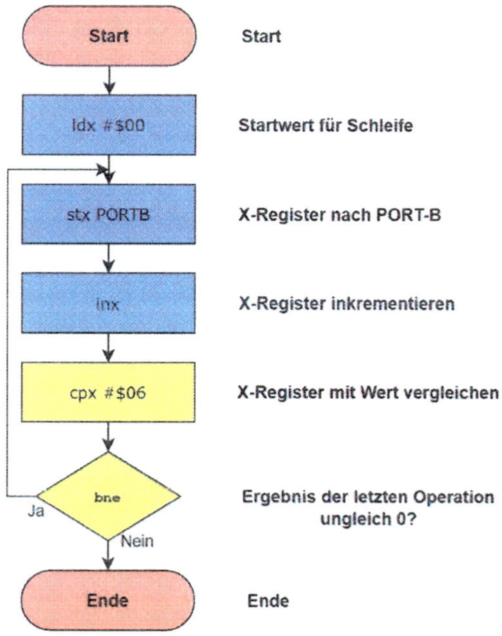

Abbildung 136 - Das Flussdiagramm für die Schleife

Die Antwort, warum nur bis zum dezimalen Wert 5 gezählt wird, ist hier zu erkennen, denn wenn die Inkrementierung über *inx* stattfindet und der Wert 6 erreicht wurde, dann kommt es nicht mehr zur Transferierung des X-Registers zu PORT-B, denn die Schleife wird verlassen, weil der *cpx*-Befehl den Wert $06 bewertet hat und das Null-Flag (Z-Flag) in diesem Fall gesetzt wurde. Der nachfolgende Befehl *bne* (Branch-If-Not-Equal) überprüft genau dieses Flag und verzweigt, entsprechend. Das *Z-Flag* ist gesetzt worden, die Überprüfung auf *ungleich 0* ist falsch und die Schleife wird quasi nach unten verlassen. Wie kann man ungewollten Verhalten begegnen? Nun, es gibt hier zwei Möglichkeiten. Zum einen kann die Grenze von *$06* auf *$07* angehoben werden, was eher unschön ist. Die zweite und bessere Variante besteht in der Verschiebung des *inx*-Befehls, wie das im folgenden Assembler-Programm zu sehen ist.

```
VIA      = $6000
PORTB    = VIA+0
PORTA    = VIA+1
DDRB     = VIA+2
DDRA     = VIA+3
    org $8000         ; Startadresse
    lda #$ff          ;
    sta DDRB          ; DDRB - Alle als OUTPUT
    ldx #$00          ; Startwert des X-Registers
loop:
    inx               ; Inkrementiere X-Register
    stx PORTB         ; Sende X-Register an PORT-B
    cpx #$06          ; Vergleiche mit Wert $06
    bne loop          ; Springe zu loop, wenn Wert nicht erreicht
end:
    jmp end
    org $fffc     ; Startadresse des Reset-Vektors
    word $8000    ; Startadresse des Programms
    word $0000    ; zwei Full-Bytes
```

Abbildung 137 - Das modifizierte Assembler-Programm zur Schleifensteuerung (loop002.asm)

In diesem Fall wird zuerst der Wert des X-Registers inkrementiert, dann PORT-B angesteuert, was dazu führt, dass beim Erreichen von Wert 6 als Grenze dieser noch zur Anzeige gebracht wird. Der nicht zu vergessene Unterschied zum vorherigen Programm ist zudem, dass mit dem Startwert 1 begonnen wird, was vorher der Wert 0 war.

Verzögerung einrichten

Nicht selten wird es ja in der Programmierung erforderlich sein, eine Zeitlang nichts zu tun und ich habe das Thema mit mehreren *nop*-Anweisungen schon angesprochen. Wenn man experimentiert und die Taktfrequenz recht niedrig ist, spielt das sicherlich keine entscheidende Rolle, denn bei Bedarf kann die Taktfrequenz weiter reduziert werden, um gewisse Prozesse zu überwachen oder andere Dinge zu tun. Doch wenn ein reales 6502-System mit der Taktfrequenz von 1 MHz betrieben wird, dann ist das mit der Verzögerung so eine Sache. Ich möchte das anhand eines kleinen Experimentes verdeutlichen, bei dem einfach eine LED sichtbar an Port-B wandert. Ohne Verzögerung wäre da nicht viel zu sehen und auch mit einer einzigen Schleife, die zum Beispiel von 255 runter nach 0 zahlt, ist das gewünschte Ergebnis nicht zu erzielen. Die Lösung kann in der Verschachtelung zweier Schleifen bestehen, wo sowohl das X- als auch das Y-Register involviert sind. Das folgende Flussdiagramm zeigt diese Verschachtelung.

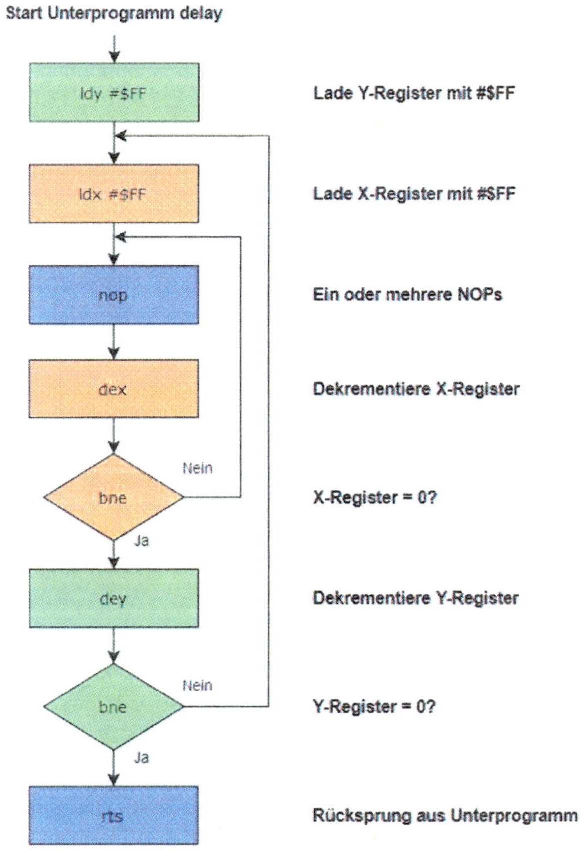

Abbildung 138 - Flussdiagramm für zwei verschachtelte Schleifen

Man spricht hier von äußerer (grün) und innerer (orange) Schleife, die nacheinander abgearbeitet werden. Zu Beginn wird die Äußere Schleife, die das Y-Register nutzt mit dem Startwert #$FF initialisiert. Im Anschluss wird das gleiche mit der inneren gemacht, die das X-Register nutzt. Nun wird das X-Register kontinuierlich dekrementiert und überprüft, ob der Wert 0 schon erreicht wurde. Erst, wenn das der Fall ist, kommt es zur Dekrementierung des Y-Registers und der Überprüfung, ob dieser Wert schon 0 erreicht hat. Ist das nicht der Fall, beginnt das Spiel mit dem X-Register (innere Schleife) von vorne. Also wieder X-Register mit dem Startwert #$FF versehen und anschließenden Dekrementierungen. Erst, wenn auch das Y-Register (äußere Schleife) den Wert 0 erreicht hat, wird das Unterprogramm verlassen. Sehen wir uns das an dem folgenden Assembler-Programm genauer an.

Teil 1: Initialisierung und LED-Shift

Im ersten Teil werden die bekannten Register des VIA initialisiert und die anzuzeigende LED über den *asl*-Befehl schrittweise nach links verschoben. Wurde dabei der Wert 0 erreicht, beginnt die Sache von vorne.

```
VIA     = $6000
PORTB   = VIA+0
PORTA   = VIA+1
DDRB    = VIA+2
    org $8000    ; Startadresse
reset:
    lda #$ff     ;
    sta DDRB     ; DDRB - Alle aus OUTPUT
    sta PORTB
    clc          ; Clear Carry-Flag
start:
    lda #1       ; erste LED leuchten lassen
shift:
    sta PORTB    ; Anzeige von Akku auf Port-B
    jsr delay    ; Aufruf Verzögerung
    asl          ; Akku Shift left
    bne shift    ; 0 erreicht?
    jmp start    ; wenn ja -> springe zu start
```

Abbildung 139 - Assembler-Programm für Verzögerung - Teil 1 (SchleifenVerschachtelt001.asm)

Teil 2: Definition Verzögerung

Im zweiten Teil wird die Verzögerung über die zwei ineinander verschachtelten Schleifen realisiert und abschließend der Reset-Vektor definiert.

```
delay:
    ldy #$ff     ; Initialisiere Y-Register
loop1:
    ldx #$ff     ; Initialisiere X-Register
loop2:
    nop          ; Tue nichts
    nop          ; Tue nichts
    nop          ; Tue nichts
    dex          ; Dekrementiere X-Register
    bne loop2    ; Wert 0 erreicht?
    dey          ; Dekrementiere Y-Register
    bne loop1    ; Wert 0 erreicht?
    rts          ; Rücksprung aus Unterprogramm
    org $fffc    ; Startadresse des Reset-Vektors
    word $8000   ; Startadresse des Programms
    word $0000   ; zwei Füll-Bytes
```

Abbildung 140 - Assembler-Programm für Verzögerung - Teil 2 (SchleifenVerschachtelt001.asm)

Ich rate dazu, hier wieder mit unterschiedlichen Startwerten der beiden Index-Register zu experimentieren und auch die Anzahl der *nop*-Befehle spielt gewiss eine Rolle bei der zeitlichen Länge der Verzögerung.

Ein 16-Bit-Zähler

Ich denke, dass die Funktionalität eines Zählers sehr gut in den Bereich der Schleifen passt. Wie ein 8-Bit-Zähler funktioniert, ist ja sicherlich jetzt quasi in Fleisch und Blut übergegangen. Das ist ohne Probleme mit den Registern wie Akku, X- oder Y-Register zu realisieren. Die Einschränkung, die dabei vorherrscht, besteht in der Tatsache, dass lediglich eine Datenbreite von 8-Bit zur Verfügung steht und der mögliche Wertebereich zwischen 0 und 255 liegt. Es kann aber durchaus erforderlich sein, den Wertebereich auf – sagen wir – 16-Bit zu erweitern. Das wäre dann ein Wertebereich von 0 bis 65.535. Wie aber kann man mit einer 8-Bit-CPU einen 16-Bit-Zähler realisieren? Die Lösung besteht in der Auslagerung des Zählers in den Arbeitsspeicher. Das folgende Flussdiagramm soll das Zusammenspiel der beiden 16-Adressen verdeutlichen, wobei *COUNTER* das LOW-Byte und *COUNTER + 1* das HIGH-Byte repräsentiert.

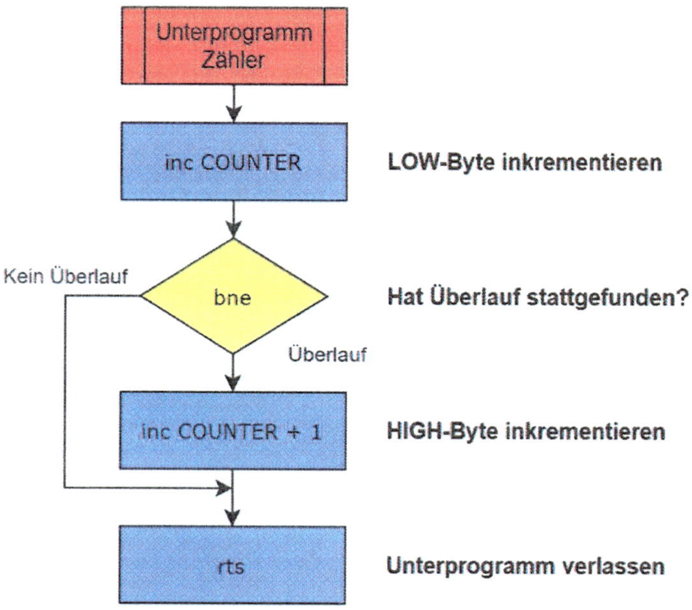

Abbildung 141 - Flussdiagramm für einen 16-Bit-Zähler

Nehmen wir also zwei freie Adressen, so dass der folgende Code-Schnipsel für ein entsprechendes Assembler-Programm wie folgt ausschaut.

```
    ...
COUNTER = $1005       ; 2 Bytes
    lda #0            ; Startwert
    sta COUNTER       ; LOW-Byte auf 0
    sta COUNTER + 1   ; HIGH-Byte auf 0
    ...
    jsr count         ; 16-Bit-Zähler inkrementieren
    ...
; Unterprogramm Zähler inkrementieren
count:
    inc COUNTER       ; LOW-Byte inkrementieren
    bne exit          ; Überlauf?
    inc COUNTER + 1   ; HIGH-Byte inkrementieren
exit:
    rts               ; Unterprogramm verlassen
    ...
```

Abbildung 142 - Assembler-Programm für einen 16-Bit Zähler

Wir werden dieses Code-Schnipsel später noch zur Realisierung eines 16-Bit-Zählers für das LC-Display nutzen. Dann wird es konkret und es kommt was Sinnvolles dabei rum.

Bit-Spielereien

Das nun folgende Thema soll eine kleine Einführung in die Manipulation von Bits und Bytes sein und wiederum kann ich nur an der Oberfläche kratzen. Ich versuche aber die wichtigsten Bereiche einmal kurz zu streifen. Im Grunde genommen kann man die Bit-Manipulationen in die folgenden Punkte aufteilen.

- Ein Bit setzen
- Ein Bit löschen
- Ein Bit toggeln (logisch umkehren)
- Ein Bit abfragen
- Bits verschieben oder rotieren

Bits setzen

Wenn es darum geht, Einfluss auf ein bestimmtes Bit zu nehmen und es zum Beispiel zu setzen - es besteht auch die Möglichkeit, dass es vorher schon gesetzt war - bedeutet dies, dass alle anderen Bits unangetastet bleiben und ihren bisherigen Pegel beibehalten. Angenommen, die folgende Bit-Kombination eines Bytes ist gegeben.

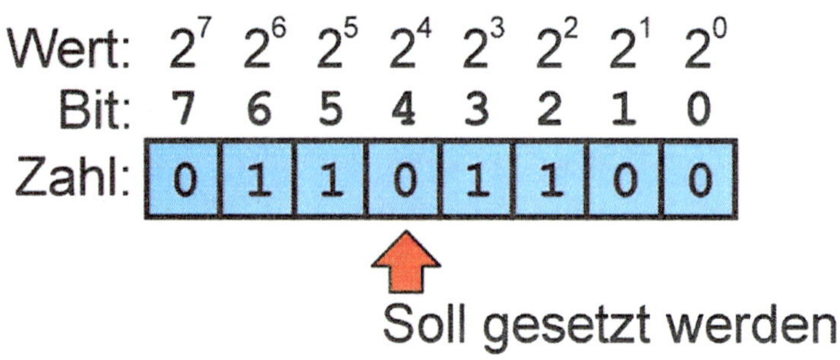

Abbildung 143 - Ausgangs-Bit-Kombination für das Setzen eines Bits

Wie zu sehen ist, möchte ich jetzt das Bit 4 - was noch 0 ist - setzen, ohne, dass andere Bits in irgendeiner Weise beeinflusst werden. Zu diesem Zweck kommt wieder eine logische Verknüpfung ins Spiel. Welche Verknüpfung kommt dabei in Betracht, die am Ausgang eine 1 liefert, egal, ob der erste Eingang mit einer 0 oder einer 1 versehen ist? Richtig, die *ODER*-Verknüpfung (*OR*-Verknüpfung). Wir sehen uns noch einmal die entsprechende Wertetabelle dazu an.

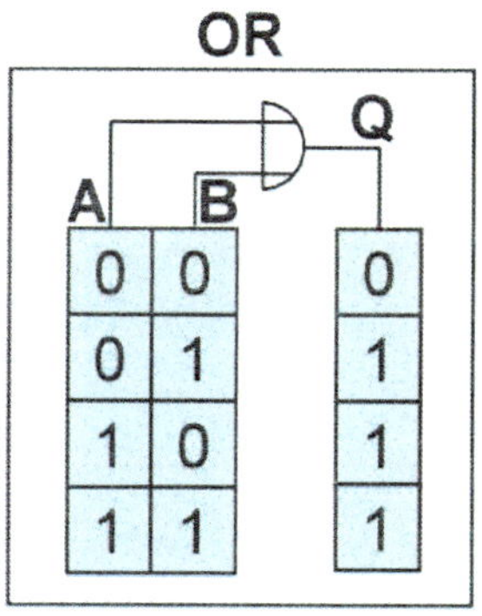

Abbildung 144 - Eine ODER-Verknüpfung

Es ist zu sehen, dass eine 1 an einem Eingang ausreicht, den Ausgang ebenfalls auf 1 zu setzen. Eine Bit-Maske, die das Setzen von Bits bewirkt, schaut wie folgt aus. Alle Bits, die gesetzt werden sollen, müssen dabei in der Bit-Maske mit einer 1 versehen sein, die unverändert bleiben sollen, müssen in der Bit-Maske mit einer 0 gekennzeichnet sein.

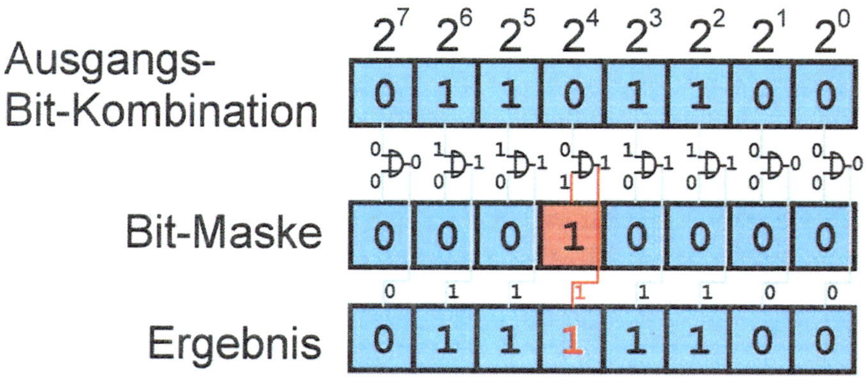

Abbildung 145 - Ein Bit wird gesetzt

Das gewünschte Bit an Position 4 wurde gesetzt und alle anderen haben den gleichen Pegel wie vorher. Natürlich kann auf diese Weise mehr als ein Bit gesetzt werden. Dazu muss lediglich die Bit-Maske an den entsprechenden Stellen mit Einsen versehen sein. Sehen wir uns dazu wieder ein kleines Assembler-Programm an.

```
VIA      = $6000
PORTB    = VIA+0
PORTA    = VIA+1
DDRB     = VIA+2
DDRA     = VIA+3
    org $8000        ; Startadresse
    lda #$ff         ;
    sta DDRB         ; DDRB - Alle aus OUTPUT
    lda #%10000101   ; Akku mit Wert laden
    ora #%11110000   ; Bitmaske für obere 4 Bits
    sta PORTB        ; Akku nach Port-B
loop:
    jmp loop
    org $fffc    ; Startadresse des Reset-Vektors
    word $8000   ; Startadresse des Programms
    word $0000   ; zwei Füll-Bytes
```

Abbildung 146 - Assembler-Programm zur ODER-Verknüpfung (ora001.asm)

Es ist zu sehen, dass die Ausgangs-Bitkombination *10000101* im Akku vorliegt und die Bitmaske nur Einsen der oberen 4 Bits *11110000* vorweist. Über diese ODER-Verknüpfung über den *ora*-Befehl werden die oberen 4 Bits entsprechend gesetzt, wobei die unteren unbeeinflusst bleiben. Das Ergebnis befindet sich nach dieser Operation wieder im Akku.

Abbildung 147 - Das Ergebnis der ODER-Verknüpfung

Folgende Bits werden über den *ORA*-Befehl im Status-Register – je nach Ergebnis – beeinflusst.

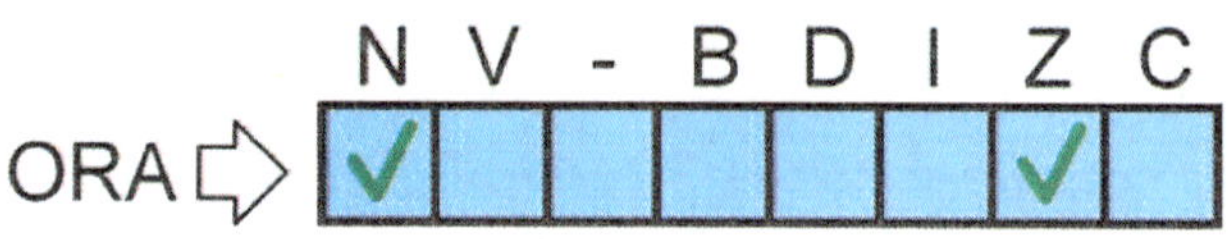

Abbildung 148 - Die Beeinflussung der Flags Status-Register durch ORA

Bits löschen

Von der eben gezeigten Bit-Kombination sollen die folgenden drei gelöscht werden.

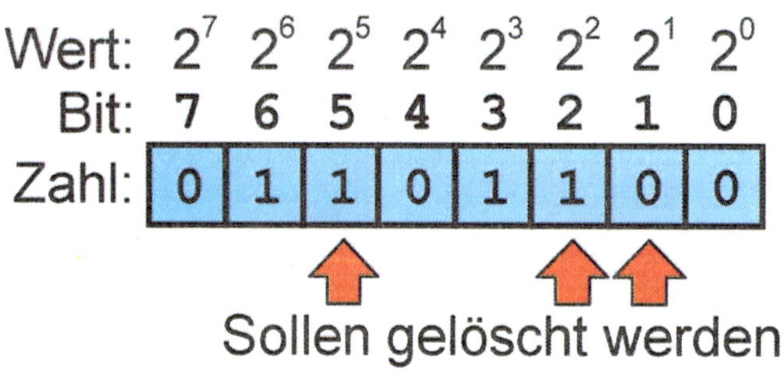

Abbildung 149 - Ausgangs-Bit-Kombination für das Löschen von Bits

Zwei von den Bits sind gesetzt (Bit 2 und 5) und ein Bit (Bit 1) ist schon gelöscht. Um ein Bit an einer bestimmten Position zu löschen, kann nicht mit einer ODER-Verknüpfung erreicht werden, denn wenn eine 1 vorhanden ist, kann sie nicht mit einer zweiten 0 auf 0 gesetzt werden. Dazu muss die *UND*-Verknüpfung (*AND*-Verknüpfung) zur Anwendung kommen. Nachfolgend ist noch einmal die Wahrheitstabelle einer UND-Verknüpfung zu sehen.

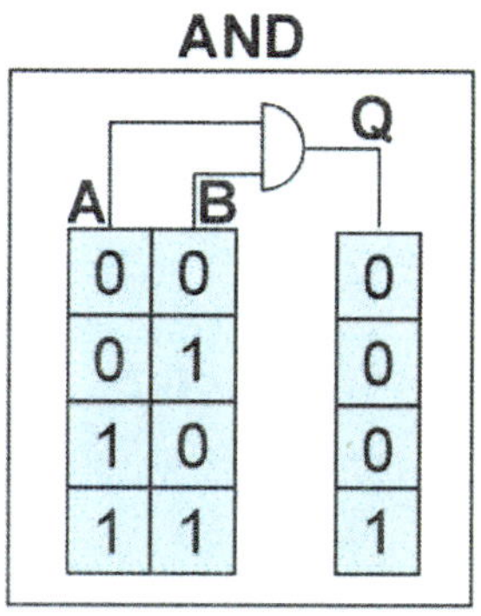

Abbildung 150 - Eine UND-Verknüpfung

Es ist zu sehen, dass beide Eingänge eine 1 vorweisen müssen, damit der Ausgang auf 1 geht. Eine Bit-Maske, die das Löschen von Bits bewirkt, schaut wie folgt aus. Alle Bits, die gelöscht werden sollen, müssen dabei in der Bit-Maske mit einer 0 versehen sein, die unverändert bleiben sollen, müssen in der Bit-Maske mit einer 1 gekennzeichnet sein. Also genau umgekehrt zum Setzen von Bits.

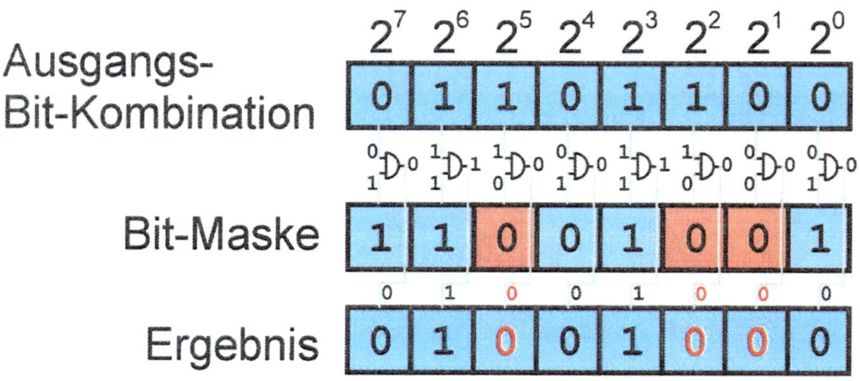

Abbildung 151 - Bits werden gelöscht

Mache wir doch ein kleines Experiment für das Löschen der oberen 4 Bits eines Bytes, so dass nur die unteren 4 Bits als Ergebnis übrigbleiben. Das Assembler-Programm dazu schaut wie folgt aus.

```
VIA       = $6000
PORTB     = VIA+0
PORTA     = VIA+1
DDRB      = VIA+2
DDRA      = VIA+3
    org $8000         ; Startadresse
    lda #$ff          ;
    sta DDRB          ; DDRB - Alle aus OUTPUT
    lda #%10011001    ; Akku mit Wert laden
    and #%00001111    ; Bitmaske für untere 4 Bits
    sta PORTB         ; Akku nach Port-B
loop:
    jmp loop
    org $fffc    ; Startadresse des Reset-Vektors
    word $8000   ; Startadresse des Programms
    word $0000   ; zwei Füll-Bytes
```

Abbildung 152 - Assembler-Programm zur AND-Verknüpfung (and001.asm)

Es ist zu sehen, dass die Ausgangs-Bitkombination *10011001* im Akku vorliegt und die Bitmaske nur Einsen der unteren 4 Bits *00001111* vorweist. Über diese UND-Verknüpfung über den *and*-Befehl werden die oberen 4 Bits entsprechend gelöscht. Das Ergebnis befindet sich nach dieser Operation wieder im Akku.

Abbildung 153 - Das Ergebnis der UND-Verknüpfung

Folgende Bits werden über den *AND*-Befehl im Status-Register - je nach Ergebnis - beeinflusst.

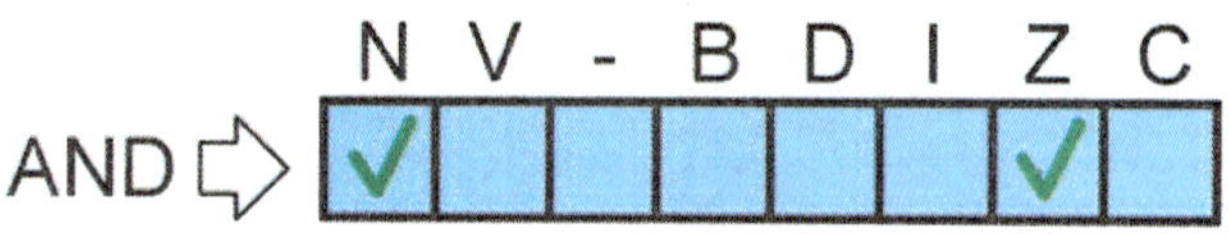

Abbildung 154 - Die Beeinflussung der Flags Status-Register durch AND

Bits toggeln - invertieren

Der Ausdruck *toggeln* kann mit *kippen* übersetzt werden, was bedeutet, dass ein vorheriger logischer Zustand in seinen anderen kippt, also wechselt. Aus 0 wird 1 und aus 1 wird 0. Um in einer Schaltung zum Beispiel eine LED blinken zu lassen, kommt diese Funktion u. a. zum Einsatz. Natürlich kommt hier wieder eine schöne logische Verknüpfung zum Einsatz, die sich *Exklusiv-ODER* (XOR-Verknüpfung) nennt. Die entsprechende Wahrheitstabelle schaut wie folgt aus.

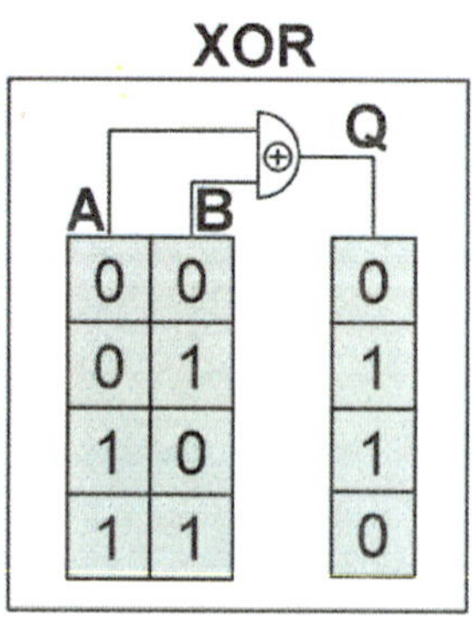

Abbildung 155 -Eine XOR-Verknüpfung

Der Ausgang ist immer dann 1, wenn beide Eingänge unterschiedliche Pegel vorweisen. Wie aber sollte man eine derartige Verknüpfung mit welchen Werten herstellen? Nun, sehen wir uns dazu die Wahrheitstabelle genauer an und zwar genau an den Stellen, an denen der zweite Eingang B gleich 1 ist. Ist der erste Eingang A gleich 0 ist das Ergebnis 1 und ist er 1 lautet das Ergebnis 0. Es erfolgt also eine Umkehrung des logischen Pegels. Um nun ein bestimmtes Bit umzukehren, ist einfach eine XOR-Verknüpfung mit 1 erforderlich. Sehen wir uns das am folgenden Beispiel genauer an, wobei wiederum die zuvor genutzte Bit-Kombination zur Anwendung kommt.

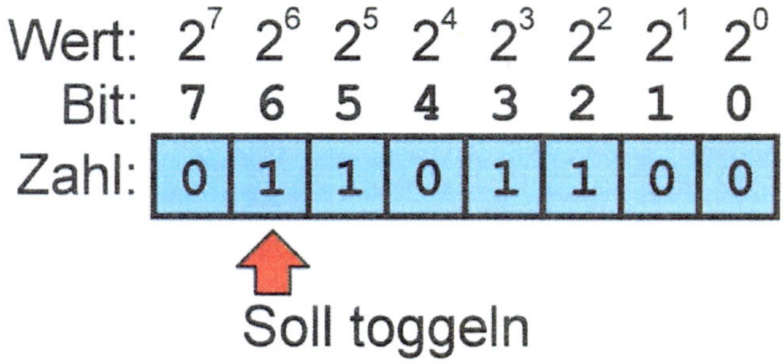

Abbildung 156 - Ausgangs-Bit-Kombination für das Toggeln eines Bits

Also werde ich - für das bessere Verständnis - die XOR-Verknüpfung von Bit 6 zweimal hintereinander mit dem Wert 1 durchführen. Nachfolgend mit *1. Ergebnis* und *2. Ergebnis* markiert.

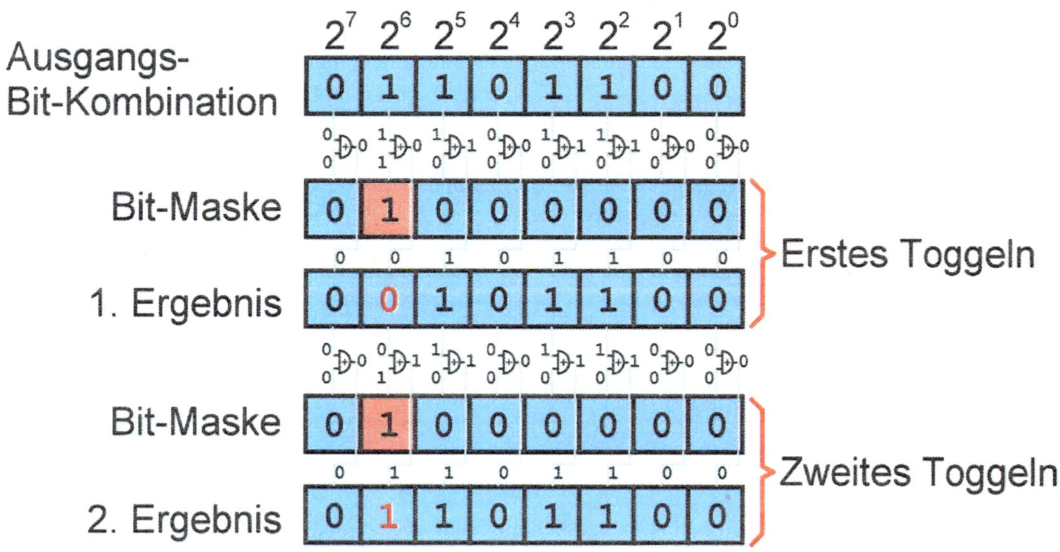

Abbildung 157 - Zweimaliges Toggeln von Bit 6

Es ist zu sehen, dass sich Bit 6 beim ersten Mal von 1 auf 0 ändert und beim 2. Mal von 0 auf 1 zurück. Wenn man alle in der LED-Anzeige aufleuchtenden Bits umkehren möchte, ist eine XOR-Verknüpfung mit dem Wert $ff erforderlich. Das folgende Assembler-Programm ist ein Beispiel dafür.

```
VIA      = $6000
PORTB    = VIA+0
PORTA    = VIA+1
DDRB     = VIA+2
DDRA     = VIA+3
    org $8000         ; Startadresse
    lda #$ff          ;
    sta DDRB          ; DDRB - Alle als OUTPUT
    lda #%10101010    ; Start-Bit-Kombination
loop:
    sta PORTB         ; LEDs leuchten lassen
    eor #$ff          ; XOR-Verknüpfung mit $ff - Alle Bits umkehren
    jmp loop          ; Springe zu loop
    org $fffc   ; Startadresse des Reset-Vektors
    word $8000  ; Startadresse des Programms
    word $0000  ; zwei Füll-Bytes
```

Abbildung 158 - Assembler-Programm für das Toggeln von Bits (toggeln001.asm)

Bei jedem erneuten Durchlauf der Schleife werden die Bits *10101010* getoggelt und zu *01010101* und dann wieder zurück nach *10101010*. Auf den LEDs schaut das dann wie folgt aus.

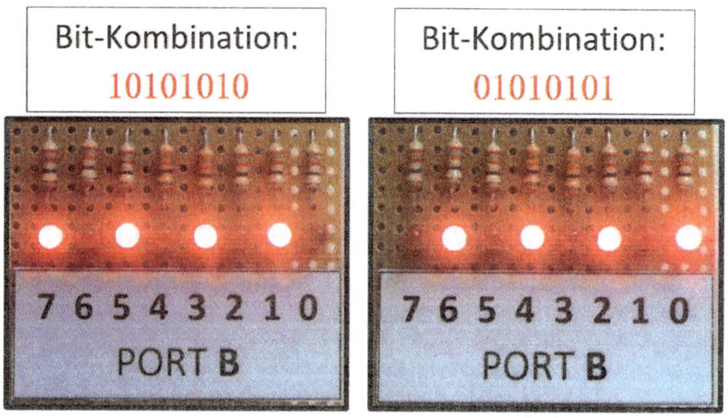

Abbildung 159 - Die toggelnden Bits

Bits abfragen

Wir haben diesen Vorgang beim Abfragen des Tasters schon praktiziert. Ich möchte dennoch noch einmal näher darauf eingehen. Es soll also geprüft werden, ob in einem Register ein bestimmtes Bit gesetzt ist. Das kommt immer dann zum Einsatz, um den an einem Port angeschlossenen Schalter oder Taster abzufragen und das Programm - je nach Schalterstellung - verzweigen zu lassen. Wenn der Taster gedrückt ist: *Mache etwas*; Ist der Taster nicht gedrückt: *Mache was anderes* oder einfach gar nichts. Will man also prüfen, ob ein bestimmtes Bit gesetzt ist, kommt wiederum die UND-Verknüpfung in Spiel.

Um zu überprüfen ob ein oder mehrere Bits gesetzt oder gelöscht sind, muss man sie mit einer Bit-Maske UND verknüpfen. Die Bit-Maske muss an den Stellen der zu prüfenden Bits eine 1 haben und an allen anderen eine 0. Man kann dann folgendes festhalten.

1. Ist das Ergebnis gleich Null, sind alle überprüften Bits gelöscht

2. Ist das Ergebnis ungleich Null, ist mindestens ein überprüftes Bit gesetzt
3. Ist das Ergebnis gleich der Bit-Maske, sind alle überprüften Bits gesetzt

Sehen wir uns das im Detail an, wobei ich folgende Schaltung mit vier Tastern verwende, um die Eingangssignale an PORT-A abzufragen. Das Ergebnis wird wieder bei den LEDs an PORT-B zur Anzeige gebracht.

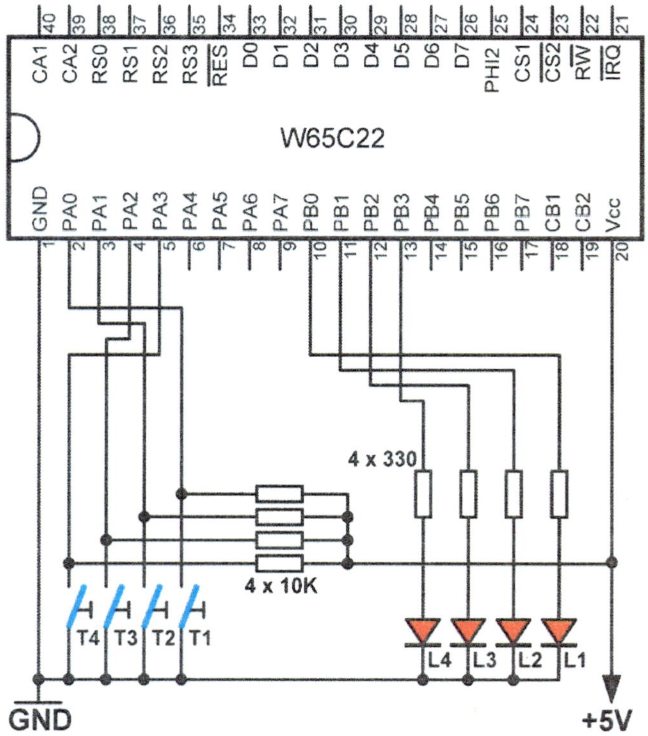

Abbildung 160 - Schaltung zur Abfrage des Taster-Status und Anzeige

Da ich in meinem Fall lediglich vier Taster T1 bis T4 an den Anschlüssen PA0 bis PA3 verwende, müssen auch nur die untersten 4 Bits maskiert und invertiert (Pullup-Widerstände!) werden.

Zu 1: Wenn das Ergebnis der Überprüfung gleich Null ist, wurde kein Taster gedrückt. Im nachfolgenden kleiner Assembler-Programm ist eine derartige Abfrage zu sehen. Solange der Vergleich in Zeile 19 den Wert $00 ergibt, wurde keine Taste gedrückt und es erfolgt über Zeile 20 ein Sprung zum Label *loop* und die Abfrage beginnt von vorne.

```
15  loop:
16        lda PORTA           ; Taster einlesen
17        and #%00001111      ; PA0 bis PA3 maskieren
18        eor #%00001111      ; Bits invertieren
19        cmp #$00            ; Keine Taste gedrückt?
20        beq loop            ; dann Sprung zu loop
```

Zu 2: Ist das Ergebnis ungleich Null, wurde mindestens ein Taster gedrückt, was im Hintergrund bedeutet, dass mindestens irgendein Bit gesetzt ist. Wird in der Abfrage genau danach gefiltert, kann lediglich die Aussage getroffen werden, dass ein Taster gedrückt wurde, aber es besteht nicht die Möglichkeit zu bestimmen, welche gedrückte Tastenkombination vorliegt. Wird irgendein Taster gedrückt, erfolgt die Ausführung des Codes nach dem *beq*-Befehl in Zeile 21 und folgende. Am Ende wird dann wieder zu loop gesprungen. Erfolgt also keine weitere Überprüfung hinsichtlich der gedrückten Taster, kann nicht gesagt werden, welche es waren.

```
15  loop:
16       lda PORTA          ; Taster einlesen
17       and #%00001111     ; PA0 bis PA3 maskieren
18       eor #%00001111     ; Bits invertieren
19       cmp #$00           ; Keine Taste gedrückt?
20       beq loop           ; dann Sprung zu loop
21       ...                ; Irgendein Taster
22       ...                ; wurde gedrückt
23       bne loop           ; Sprung zu loop
```

Zu 3: Wird nach einer bestimmten Bit-Maske gefiltert und entspricht das Ergebnis genau dieser Maske, dann bedeutet dies, dass alle Taster gemäß dieser Maske gedrückt sind. Die Maske wird nun nicht über den *and*-Befehl realisiert, sondern über den *cmp*-Befehl mit entsprechendem Operanden. Angenommen, man möchte überprüfen, ob die Tasten T2 und T3 gleichzeitig gedrückt wurden, muss der *cmp*-Operand 00000110 lauten.

```
16  loop:
17       lda PORTA          ; Taster einlesen
18       and #%00001111     ; PA0 bis PA3 maskieren
19       eor #%00001111     ; Bits invertieren
20       cmp #$00           ; Keine Taste gedrückt?
21       beq loop           ; dann Sprung zu loop
22       cmp #%00000110     ; Bit-Maske für T2 und T3
23       bne loop
24       lda #%00000001     ; T2 und T3 gedrückt
25       sta PORTB
26       jmp loop           ; Sprung zu loop
```

Die Überprüfung auf den Wert 0 erfolgt in Zeile 23. Wird dieser erreicht, bedeutet es, dass quasi die Bit-Maske 000000110 den Pegeln an PORT-A entsprechen und T2 und T3 gedrückt wurden. Die Ausführung erfolgt dann weiter mit Zeile 24 und die LED1 an PORT-B wird angesteuert und bleibt stetig an.

Der BIT-Op-Code - Noch eine UND-Verknüpfung

Wir haben gesehen, dass es unter anderem über die UND-Verknüpfung möglich ist, den Akku mit einem bestimmten Wert über eine Bit-Maske zu verbinden und das Ergebnis auszuwerten. Dabei wurden sowohl der Akku, als auch das Status-Register beeinflusst. Kommen wir nun zu einer Operation zur Bitmanipulation, die ähnlich der des *and*-Befehls arbeitet. Es handelt sich um den *bit*-OP-Code. Werfen wir wieder einen Blick in die OP-Code-Matrix. Es ist zu sehen, dass die Adressierungsmöglichkeiten nur absolut oder Zero-Page sind. Man kann also bei der 6502 keinen konstanten Wert (Literal) angeben. Die 65C02 beherrscht hingegen die absolute Adressierung ($89) eines Literals!

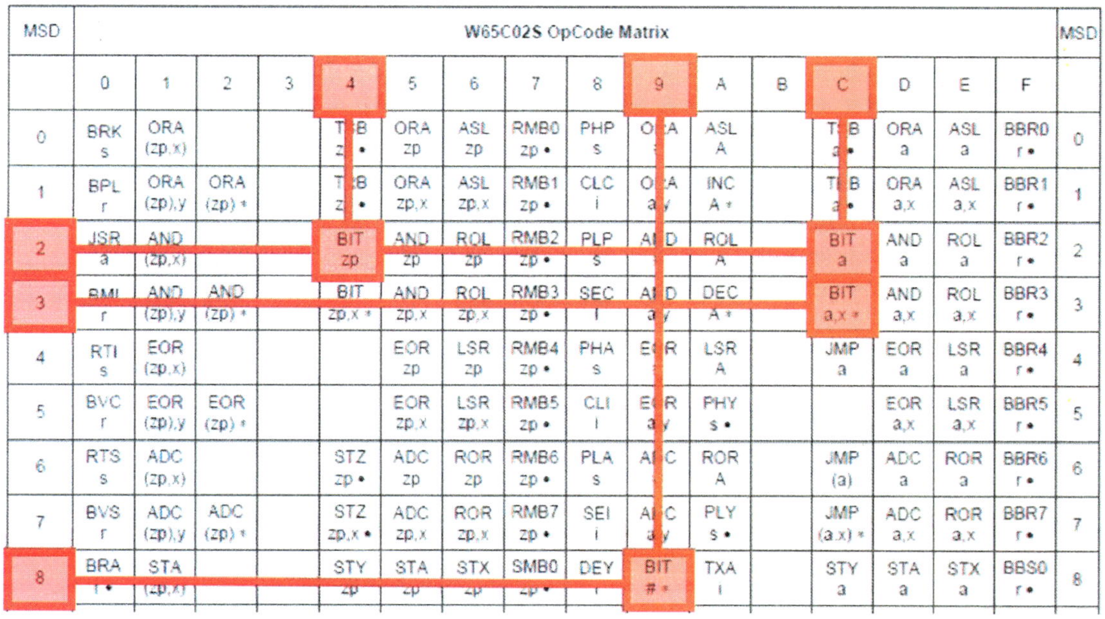

MSD	0	1	2	3	4	5	6	7	8	9	A	B	C	D	E	F	MSD
0	BRK s	ORA (zp,x)			TSB zp •	ORA zp	ASL zp	RMB0 zp •	PHP s	ORA #	ASL A		TSB a •	ORA a	ASL a	BBR0 r •	0
1	BPL r	ORA (zp),y	ORA (zp) •		TRB zp •	ORA zp,x	ASL zp,x	RMB1 zp •	CLC i	ORA a,y	INC A •		TRB a •	ORA a,x	ASL a,x	BBR1 r •	1
2	JSR a	AND (zp,x)			BIT zp	AND zp	ROL zp	RMB2 zp •	PLP s	AND #	ROL A		BIT a	AND a	ROL a	BBR2 r •	2
3	BMI r	AND (zp),y	AND (zp) •		BIT zp,x •	AND zp,x	ROL zp,x	RMB3 zp •	SEC i	AND a,y	DEC A •		BIT a,x •	AND a,x	ROL a,x	BBR3 r •	3
4	RTI s	EOR (zp,x)				EOR zp	LSR zp	RMB4 zp •	PHA s	EOR #	LSR A		JMP a	EOR a	LSR a	BBR4 r •	4
5	BVC r	EOR (zp),y	EOR (zp) •			EOR zp,x	LSR zp,x	RMB5 zp •	CLI i	EOR a,y	PHY s •			EOR a,x	LSR a,x	BBR5 r •	5
6	RTS s	ADC (zp,x)			STZ zp •	ADC zp	ROR zp	RMB6 zp •	PLA s	ADC #	ROR A		JMP (a)	ADC a	ROR a	BBR6 r •	6
7	BVS r	ADC (zp),y	ADC (zp) •		STZ zp,x •	ADC zp,x	ROR zp,x	RMB7 zp •	SEI i	ADC a,y	PLY s •		JMP (a,x) •	ADC a,x	ROR a,x	BBR7 r •	7
8	BRA r •	STA (zp,x)			STY zp	STA zp	STX zp	SMB0 zp •	DEY i	BIT # •	TXA i		STY a	STA a	STX a	BBS0 r •	8

Abbildung 161 - Die OP-Code-Matrixtabelle für den Op-Code BIT - (Quelle: W65C02 Datasheet)

Warum aber eine weitere UND-Verknüpfung, die wir schon einmal hatten? Es sieht so aus, als würde der *BIT*-Befehl quasi dasselbe tun, wie der *UND*-Befehl. Auch in diesem Fall kommt es zur Durchführung einer UND-Verknüpfung, doch diesmal wird der Inhalt des Akkus durch den Operanden nicht verändert und das Ergebnis geht verloren. Was soll nun das Ganze, denn irgendein Ergebnis muss ja irgendwo stehen? Das tut es auch, denn diesmal ist nur das Status-Register daran beteiligt. Die folgenden Flags können – je nach Ergebnis – verändert werden.

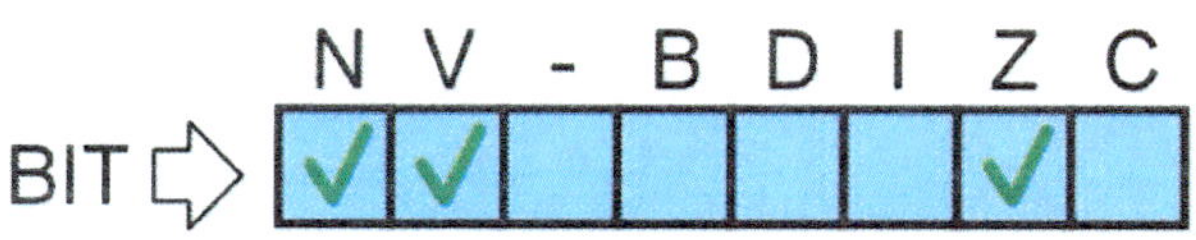

Was bedeutet das aber im Detail?

- Das N-Flag (Negativ) wird immer dann gesetzt, wenn das Ergebnis negativ war. Er erfolgt ein Kopiervorgang von Bit 7 des Akkus in Bit 7 des Status-Registers
- Das V-Flag (Overflow) ist für unsere Belange erst einmal nebensächlich
- Das Z-Flag (Zero) wird immer dann gesetzt, wenn das Ergebnis der UND-Verknüpfung den Wert Null hat. Ansonsten bleibt es gelöscht.

Die wohl wichtigste Überprüfung ist die Beeinflussung des Zero-Flags. Wenn eine oder mehrere Bits im Speicher mit dem Akku-Inhalt übereinstimmen, wird das Z-Flag gelöscht (Z=0). Liegt keine Übereinstimmung einzelner Bits vor, wird das Z-Flag gesetzt (Z=1). Sehen wir uns dazu drei verschiedene Bitkombinationen an, wobei ein zu überprüfender Wert an Speicherstelle $1000 im RAM abgelegt ist und der Akku die zu überprüfenden Bit beinhaltet.

Bit-Kombination 1:

Im ersten Fall sind im Akku Bit 0 und 2 gesetzt. Diese Kombination wird mit der Speicherstelle $1000 BIT-Verknüpft.

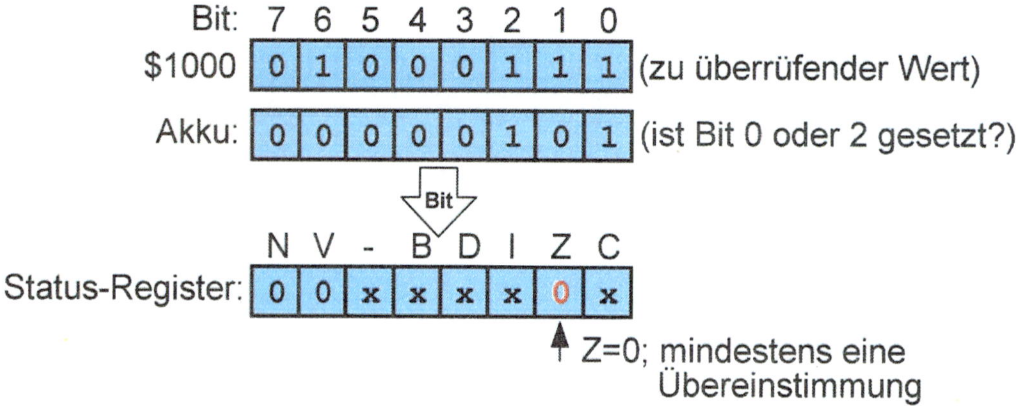

Es ist zu sehen, dass das Z-Flag gelöscht ist, weil mindestens eine der Überprüfungen stimmt, weil beide Bits gesetzt sind.

Bit-Kombination 2:

Im zweiten Fall ist im Akku nur das Bit 2 gesetzt. Diese Kombination wird mit der Speicherstelle $1000 BIT-Verknüpft.

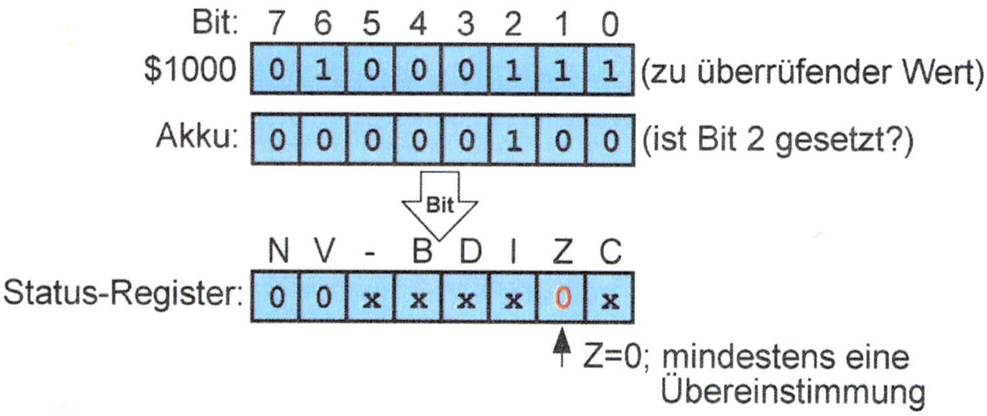

Es ist zu sehen, dass das Z-Flag immer noch gelöscht ist, weil mindestens eine der Überprüfungen stimmt, weil ein Bit gesetzt ist.

Bit-Kombination 3:

Im dritten Fall ist im Akku kein Bit gesetzt. Diese Kombination wird mit der Speicherstelle $1000 BIT-Verknüpft.

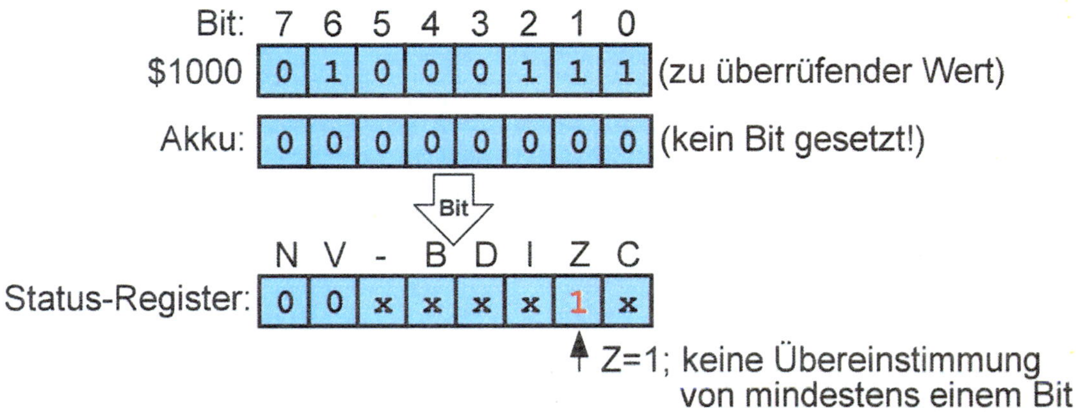

Es ist zu sehen, dass das Z-Flag jetzt gesetzt ist, weil keine der Überprüfungen stimmt, da kein Bit gesetzt ist.

Machen wir noch ein weiteres Experiment und sehen uns dazu das folgende Assembler-Programm an, wobei nur der Akku-Inhalt überprüft wird.

```
VIA      = $6000
PORTB    = VIA+0
PORTA    = VIA+1
DDRB     = VIA+2
DDRA     = VIA+3
     org $8000          ; Startadresse
     lda #$ff           ;
     sta DDRB           ; DDRB - Alle aus OUTPUT
     sta DDRA           ; DDRA - Alle aus OUTPUT
     clc                ; Clear Carry
     lda #%10000111     ; zu überprüfenden Wert laden
     sta $1000          ; Abspeichern im RAM an $1000
     bit $1000          ; BIT-Überprüfung einleiten
     sta PORTB          ; Akku nach PORT-B
     php                ; Status-Register auf den Stack
     pla                ; Lade Akku vom Stack
     sta PORTA          ; Status-Register -> PORT-A
loop:
     jmp loop
     org $fffc     ; Startadresse des Reset-Vektors
     word $8000    ; Startadresse des Programms
     word $0000    ; zwei Füll-Bytes
```

Abbildung 162 - Assembler-Programm für den BIT-OP-Code (bit001.asm)

Das Ergebnis an den beiden Ports des VIA-Bausteins schaut dann wie folgt aus.

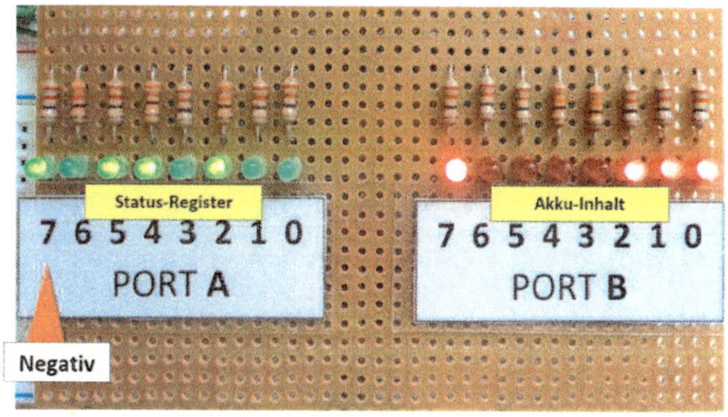

Abbildung 163 - Die LEDs an Port-A und Port-B

Hier ist zu sehen, dass das N-Flag gesetzt ist. Nach dem Ausführen dieser Operation kommt es dann in den meisten Fällen zu einer Branch-Operation, bei der das Status-Register zur Verzweigung herangezogen wird. Man kann also sagen, dass folgende Codes nahezu identisch sind.

```
; 1. Variante mit AND-Verknüpfung
LDA #%01010010
AND VIA_isr
BEQ zero

; 2. Variante mit BIT-Verknüpfung
LDA #%01010010
BIT VIA_isr
BEQ zero
```

Abbildung 164 - Nahezu identischer Assembler-Code

Der Unterschied zwischen den beiden Varianten besteht darin, dass das zweite Beispiel den Akkumulator nicht in der Weise verändert, wie es das erste Beispiel tut. Die Verzweigung zu *zero* wird nur ausgeführt, wenn der Inhalt des Akkus und der des Speichers von *VIA_isr* in der Verknüpfung zu *$00* führen würde. Wenn die BIT-Anweisung für Speicher verwendet wird, wie das im zweiten Beispiel zu sehen ist, werden die Bits 6 und 7 der getesteten Speicherstelle in das V- beziehungsweise N-Flag des Status-Registers kopiert.

Ein weiteres Zahlensystem

Da wir es mit einem Computer zu tun haben, der auf unterster Ebene nur Informationen versteht, die aus Nullen und Einsen zusammengesetzt sind, wurde das Binärsystem entwickelt. Wir haben es bisher mehr oder weniger ausschließlich zur Programmierung der Assembler-Programme genutzt. Es gibt aber auch noch andere Zahlensysteme, die im Umfeld eines Computers verwendet werden.

Was ist ein Zahlensystem?

Ein Zahlensystem legt fest mit welchen Ziffern beziehungsweise Symbolen eine Zahl dargestellt wird.

Ich möchte nun auf ein weiteres Zahlensystem eingehen, wobei das hexadezimale Zahlensystem schon in Teil 1 erläutert wurde und hier nicht noch einmal besprochen wird. Das neue Zahlensystem nennt sich *BCD*.

Der BCD-Code

Der sogenannte *BCD*-Code bedeutet übersetzt *Binary Coded Decimal*, also dualkodierte Dezimalziffer. Dieser Kode ist mit dem binären Zahlensystem eng verwandt. Im BCD-Code wird jede Dezimalziffer durch vier binäre Stellen – also 4-Bit – dargestellt. Eine Einheit dieser 4-Bits wird entweder Nibble oder Tetrade (griechisch: Vierergruppe) genannt. Das folgende Beispiel zeigt eine 3-Stellige Dezimalzahl und die entsprechende BCD-Kodierung.

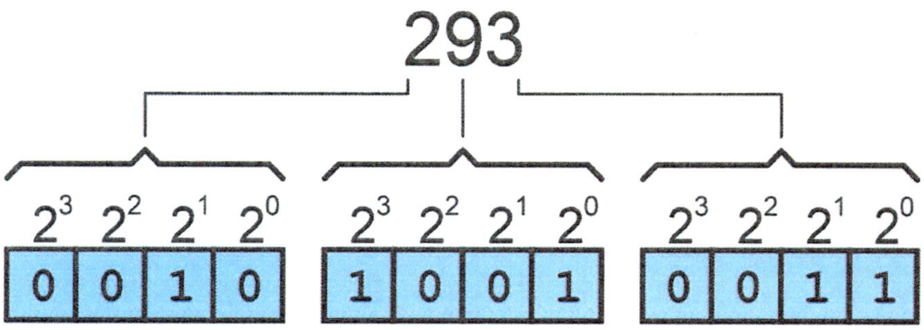

Abbildung 165 - Eine Dezimalzahl im BCD-Code

Es ist zu sehen, dass jede einzelne Ziffer der Dezimalzahl 293 als eine Binärzahl von 4-Bits ausgedrückt wird. Nun gibt es im Dezimalsystem bekanntlich 10 unterschiedliche Ziffern (0 bis 9). Im Gegensatz dazu lassen sich mit 4-Bits 2^4, also 16 Werte darstellen. Von den möglichen 16 zur Verfügung stehenden Tetraden werden nur 10 genutzt. Die restlichen sechs dürfen im BCD-Code nicht verwendet werden und erhalten die Bezeichnung *Pseudo-Tetraden*.

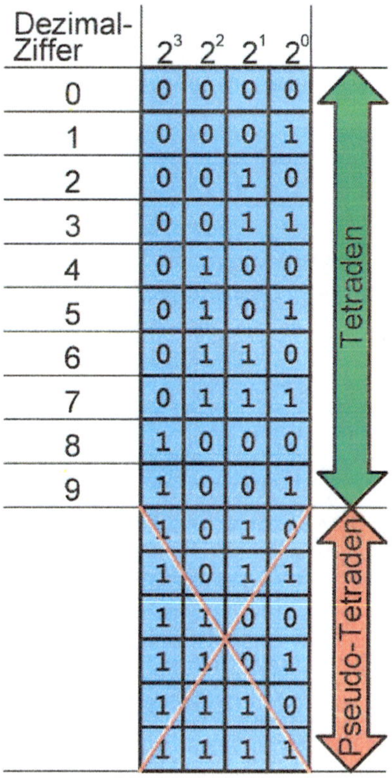

Abbildung 166 - Der BCD-Code

Hierzu ein zwei Beispiele mit Additionen, die unproblematisch sind, wenn das Ergebnis nicht in den unteren Bereich (Ergebnis > 9) der Pseudo-Tetraden fällt.

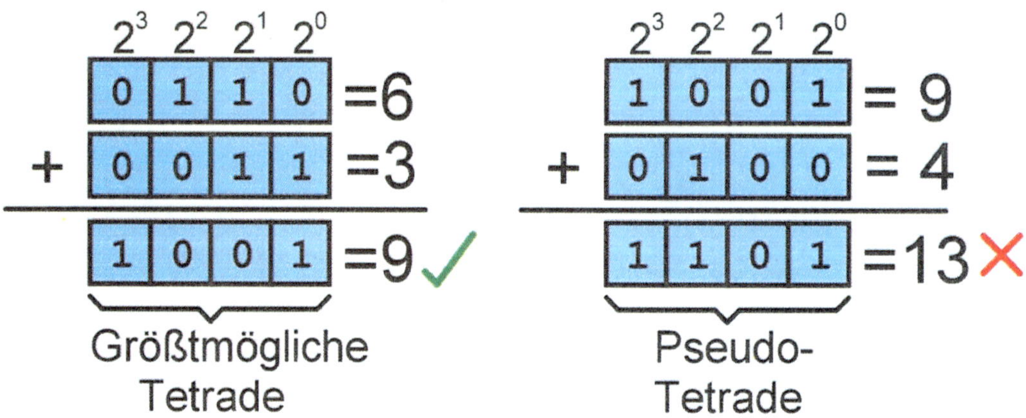

Abbildung 167 - Korrekter und unerlaubter BCD-Code

Auf der linken Seite besteht die Addition aus den Werten 6 und 3, was im Ergebnis noch eine erlaubte Tetrade 9 ergibt. Dagegen wird auf der rechten Seite das Ergebnis der Addition 9 und 4 zu einer Pseudo-Tetrade führen, da das Ergebnis 13 zweistellig ist und deswegen einer Korrektur über die Addition mit dem Wert +6 bedarf, wie das auf der folgenden Abbildung zu erkennen ist.

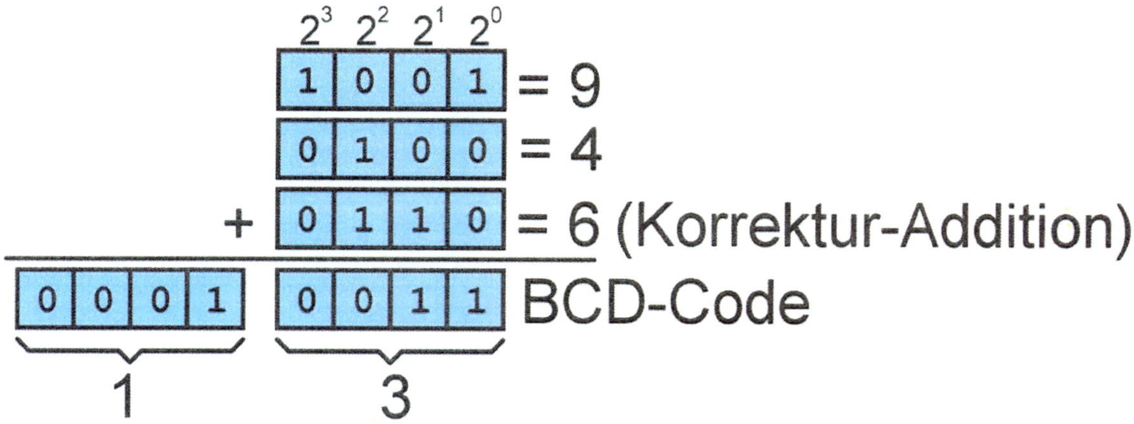

Abbildung 168 - Die Korrektur der Pseudo-Tetrade über die Addition mit dem Wert +6

An dem Ergebnis ist zu erkennen, dass die Zehner-Stelle in eine neue Tetrade gewandert ist. Wenn die Addition von BCD-Zahlen aus mehreren Tetraden vorliegt, dann ist die Addition Tetraden Weise von rechts nach links durchzuführen, wie das auf der folgenden Abbildung zu sehen ist. Dabei ist die Korrektur durch die Addition von +6 immer dann vorzunehmen, wenn das Ergebnis der Addition zweiter Tetraden gleich oder größer 10 ist.

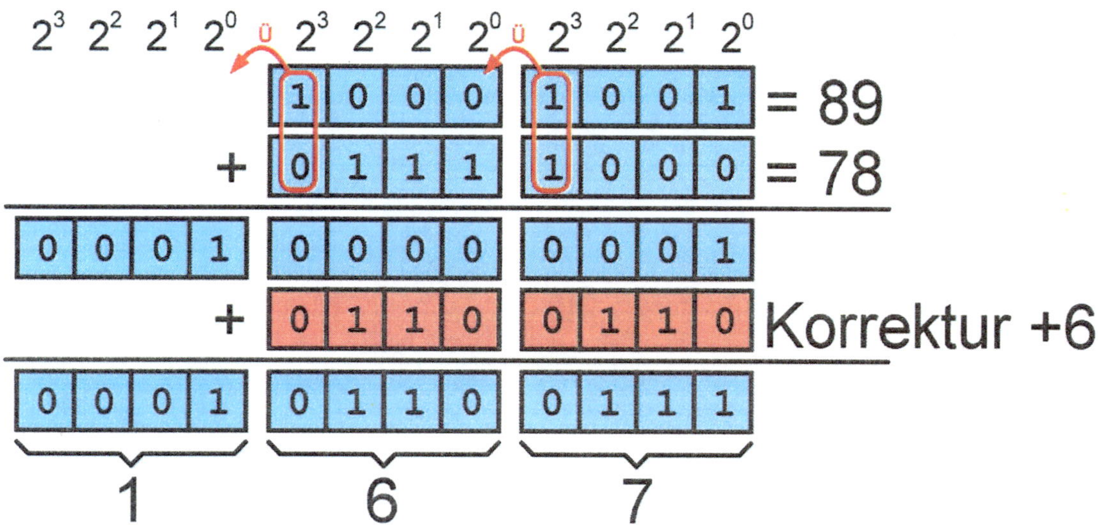

Abbildung 169 - BCD-Addition mit Korrekturen

Der in der Abbildung gezeigte Übertrag *Ü* bezieht sich nur auf den Tetraden-Übertrag, wobei natürlich pro Tetrade ebenfalls Überträge an unterschiedlichen Stellen vorkommt.

Sehen wir uns das Verhalten einmal in einem Assembler-Programm an, denn die 6502-CPU besitzt einen speziellen BCD-Modus, der über OP-Codes aktiviert *sed* (Set Decimal) und deaktiviert *cld* (Clear Decimal) werden kann.

D	BNE r	CMP (zp),y	CMP (zp) *			CMP zp,x	DEC zp,x	SMB5 zp •	CLD i	CMP a,y	PHX s •	STP I •		CMP a,x	DEC a,x	BBS5 r •	D
E	CPX #	SBC (zp,x)			CPX zp	SBC zp	INC zp	SMB6 zp •	INX	SBC #	NOP i		CPX a	SBC a	INC a	BBS6 r •	E
F	BEQ r	SBC (zp),y	SBC (zp) *			SBC zp,x	INC zp,x	SMB7 zp •	SED i	SBC a,y	PLX s •			SBC a,x	INC a,x	BBS7 r •	F
	0	1	2	3	4	5	6	7	8	9	A	B	C	D	E	F	

Abbildung 170 - Die OP-Code-Matrixtabelle für die Op-Codes SED und CLD - (Quelle: W65C02 Datasheet)

Zuerst fange ich mit einem Assembler-Programm an, das so arbeitet, wie wir das bisher gewohnt waren, wobei ich eine einfache 5 + 5 Addition durchführe. Das Assembler-Programm schaut wie folgt aus.

```
VIA      = $6000
PORTB    = VIA+0
PORTA    = VIA+1
DDRB     = VIA+2
DDRA     = VIA+3
      org $8000         ; Startadresse
      lda #$ff          ;
      sta DDRB          ; DDRB - Alle als OUTPUT
      lda #$05          ; Akku mit %00000101 laden
      clc               ; Clear Carry
      adc #$05          ; Zum Akku %00000101 hinzuaddieren
      sta PORTB         ; Ergebnis %00001010
loop:
      jmp loop          ; Endlosschleife am Ende
      org $fffc         ; Startadresse des Reset-Vektors
      word $8000        ; Startadresse des Programms
      word $0000        ; zwei Füll-Bytes
```

Abbildung 171 - Die Addition von 5 + 5 ohne BCD-Mode (bcd001.asm)

In der Anzeige an PORT-B schaut das Ergebnis wie erwartet aus.

Abbildung 172 - Die Anzeige des Wertes 10 in binärer Form

Kommen wir nun zur Aktivierung des BCD-Modes über den OP-Code *sed* mit den gleichen Werten der Addition 5 + 5.

```
1  VIA    = $6000
2  PORTB  = VIA+0
3  PORTA  = VIA+1
4  DDRB   = VIA+2
5  DDRA   = VIA+3
6      org $8000        ; Startadresse
7      lda #$ff         ;
8      sta DDRB         ; DDRB - Alle als OUTPUT
9      sed              ; BCD-Mode aktivieren
10     lda #$05         ; Akku mit %00000101 laden
11     clc              ; Clear Carry
12     adc #$05         ; Zum Akku %00000101 hinzuaddieren
13     sta PORTB        ; Ergebnis %00010000
14 loop:
15     jmp loop         ; Endlosschleife am Ende
16     org $fffc        ; Startadresse des Reset-Vektors
17     word $8000       ; Startadresse des Programms
18     word $0000       ; zwei Füll-Bytes
```

Abbildung 173 - Die Addition von 5 + 5 mit aktiviertem BCD-Mode (bcd002.asm)

Es ist zu sehen, dass sich in Zeile 9 der angesprochene OP-Code *sed* befindet. Dann wollen wir mal nachsehen, was die LEDs an PORT-B dazu sagen.

Abbildung 174 - Die Anzeige des Wertes 10 im BCD-Code

Das entspricht genau dem, was zu erwarten war. Im Status-Register wird dieser Modus als ein spezielles Flag vorgehalten, wie das auf der folgenden Abbildung zu erkennen ist.

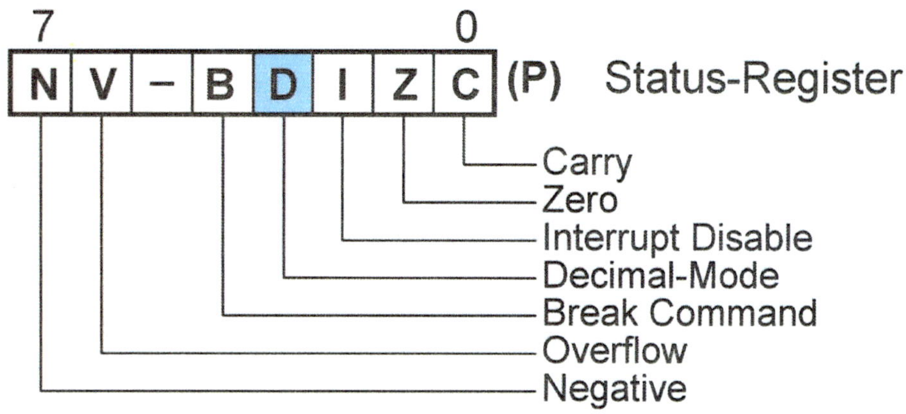

Abbildung 175 - Das Decimal-Flag im Status-Register

Ist dieses Flag gesetzt, werden alle nachfolgenden arithmetischen Operationen im BCD-Modus durchgeführt. Falls der Modus nicht mehr benötigt wird, kann er durch den schon genannten OP-Code *cld* wieder deaktiviert werden.

Eine weitere Adressierungsart

Mit den möglichen Adressierungsarten beim 6502 sind wir noch nicht durch und ich denke, dass jetzt der Zeitpunkt gekommen ist, eine weitere interessante Art vorzustellen. Sie gilt als die komplizierteste Adressierungsart und ist gleichzeitig auch - wie sollte es anders sein - die Vielseitigste. Sie ähnelt ein bisschen der schon zu Beginn genannten indizierten Adressierungsart, weil hier auch die beiden X- oder Y-Register genutzt werden können. Je nach verwendetem Index-Register verhält es sich jedoch etwas anders mit der Adressierung. Die indirekte Adressierung wird so genannt, weil der Operand diesmal keine Adresse ist, sondern ein Zeiger. Wir hatten das - wie gerade gesagt - schon einmal mit den Index-Registern, doch es verhält sich nun ein wenig anders. Der besagte Zeiger weist jetzt auf eine Adresse, in der wiederum eine Adresse steht, deren Inhalt für die jeweilige Operation genutzt werden kann. Das X- beziehungsweise Y-Register kommen hier als Index wieder zum Einsatz. Derartige Maschinenbefehle in bestehen aus lediglich 2 Bytes. Das 1. Byte enthält den OP-Code des Befehls und das 2. Byte eine Adresse aus dem Speicherbereich $0000 bis $00FF der Zero-Page. Die letztendlich verwendete und gewünschte Adresse befindet sich also nicht direkt im Maschinenbefehl, sondern *indirekt* in zwei Bytes in der Zero-Page.

Die indirekt-X-indizierte Adressierung

Ich fange mit der Nutzung des X-Registers an, die sich wie folgt gestaltet. Das X-Register zeigt im Zusammenspiel mit dem angegeben Operand in Summe auf einen Speicherbereich innerhalb der Zero-Page, also zwischen $0000 und $00FF und indiziert diese indirekte Adressierung. Die eigentliche Speicheradresse, die es gilt auszuwählen, wird durch 2 Bytes in der Zero-Page gebildet, wobei das LSB durch den Operanden + X gebildet wird und das MSB in der nächsthöheren

Speicheradresse zu finden ist. Das Ganze ist am besten wieder in einem schönen bunten Diagramm zu sehen.

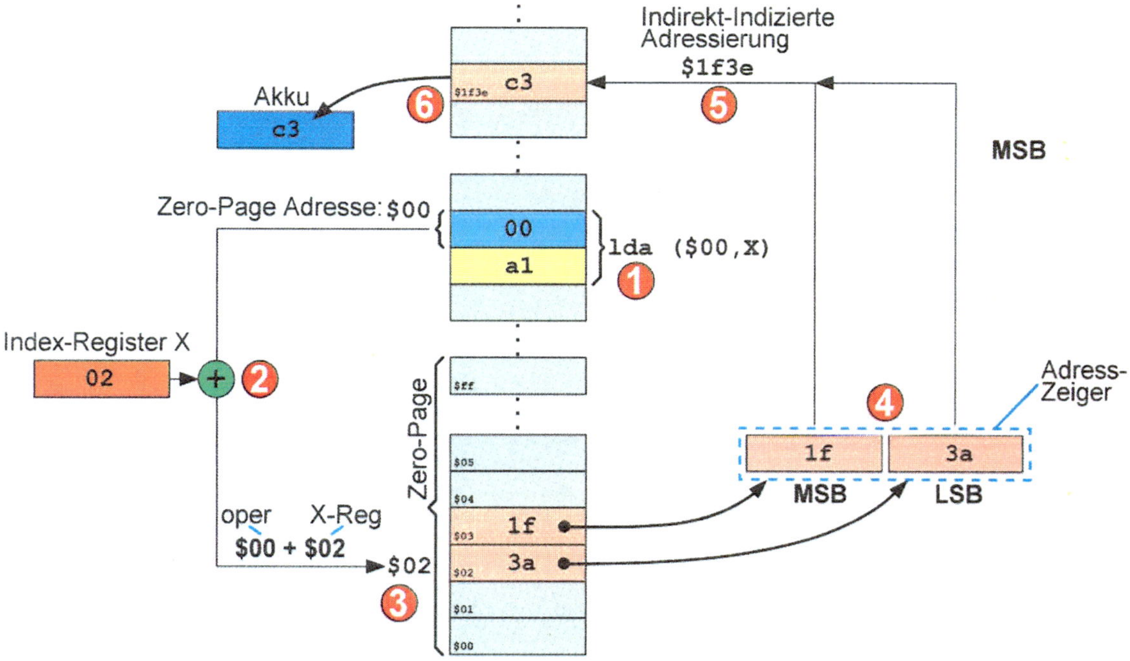

Abbildung 176 - Die X-indiziert indirekte Adressierung

Der besseren Übersicht wegen, habe ich die wichtigen Wegepunkte einer Nummerierung von 1 bis 6 unterzogen.

1. Über den Befehl *lda ($00, X)* wird die indirekte Adressierung aufgrund der verwendeten Schreibweise mit den runden Klammern um die gezeigte Adresse und X-Register eingeleitet.
2. Das X-Register ist zur Offset-Bildung mit dem Wert $02 geladen.
3. Das bedeutet im weiteren Verlauf, dass aus der Summierung von Startadresse $00 und X-Register $02 die Speicherstelle *$02* in der Zero-Page ausgewählt wird und der dort zu findende Wert als niederwertigster Adressteil LSB Verwendung findet. Jetzt wird aber noch ein höherwertiger Teil MSB benötigt, der einfach aus der nächsten Speicherstelle *$03* (also implizit) bezogen wird und in diesem Fall *$1f* ist.
4. Somit wurde der benötigte Adresszeiger aus dem LSB und MSB der Zero-Page gebildet, die nun *$1f3a* lautet.
5. Dieser Adress-Zeiger *$1f3a* zeigt auf eine Speicheradresse, in der der Wert *$c3* zu finden ist.
6. Der Wert *$c3* wird letztendlich in den Akku zur weiteren Verarbeitung geladen.

Die indirekt-Y-indizierte Adressierung

Die indirekt Y-indizierte Adressierung scheint noch ein wenig komplexer, doch keine Bange! Im Page-Zero-Bereich adressierte Speicherstelle enthält das niederwertigste Byte (LSB) der Anfangsadresse des indiziert zu durchlaufenen Speicherbereichs. Im unmittelbar darauffolgenden Byte steht das höchstwertige Byte (MSB). Der eigentliche Zeiger - auch Adresszeiger genannt - bildet sich durch die Addition des Inhalts von Y-Register und LSB und dem MSB. Auf der nachfolgenden Abbildung ist das Szenario abgebildet, was auf den ersten Blick wirklich wild und unübersichtlich erscheint. Doch ich habe es wieder mit Wegepunkten 1 bis 7 versehen, die nacheinander eine logische Abfolge ergeben. Nach der Abbildung erfolgt dann die entsprechende Auflösung des Wirrwarrs mit hoffentlich nachfolgendem Aha-Effekt!

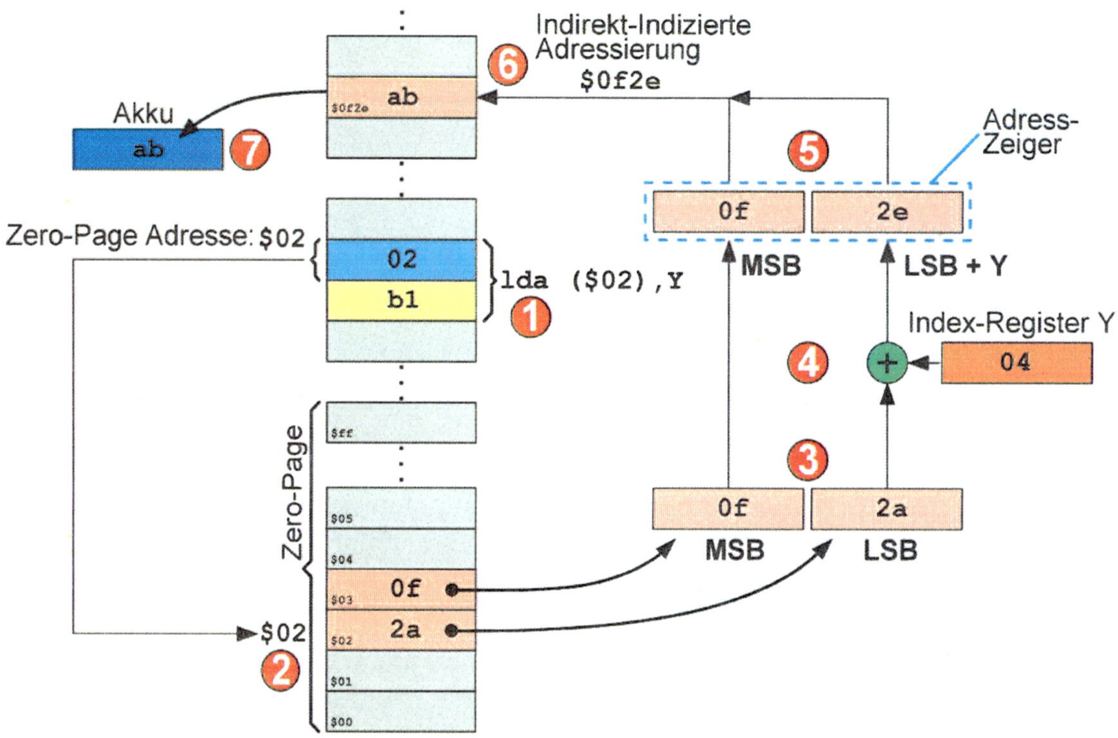

Abbildung 177 - Die Y-indiziert indirekte Adressierung

Der eigentliche Befehl an Punkt 1 lautet ja *lda ($02),Y* und soll ja irgendetwas in den Akku laden. Wie geht die Ereigniskette denn so weiter? Sehen wir uns das genauer an.

1. Über den Befehl *lda ($02),Y* wird die indirekte Adressierung aufgrund der verwendeten Schreibweise mit den runden Klammern um die gezeigte Adresse eingeleitet.

2. Das bedeutet, dass aus der Speicherstelle *$02* (Zero-Page) der darin gespeicherte Wert *$2a* gelesen wird und als niederwertigster Adressteil LSB Verwendung findet. Jetzt wird aber noch ein höherwertiger Teil MSB benötigt, der einfach aus der nächsten Speicherstelle *$03* (also implizit) bezogen wird und in diesem Fall *$0f* ist.

3. Somit haben wird schon einmal die Adresse *$0f2a* gebildet. Doch es geht noch weiter.
4. Zum Wert des LSB wird der Inhalt des Y-Registers - hier *$04* - hinzuaddiert.
5. Das Ergebnis der Addition der vorherigen Adresse *$02fa* und dem Wert *$04* bildet den eigentlichen Adresszeiger mit dem Wert *$0f2e*.
6. Der Adresszeiger *$0f2e* weist natürlich auf eine bestimmte Stelle innerhalb des Speichers.
7. In der Speicherstelle *$0f2e* ist letztendlich der Wert *$ab* verborgen, der in den Akku geladen werden soll.

Manch einer mag nun sagen: Von hinten durch die Brust ins Auge und ich habe manchmal auch ein ähnliches Gefühl. Was soll also das ganze Spiel hier, wenn es doch auch irgendwie mit der indizierten Adressierung ähnlich abläuft? Der entscheidende Vorteil dieser Adressierungsart ist in erster Linie die frei veränderbare und in der Zero-Page abgelegte Anfangsadresse des gewünschten Speicherbereichs, der indiziert durchlaufen werden soll. Würde man lediglich das verwendete Y-Register mit einer Datenbreite von 8-Bits verwenden, um als Offset einen Speicherbereich zu durchlaufen, dann steht einem letztendlich ein Adresszeiger mit einer festen Anfangsadresse und dem Offset von 0 bis 255 ein Speicherbereich von 256 Bytes zur Verfügung, der einer Operation unterzogen werden kann. Über die *Indirekt Indizierte Adressierung* ist es nun aber möglich, dass verschiedene Speicherbereiche durchlaufen werden können, alleine, durch Verändern der vermeintlich festen Anfangsadresse.

Aufgrund der Möglichkeit der Indizierung bietet sich diese Methode sehr gut zur Adressierung hintereinanderstehender Werte im Speicher, die die Charakteristik einer Tabelle besitzen. Die Einschränkung besteht natürlich in der schon genannten Tabellenlänge von 256 Elementen respektive Speicherstellen, die mit einer Datenbreite von 8 Bits in einem Schwung zu erreichen sind.

Ein einfaches Beispiel mit der indirekt-X-indizierten Adressierung

Dann sehen wir uns einmal ein recht einfaches Beispiel zur indirekt-X-indizierten Adressierung an. Ich werden dazu in einem bestimmten Speicherbereich des ROMs Werte als eine sogenannte *Lookup-Tabelle* - Lookup-Tabellen werden verwendet, um schnell statische Daten zur Verfügung zu stellen - ablegen, die zwar noch keinen direkten Sinn ergeben, jedoch für unser Experiment ausreichend. Ich werde einfach mal die dezimalen Werte von 0 bis 9 in einem bestimmten Speicherbereich ablegen, sagen wir zum Beispiel ab Adresse $9000 im ROM. Dann werde ich über die indirekt-Y-indizierte Adressierung auf diesen Bereich zugreifen und ihn an PORT-B zu den LEDs versenden. Das schaut dann so aus, als ob da im Hintergrund ein binärer Zähler von 0 bis 9 arbeitet, was aber nicht der Fall ist, denn es werden lediglich statische Werte aus der besagten Lookup-Tabelle abgerufen und zur Anzeige gebracht. Bevor es losgeht, ein paar Grundgedanken, wie ich es realisieren möchte. Dazu wird mir die schon gezeigte Grafik der indirekt-Y-indizierten Adressierung recht gut behilflich sein.

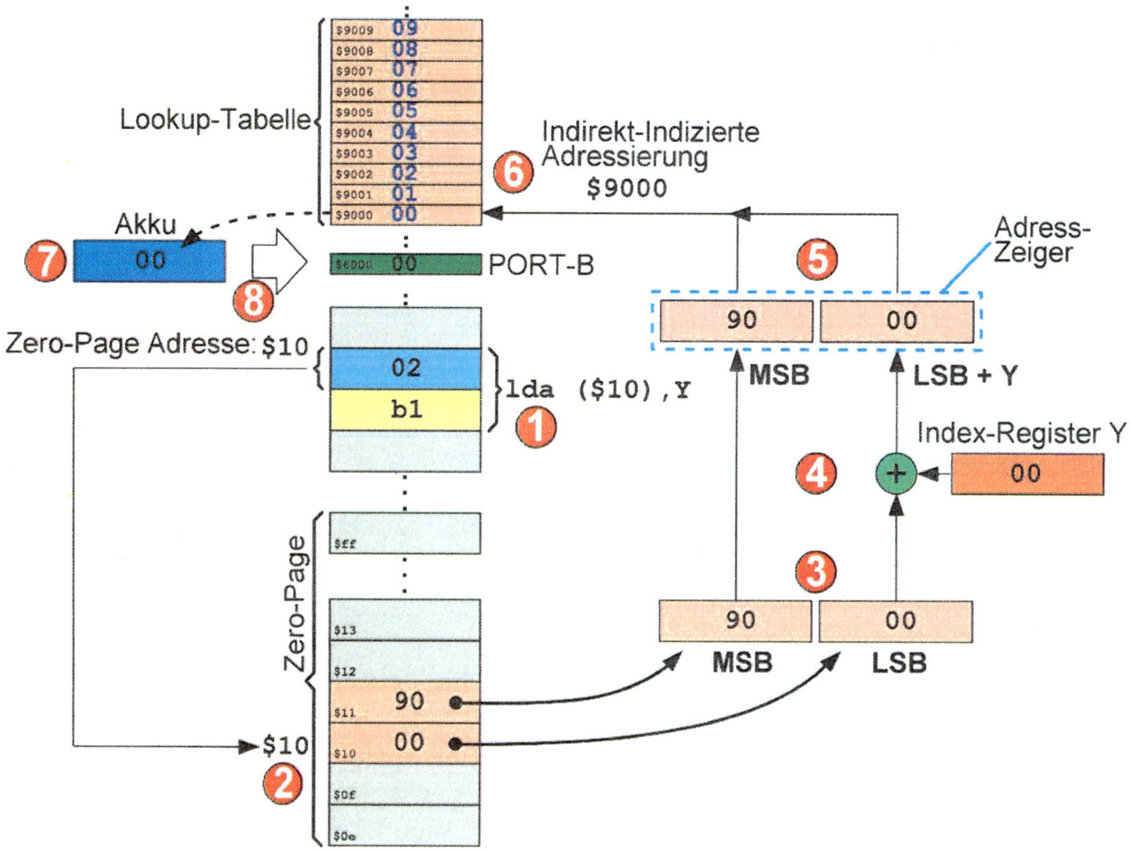

Abbildung 178 - Die Y-indiziert indirekte Adressierung mit Lookup-Tabelle

Es ist zu sehen, dass in der Zero-Page bei den Adressen *$10* und *$10* der Adresszeiger für *$9000* hinterlegt wurde. Nicht vergessen: *Little Endian*, was bedeutet, dass das LSB zuerst genannt wird! Die Lookup-Tabelle ist genau an Adresse $9000 mit 10 Elementen (Bytes) gespeichert worden. Nun kann über das Y-Register in der Funktion als Index beziehungsweise Offsetwert das Abfahren der Speicheradressen von $9000 bis $9009 erfolgen. Die darüber in den Akku gelangten Werte der Lookup-Tabelle werden nacheinander an PORT-B mit den angeschlossenen LEDs versendet. Sehen wir uns dazu ein entsprechendes Assembler-Programm an.

```
1   VIA      = $6000
2   PORTB    = VIA+0
3   PORTA    = VIA+1
4   DDRB     = VIA+2
5   DDRA     = VIA+3
6       org $8000        ; Startadresse
7       lda #$ff         ;
8       sta DDRB         ; DDRB - Alle als OUTPUT
9       lda #$00         ; LSB von $9000
10      sta $10          ; -> LSB -> $10 (Zero-Page)
11      lda #$90         ; MSB von $9000
12      sta $11          ; -> MSB -> $11 (Zero-Page)
13      ldy #$00         ; Y-Register mit Startwert initialisieren
14  loop:
15      lda ($10),y      ; Lade Akku indirekt indiziert
16      sta PORTB        ; Akku an PORT-B schicken
17      iny              ; Y-Register inkrementieren
18      cpy #9           ; Ist Grenze erreicht?
19      bne loop         ; Springe zu loop
20      ldy #$00         ; Y-Register wieder mit Startwert initialisieren
21      jmp loop         ; Springe zu loop
22      org $fffc    ; Startadresse des Reset-Vektors
23      word $8000   ; Startadresse des Programms
24      word $0000   ; zwei Füll-Bytes
25      org $9000    ; Lookup-Tabelle
26      byte 0x00,0x01,0x02,0x03,0x04,0x05,0x06,0x07,0x08,0x09
```

Abbildung 179 - Assembler-Programm für Lookup-Tabelle (lookup001.asm)

Ich denke, dass der obere Teil sicherlich klar sein sollte und ich nicht näher darauf eingehen werde. Der Teil in den Zeilen 25 und 26 definiert einerseits einen neuen Speicherbereich ($9000), beziehungsweise eine neue Startadresse für die nachfolgenden Bytes über die Assembler-Direktive *byte* und den nachfolgenden Werten. Schaut man sich im Assembler die entsprechenden Passagen des *Object-Codes* an (Binary-Code) an, ergibt sich das folgende Ergebnis.

```
object code:

8000: A9 FF 8D 02 60 A9 00 85
8008: 10 A9 90 85 11 A0 00 B1
8010: 10 8D 00 60 C8 C9 0A D0
8018: F6 A0 00 4C 0F 80 00 00
8020: 00 00 00 00 00 00 00 00
8028: 00 00 00 00 00 00 00 00
...
9000: 00 01 02 03 04 05 06 07
9008: 08 09 00 00 00 00 00 00
9010: 00 00 00 00 00 00 00 00
9018: 00 00 00 00 00 00 00 00
9020: 00 00 00 00 00 00 00 00
```

Abbildung 180 - Der Object-Code für die Lookup-Tabelle

Im oberen Bereich ab Adresse *$8000* ist der Code des Assembler-Programms - Blau umrandet - zu sehen und im unteren Bereich ab Adresse *$9000* findet sich der Code - Rot umrandet - beziehungsweise die Werte ($00 bis $09) der Lookup-Tabelle. An dieser Stelle sei noch einmal bemerkt, dass man anhand des Object-Codes nicht erkennen kann, ob es sich bei einem bestimmten Bereich um ein übersetztes Assembler-Programm handelt oder um reine Daten. Alles ist eine Sache der Interpretation! Warum kommen aber Lookup-Tabellen zum Einsatz? Nun, dafür gibt es unterschiedliche Gründe und ein prominentes Beispiel dafür ist die Berechnung und Darstellung einer Sinus-Funktion. Bevor man über eine aufwendige trigonometrische Funktion die einzelnen Werte ermittelt, können vorberechnete Werte in besagter Lookup-Tabelle hinterlegt werden. Die Anzahl dieser Werte hängt natürlich von der gewünschten Auflösung ab. Ich denke, wir sollten uns die Sache einmal praktisch anschauen, denn über diese Weise kann man einen Digital/Analog-Wandler - kurz A/D-Wandler oder DAC - realisieren.

Was ist ein DAC?

DAC ist die Abkürzung für *Digital-To-Analog-Converter* und bedeutet übersetzt Digital-Nach-Analog-Umsetzer. Er wandelt digitale Signale in analoge Signale um.

Ein A/D-Wandler über ein R2R

Bevor es jedoch losgeht, muss ich ein wenig ausholen, denn das Thema bedarf einer entsprechenden Vorbereitung. Natürlich gibt es die unterschiedlichsten Ansätze, wie man einen Digitalwert in einen analogen Spannungswert zur weiteren Verarbeitung wandeln kann. Ich habe mich für das *R2R-Netzwerk* entschieden, da es hier wunderbar passt.

Was aber bedeutet *R2R*? Das ist recht einfach erklärt, denn ein R2R-Netzwerk ist aus Widerständen mit den Werten *R* und *2R* aufgebaut. Dabei spielen die Widerstandswerte eine eher untergeordnete Rolle, wobei aber betont werden sollte, dass bei sehr kleinen Werten einen unnötig hohen Stromfluss zur Folge haben und eine Schaltung zu sehr belasten. Ich fange einmal mit einer sehr einfachen Schaltung an, die lediglich aus einem einzigen Bit besteht. Für den praktischen Einsatz völlig ungeeignet, zur Erklärung der Thematik jedoch sehr gut zu nutzen. Auf der folgenden Abbildung ist diese Schaltung mit den zwei möglichen Zuständen und der Versorgungsspannung von 9V zu sehen.

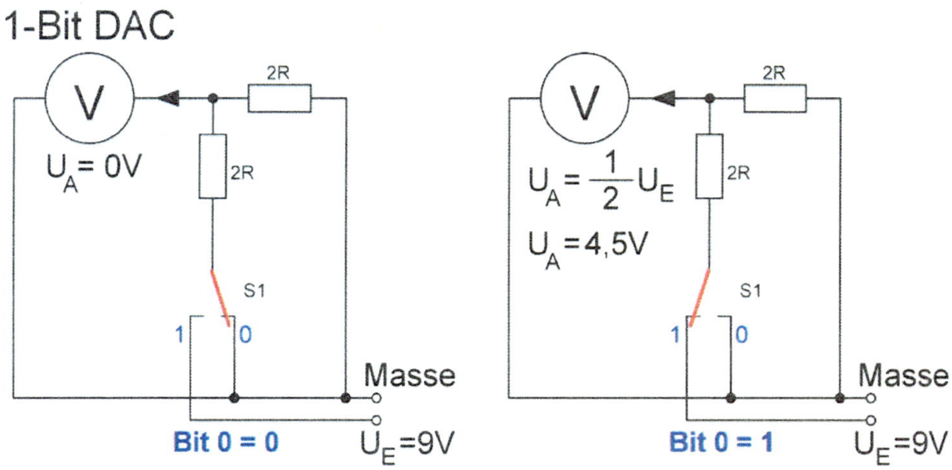

Abbildung 181 - Ein 1-Bit DAC

In Abhängig vom Zustand des Schalters S1, der Bit 0 repräsentiert, liegen zwei unterschiedliche Analogspannungen am Ausgang an.

- Ist Bit 0 gleich 0, so beträgt die Ausgangsspannung 0V
- Ist Bit 0 gleich Eins, ergibt sich aufgrund des Spannungsteilers mit zwei gleichen Widerständen ein Ausgangsspannung, die der Hälfte der Betriebsspannung entspricht

Interessant wird es jetzt, wenn die 1-Bit-Schaltung auf 2 Bits erweitert wird und wie es dann hinsichtlich der einzelnen Spannungen ausschaut. Die zusätzliche Bitstelle mit den beiden erforderlichen Widerständen ist rot umrandet und zeigt, wie es bei zusätzlichen Erweiterungen von Bitstellen fortgeführt wird.

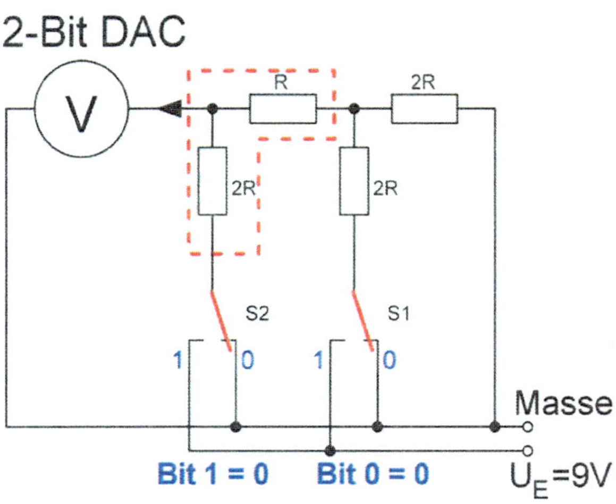

Abbildung 182 - Das erweiterte R2R-Netzwerk (2-Bit DAC)

Durch das Hinzufügen jeder weiteren Bitstelle verdoppelt sich die Anzahl der möglichen Bitkombinationen. Waren es bei einem Bit zwei Möglichkeiten (0, 1), sind es bei zwei Bits jetzt vier an der Zahl (0, 0) (0, 1) (1, 0) (1, 1). Der Name des *R2R*-Netzwerkes rührt daher, weil durch jedes weitere zusätzliche Bit sowohl ein *R*, als auch ein *2R* der Schaltung hinzugefügt wird. Auf den folgenden Abbildungen sind die vier möglichen Kombinationen der beiden

Bits, die durch die Schalterpositionen repräsentiert werden, inklusive der zu berechneten Ausgangsspannung zu sehen.

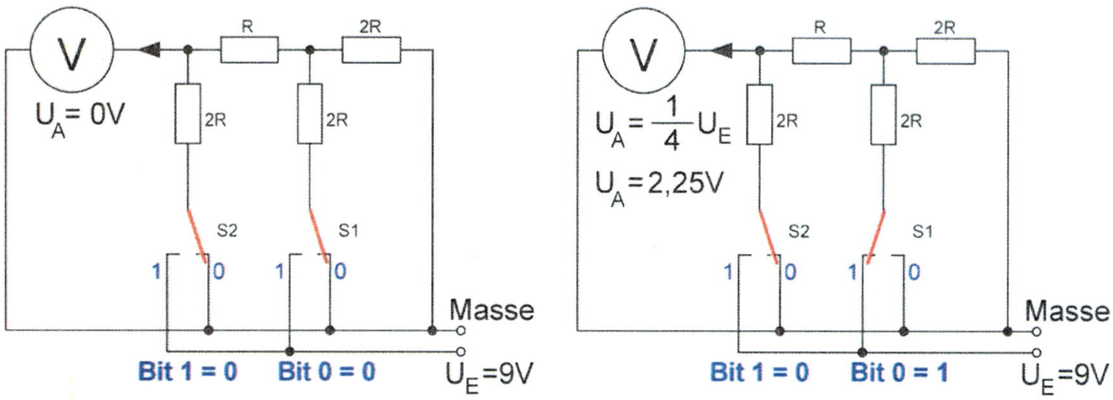

Abbildung 183 - Das erweiterte R2R-Netzwerk mit den Bitkombinationen 00 und 01

Und hier die nächsten Bitkombinationen.

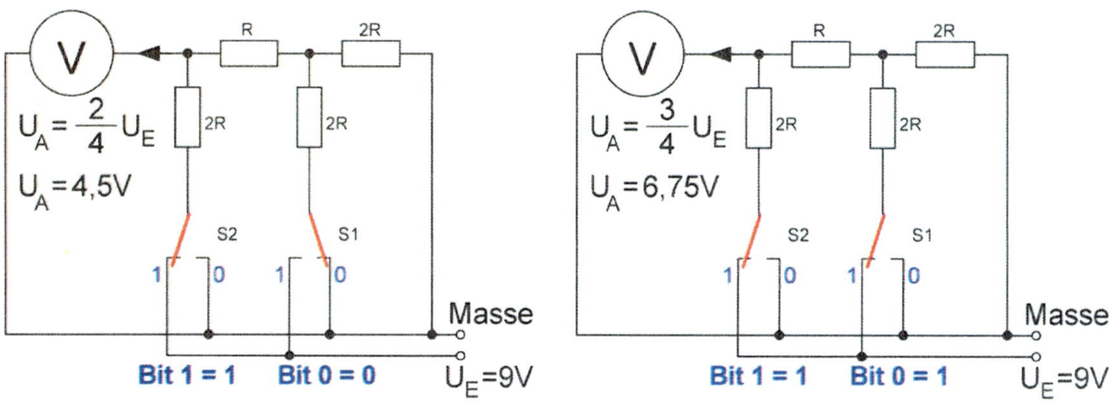

Abbildung 184 - Das erweiterte R2R-Netzwerk mit den Bitkombinationen 10 und 11

Ein R2R-Netzwerk zur Wandlung von digitalen in analoge Signale hat sowohl Vor- als auch Nachteile.

Vorteile

- sehr hohe Geschwindigkeit und beliebig leicht zu erweitern
- einfach zu verstehen
- aus gleichartigen Bauteilen aufgebaut

Nachteile

- alle Widerstände müssen möglichst den gleichen Widerstandswert besitzen
- das höchstwertigste Bit muss bei einem HIGH-Pegel einen hohen Anteil der Ausgangslast übernehmen

Wenn es um den Aufbau einer Testschaltung auf einem Breadboard geht, an dieser Stelle ein Tipp. Die Widerstandskombination pro Bit ist ja R und 2R und entsprechende Widerstände gesucht werden, ist es nicht immer so einfach welche zu finden, die dem entsprechen. Doch eine Schaltung kann mit jedem beliebigen Widerstandswert aufgebaut werden. Angenommen, in der Kramkiste liegt eine Menge von 10KΩ Widerständen herum. Nun könnte man sich entweder 5KΩ oder

20KΩ Widerstände besorgen, um auf das Verhältnis 1:2 zu kommen. Doch es geht auch viel einfacher, in dem zwei Widerstände mit 10KΩ in einer Parallelschaltung zusammengefügt werden. Die andere Variante bestünde natürlich in einer Reihenschaltung, um darüber den doppelten Wert zu erlangen. Auf der folgenden Abbildung ist mein R2R-Netzwerk, das ich mit Widerständen von 47KΩ aufgebaut habe, zu sehen.

Abbildung 185 - Der Schaltungsaufbau des R2R-Netzwerkes

Bevor ich den kompletten Schaltplan zeige, habe ich die ersten ermittelten Werte einmal in einer kleinen Tabelle zusammengefasst, die nachfolgend zu sehen ist, wobei die Referenzspannung diesmal ungefähr 5V beträgt, weil das die Versorgungsspannung für unsere gesamte Schaltung ist. Der kleinste Wert errechnet sich ja dann aus +5V / 8-Bit = 20mV.

Bitkombination	**Gemessener Spannungswert**
00000000	0V
00000001	20mV
00000010	38mV
00000011	56,8mV
00000100	72mV
00000101	94mV
00000110	113,7mV
00000111	132,5mV

Tabelle 4 - Messwert-Tabelle für 8-Bit / +5V

Grundsätzlich gilt die folgende Formel zu Berechnung der Ausgangsspannung.

$$U = B \cdot \frac{U_{Ref}}{256}$$

Dabei ist B der dezimale Wert der eingestellten Bitkombination, U_{Ref} ist in unserem Fall 5V und der Wert 256 entspricht der Anzahl der möglichen

Kombinationen mit 8-Bit. Aufgrund der recht vielen Bauteile und der nicht ganz so optimalen Spannungsversorgung, beträgt die Versorgungsspannung bei mir ungefähr 4,8V, was hier zu bedenken ist. Nachfolgend ist die Schaltung des R2R-Netzwerkes mit 8-Bit zu sehen. Es ist zu beachten, dass es sich bei den Schaltern um wirkliche Umschalter mit 3 Polen handelt, denn wenn ein Bit nicht geschaltet wird, muss es auf Masse liegen. Mit der folgenden Schaltung liegt am Ausgang die berechnete Spannung über die gezeigte Formel an, wobei es sich um einen Spannungswert handelt, die im unbelasteten Fall zu messen ist.

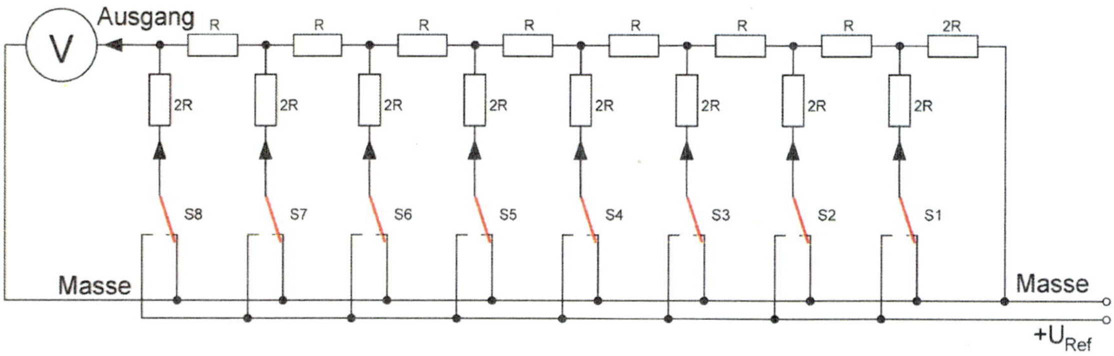

Abbildung 186 - Schaltung für ein 8-Bit R2R-Netzwerk

Wenn wir das gleich über eine Ansteuerung des VIA-Bausteins 65C22 umsetzen, muss man sich natürlich keine Gedanken um das manuelle Schalten und der Pegel machen, denn es liegen entweder 0V oder +5V an den Pins des jeweiligen Ports an. Da gibt es aber wieder etwas zu beachten, was ich schon in Teil 1 zur Sprache gebracht habe. Irgendeine Idee? Genau, es geht um die Gefahr der zu hohen Belastung des Ports. Aus diesem Grund kommt wieder der Puffer- beziehungsweise Buffer-Baustein *74LS244* zum Einsatz.

Abbildung 187 - Der Buffer 74LS244

Zur Sicherheit hier noch einmal die entsprechende Pinbelegung.

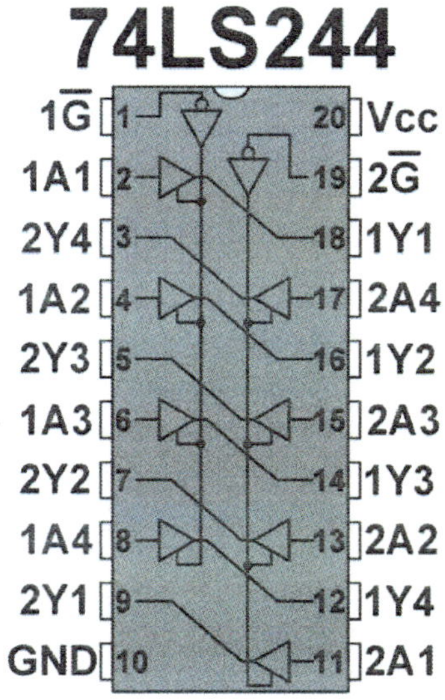

Abbildung 188 - Die Pinbelegung des Buffer 74LS244

Sehen wir uns jetzt den entsprechenden Bereich des Schaltplans an, der den 65C22, den Buffer 74LS244 und das R2R-Netzwerk zeigt.

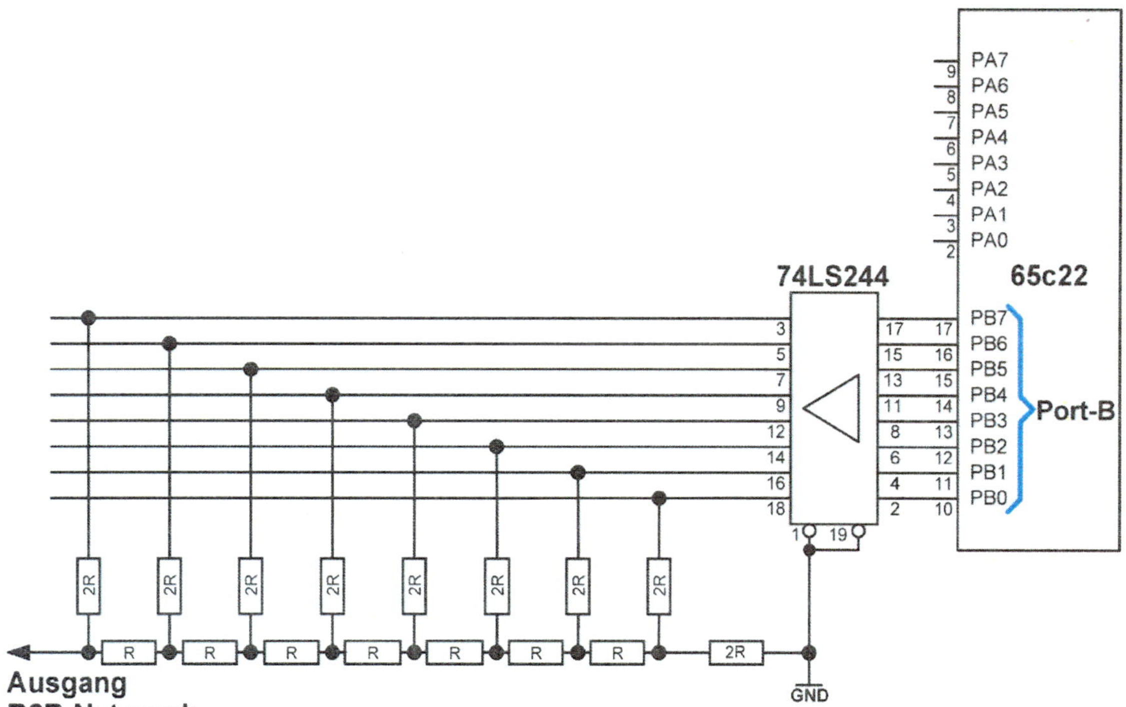

Abbildung 189 - Der Schaltplan zur Ansteuerung des R2R-Netzwerkes

Für einen ersten Test mit einem Assembler-Programm habe ich das zuvor gezeigte mit 10 Werten auf 20 Werte erweitert, das dann wie folgt ausschaut.

```
1  VIA     = $6000
2  PORTB   = VIA+0
3  PORTA   = VIA+1
4  DDRB    = VIA+2
5  DDRA    = VIA+3
6      org $8000         ; Startadresse
7      lda #$ff          ;
8      sta DDRB          ; DDRB - Alle als OUTPUT
9      lda #$00          ; LSB von $9000
10     sta $10           ; -> LSB -> $10 (Zero-Page)
11     lda #$90          ; MSB von $9000
12     sta $11           ; -> MSB -> $11 (Zero-Page)
13     ldy #$00          ; Y-Register mit Startwert initialisieren
14 loop:
15     lda ($10),y       ; Lade Akku indirekt indiziert
16     sta PORTB         ; Akku an PORT-B schicken
17     iny               ; Y-Register inkrementieren
18     cpy #20           ; Ist Grenze erreicht?
19     bne loop          ; Springe zu loop
20     ldy #$00          ; Y-Register wieder mit Startwert initialisieren
21     jmp loop          ; Springe zu loop
22     org $fffc   ; Startadresse des Reset-Vektors
23     word $8000  ; Startadresse des Programms
24     word $0000  ; zwei Füll-Bytes
25     org $9000   ; Lookup-Tabelle
26     byte 0x00,0x01,0x02,0x03,0x04,0x05,0x06,0x07,0x08,0x09
27     byte 0x0a,0x0b,0x0c,0x0d,0x0e,0x0f,0x10,0x11,0x12,0x13
```

Abbildung 190 - Assembler-Programm zur Generierung von Treppenstufen (lookupTreppenstufen001.asm)

In den Zeilen 26 und 27 zur Speicherung der Lookup-Tabelle ist zu sehen, dass dort die Werte von 0 bis 19 definiert sind. Diese werden nun nacheinander abgerufen und an das R2R-Netzwerk versendet, was sich am Ausgang mit der Darstellung in einem Oszillogramm wie folgt gestaltet.

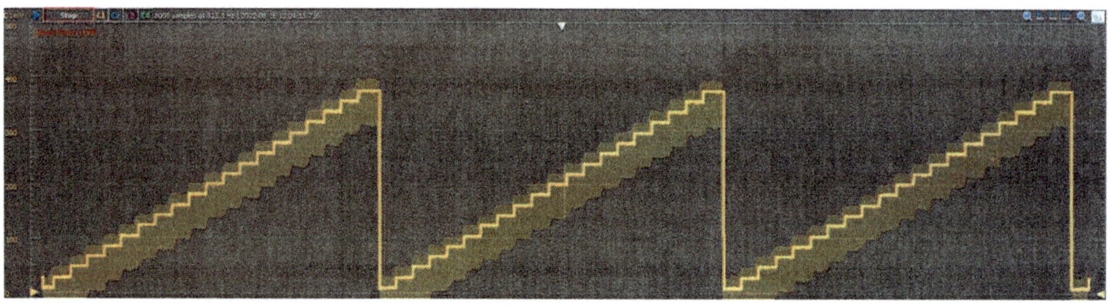

Abbildung 191 - Die Treppenstufen des R2R-Netzwerkes

Es ist sehr gut zu erkennen, dass der Spannungsanstieg in Form eines Treppenstufensignals erfolgt. Nach dem Erreichen der letzten Treppenstufe wird wieder von vorne begonnen. Dann möchte ich die Sache nun mit der Generierung einer Sinus-Kurve abschließen. Das Assemblerprogramm muss natürlich mit entsprechenden Werten in der Lookup-Tabelle versehen werden und die Anzahl der Werte muss in der *cpy*-Anweisung ebenfalls berücksichtigt werden. Das Ergebnis schaut bei mir wie folgt aus, wobei ich 256 Werte in der Lookup-Tabelle hinterlegt habe.

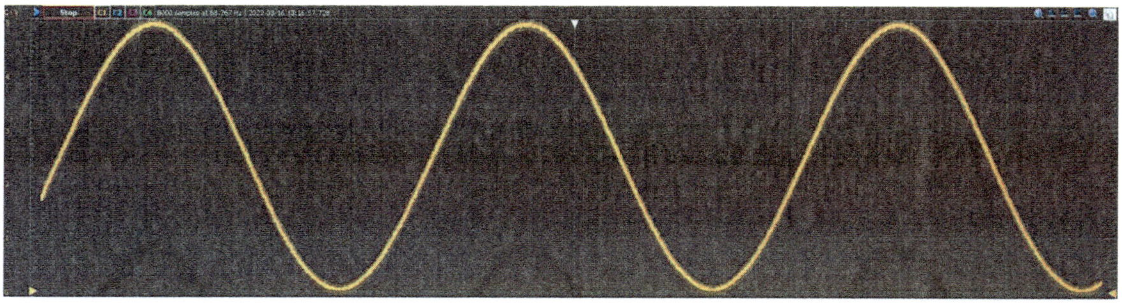

Abbildung 192-- Die Sinus-Funktion des R2R-Netzwerkes

Natürlich wäre es recht mühsam, die einzelnen Werte einer Sinus-Funktion per Hand zu ermitteln. Im Internet gibt es zahlreiche Hinweise, wie das über ein kleines Programm, mit Excel oder sogar online zu generieren ist. Auf meiner Internetseite ist das entsprechende Assembler-Programm mit den Beispiel-Werten zu finden. Ich rate hier ein wenig zu experimentieren, um die die Frequenz oder die Amplitude anzupassen. Alles hängt natürlich mit der Frequenz zusammen, mit der die CPU betrieben wird, was in der Regel ja 1MHz ist. Durch das Platzieren von mehreren NOP-Anweisungen kann sicherlich darauf Einfluss genommen werden. Ebenso kann man sich Gedanken darüber machen, wie andere Wellenformen generiert werden können. Hier ein paar Vorschläge zur Umsetzung. Da diese Wellenformen in der Generierung nicht derart komplex sind, wie eine Sinus-Funktion, können diese sicherlich ohne Lookup-Tabelle realisiert werden. Lassen wir uns überraschen!

Ein Rechtecksignal

Ein Rechtecksignal schwankt zwischen zwei Extremwerten hin und her.

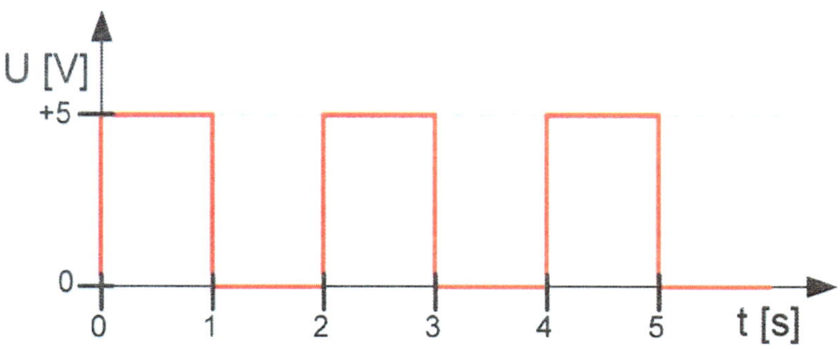

Abbildung 193 - Ein Rechtecksignal

Ein Dreieckssignal

Ein Dreieckssignal weist - wie der Name schon sagt - ein Dreieck in der Wellenform auf, wobei die ansteigende und abfallende Flanke - absolut gesehen - die gleiche Steigung vorweisen.

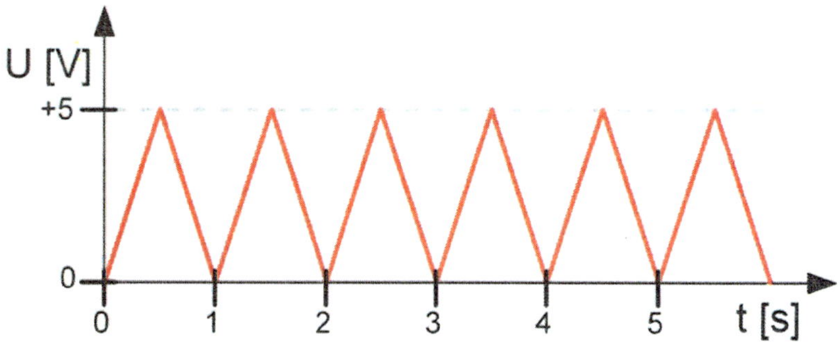

Abbildung 194 - Ein Dreieckssignal

Ein Sägezahnsignal

Das Sägezahnsignal ähnelt der Dreieckssignal ein wenig, wobei hier hinsichtlich der Flanken noch zwischen ansteigend und abfallend unterschieden wird.

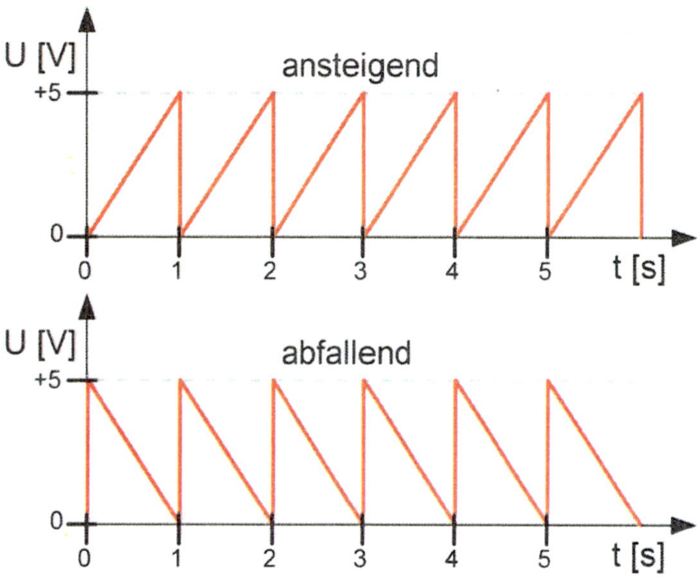

Abbildung 195 - Das Sägezahnsignal

Eine andere Möglichkeit der Speicherung der Lookup-Tabelle

Wir haben gesehen, dass das Speichern der Daten für eine Lookup-Tabelle wunderbar funktioniert und das Abrufen der Werte über eine indirekt-indizierte Adressierung realisiert wurde. Aber es geht auch ohne diese Technik und ohne, dass man einen freien Bereich im Speicher suchen muss, an dem die Werte platziert werden sollen. Es wäre doch sicherlich ganz angenehm, wenn die Daten für die Lookup-Tabelle(n) - unabhängig der Länge des eigentlichen Assembler-Programm - direkt im Anschluss zu finden wären. Sehen wir uns dazu das folgende Assembler-Programm an.

```
 1  VIA      = $6000
 2  PORTB    = VIA+0
 3  PORTA    = VIA+1
 4  DDRB     = VIA+2
 5  DDRA     = VIA+3
 6  SAMPLES = 16          ; Anzahl der Elemente
 7      org $8000         ; Startadresse
 8      lda #$ff          ;
 9      sta DDRB          ; DDRB - Alle als OUTPUT
10  start:
11      ldx #0            ; Index-Initialisierung
12  loop:
13      lda RAMP,x        ; Wert laden
14      sta PORTB         ; Akku an PORT-B schicken
15      nop               ; Fr=enz verringen durch mehrere nop's
16      inx               ; Inkrement X Register
17      cpx #SAMPLES      ; Ist Grenze erreicht?
18      bne loop          ; Springe zu loop
19      jmp start         ; Beginne von vorne
20  SINE:
21      byte 64,88,109,123,128,123,109,88,64,40,19,5,0,5,19,40
22  RAMP:
23      byte 0,1,2,3,4,5,6,7,8,9,10,11,12,13,14,15
24  TRIANGLE:
25      byte 0,2,4,6,8,10,12,14,15,14,12,10,8,6,4,2
26      org $fffc   ; Startadresse des Reset-Vektors
27      word $8000  ; Startadresse des Programms
28      word $0000  ; zwei Füll-Bytes
```

Abbildung 196 - Flexibles Assembler-Programm für Lookup-Tabellen (lookupWellenformen001.asm)

Der Einfachheit halber habe ich mich auf 16 Werte (Samples) bei diesem Assembler-Programm beschränkt, was im Endeffekt keine Rolle spielt und die Funktionalität in keiner Weise beeinträchtigt. Lediglich die Auflösung ist um einiges geringer, als bei höheren Werten wie zum Beispiel mit 256 Samples. Ich habe zu Beginn erst einmal das komplette Assembler-Programm gezeigt, damit eine ungefährere Vorstellung davon entsteht, worum es hier geht. Es ist zu sehen, dass die drei Wellenformen für Sinus (SINE), Sägezahn (RAMP) und Dreieck (TRIANGLE) hinter der Definition des eigentlichen Assembler-Programm, aber noch vor der Festlegung des Reset-Vektors mit den aussagekräftigen Symbolen angeordnet in den Zeilen 20 bis 25 sind.

```
20  SINE:
21      .byte 64,88,109,123,128,123,109,88,64,40,19,5,0,5,19,40
22  RAMP:
23      .byte 0,1,2,3,4,5,6,7,8,9,10,11,12,13,14,15
24  TRIANGLE:
25      .byte 0,2,4,6,8,10,12,14,15,14,12,10,8,6,4,2
```

Wenn wir uns den Assembler-Code nach der Kompilierung ansehen, dann ist folgendes zu erkennen, wobei die die Zeilen etwas gekürzt habe.

```
...
800F  E0 10              CPX #$10 ; Ist Grenze erreicht?
8011  D0 F4              BNE $8007 ; Springe zu loop
8013  4C 05 80           JMP $8005 ; Beginne von vorne
8016            SINE
8016  40                 .BYTE $40
8017  58                 .BYTE $58
...
8026            RAMP
8026  00                 .BYTE $00
8027  01                 .BYTE $01
...
8036            TRIANGLE
8036  00                 .BYTE $00
8037  02                 .BYTE $02
...
FFFC                     * = $FFFC ; Startadresse des Reset-Vektors
FFFC  00 80              .EQUW $8000 ; Startadresse des Programms
FFFE  00 00              .EQUW $0000 ; zwei Füll-Bytes
```

Ende Haupt-Programm

Beginn Sinus-Lookup-Tabelle

Beginn Sägezahn-Lookup-Tabelle

Beginn Dreieck-Lookup-Tabelle

Abbildung 197 - Die Lookup-Tabellen hinter dem Hauptprogramm

Die drei Lookup-Tabellen befinden sich – wie zu sehen ist – direkt hinter dem Hauptprogramm, das bei Adresse *$8015* endet und mit Adresse *$8016* fortgeführt wird.

Die Frage ist nun, welcher der drei Lookup-Tabellen beim Hauprogramm überhaupt genutzt werden. Die Antwort ist in Zeile 13 zu finden, in der der Akku als Operand das Symbol der entsprechenden Lookup-Tabelle geliefert bekommt und in Verbindung mit dem X-Register die einzelnen Elemente innerhalb der loop-Schleife abruft.

Index-Wert des X-Registers

```
12  loop:
13        lda RAMP,x        ; Wert laden
14        sta PORTB         ; Akku an PORT-B schicken
15        nop               ; Frequenz verringen durch mehrere nop's
16        inx               ; Inkrement X-Register
17        cpx #SAMPLES      ; Ist Grenze erreicht?
18        bne loop          ; Springe zu loop
19        jmp start         ; Beginne von vorne
20  SINE:
21        .byte 64,88,109,123,128,123,109,88,64,40,19,5,0,5,19,40
```

Abbildung 198 - Das X-Register fährt die einzelnen Elemente der Lookup-Tabelle ab

Um nun eine andere Wellenform abzurufen, muss lediglich der Name des Operanden (Symbol-Name) des *lda*-Befehls angepasst werden. Dabei arbeitet der Operand quasi als Zeiger auf die vorhandenen Wellenformen und beinhaltet die erste Speicheradresse der entsprechenden Lookup-Tabelle. Auf der nächsten Abbildung wird das hoffentlich noch ein wenig deutlicher.

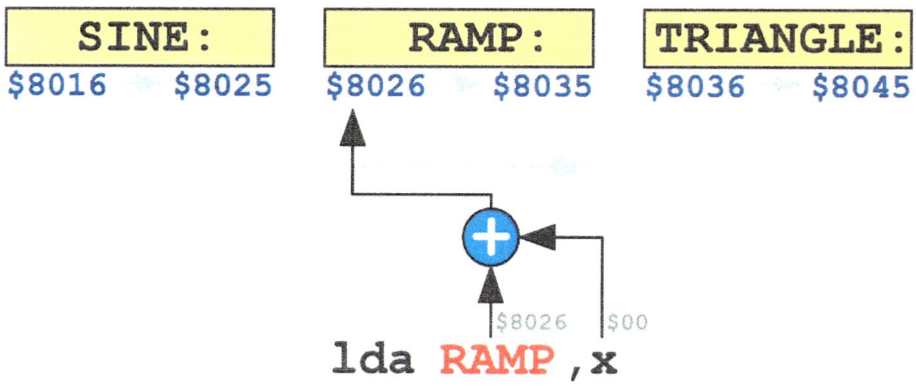

Abbildung 199 - Die Auswahl der gewünschten Lookup-Tabelle

Es ist zu sehen, dass der Operand RAMP als ein Zeiger auf die Adresse *$8026* arbeitet und im Zusammenspiel mit dem X-Register alle möglichen Adressen abruft.

Zeit verschwenden

Wir haben ja schon gesehen, dass jeder OP-Code in Abhängigkeit der benötigten Taktzyklen mehr oder weniger Zeit zur Abarbeitung benötigt. In verschiedenen Programmen kann es erforderlich sein, hier und da ein paar mehr oder weniger lange Verzögerungen einzubauen, weil zum Beispiel angeschlossene Hardware nicht mit der zur Verfügung gestellten Taktfrequenz zurechtkommt. Es muss also ein paar Stufen zurückgeschaltet werden. Um derartiges zu erreichen, können verschiedene Techniken zum Einsatz kommen und sehr oft kommt es dazu, dass der schon erwähnte *nop*-Befehl (NOP = No-Operation) mehrfach hintereinander ausgeführt wird. Er tut einfach nichts und verlangt dafür von der CPU 2 Taktzyklen. Doch sehen wir uns zuvor einmal die an der 6502-CPU anliegende Taktfrequenz an.

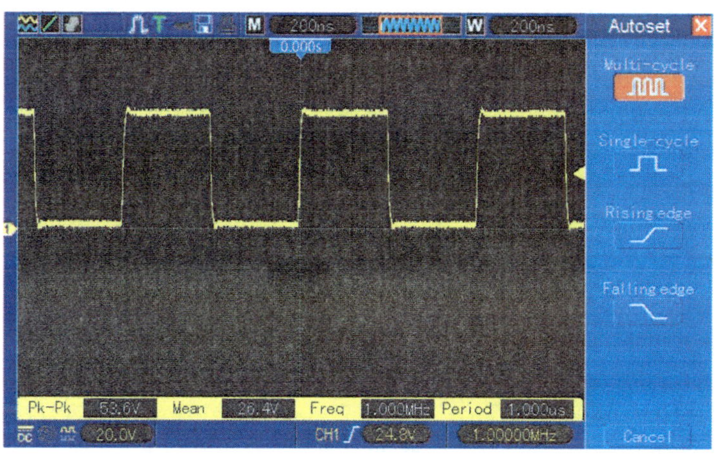

Abbildung 200 - Die Taktfrequenz der CPU von 1 MHz in einem Oszillogramm

Ich möchte mit einem sehr einfachen Assembler-Programm beginnen, mit dem lediglich erreicht wird, dass PB0 von Port-B toggelt.

```
VIA      = $6000
PORTB    = VIA+0
PORTA    = VIA+1
DDRB     = VIA+2
DDRA     = VIA+3
    org $8000          ; Startadresse
    lda #$ff           ;
    sta DDRB           ; DDRB - Alle als OUTPUT
    lda #0             ; Startwert für Port-B
    sta PORTB          ; Port-B initialisieren
loop:
    inc PORTB          ; Wert von Port-B inkrementieren
    dec PORTB          ; Wert von Port-B dekrementieren
    jmp loop           ; Springe zu loop
    org $fffc     ; Startadresse des Reset-Vektors
    word $8000    ; Startadresse des Programms
    word $0000    ; zwei Füll-Bytes
```

Abbildung 201 - Das Assembler-Programm für das Toggeln eines Bits an Port-B (delay001.asm)

Ich denke, dass ich nicht näher auf das Programm eingehen muss. Es bewirkt, dass an Pin PB0 von Port-B im Wechsel LOW- und HIGH-Pegel anliegen. Ich habe das mit dem Scope wieder aufgenommen, was dann wie folgt ausschaut.

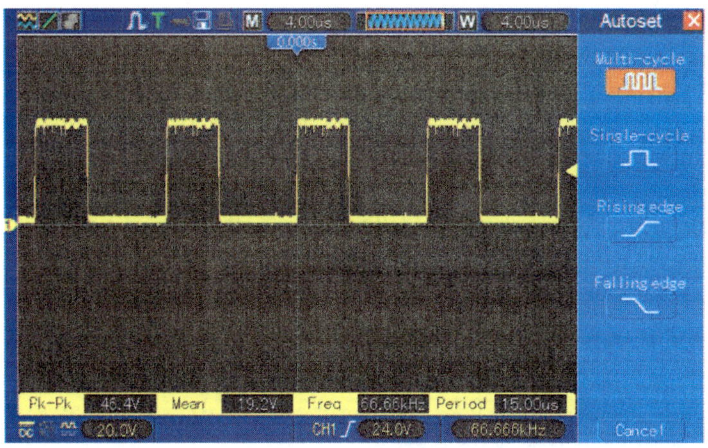

Abbildung 202 - Die Taktfrequenz von 66,66 KHz an PB0 in einem Oszillogramm

Es ist zu erkennen, dass hier eine Taktfrequenz von 66,66 KHz - ein teuflischer Wert - gemessen werden, was im Scope-Diagramm rechts unten zu sehen ist. Warum wird hier nicht die Taktfrequenz der CPU gemessen, denn sie wird doch mit 1MHz betrieben? Die Antwort sollte klar sein, denn jeder OP-Code benötigt eine bestimmte Zeit für die Abarbeitung. Angenommen, dass diese Frequenz immer noch zu hoch ist, dann ist es möglich, die schon angesprochenen nop-OP-Codes hintereinander auszuführen. Nun kann man das recht einfach machen, in dem diese hintereinander platziert werden.

```
    ...
    nop
    nop
    nop
    nop
    ...
```

Doch das ist eine recht mühsame und nicht gern gesehene Praxis, die zwar für ein oder zwei nop' s ok ist, doch wenn es zum Beispiel 255 sein sollen, dann ist es wirklich besser, man packt diese in eine Schleife, wie ich das im folgenden Assembler-Programm gemacht habe.

```
1  VIA     = $6000
2  PORTB   = VIA+0
3  PORTA   = VIA+1
4  DDRB    = VIA+2
5  DDRA    = VIA+3
6  NOPS    = $ff     ; Anzahl auszuführender nops
7      org $8000     ; Startadresse
8      lda #$ff      ;
9      sta DDRB      ; DDRB - Alle als OUTPUT
10     lda #0        ; 0 für Port-B initialisieren
11 loop:
12     inc PORTB     ; Wert von Port-B inkrementieren
13     jsr delay     ; Unterprogramm delay aufrufen
14     dec PORTB     ; Wert von Port-B dekrementieren
15     jsr delay     ; Unterprogramm delay aufrufen
16     jmp loop      ; Springe zu loop
17 delay:
18     ldx #NOPS     ; Lade Wert für Anzahl nops
19 loop2:
20     nop           ; Tue nichts
21     dex           ; Dekrementiere X-Register
22     bne loop2     ; Wenn 0 noch nicht erreicht, nochmal
23     rts           ; Rücksprung aus Unterprogramm
24     org $fffc     ; Startadresse des Reset-Vektors
25     word $8000    ; Startadresse des Programms
26     word $0000    ; zwei Füll-Bytes
```

Abbildung 203 - Assembler-Programm für erweitertes Delay (delay002.asm)

In Zeile 6 wird ein Wert über ein Symbol definiert, der festlegt, wie oft später innerhalb einer Schleife die *nop*-Anweisung ausgeführt werden soll. In den Zeilen 13 und 15 kommt es nach dem Pegelwechsel an PB0 von Port-B jeweils zu einem Aufruf eines Unterprogramms, das ab Zeile 17 definiert und über eine Schleife unter Zuhilfenahme des X-Registers realisiert wurde. Es wird vom in Zeile 6 definierten Startwert runtergezählt und erst, wenn der Wert 0 erreicht wurde, erfolgt ein Rücksprung über Zeile 23 aus dem Unterprogramm. Schauen wir uns dazu das entsprechende Oszillogramm an, bei dem zu erkennen ist, dass die Taktfrequenz auf ungefähr 277 Hz gesunken ist.

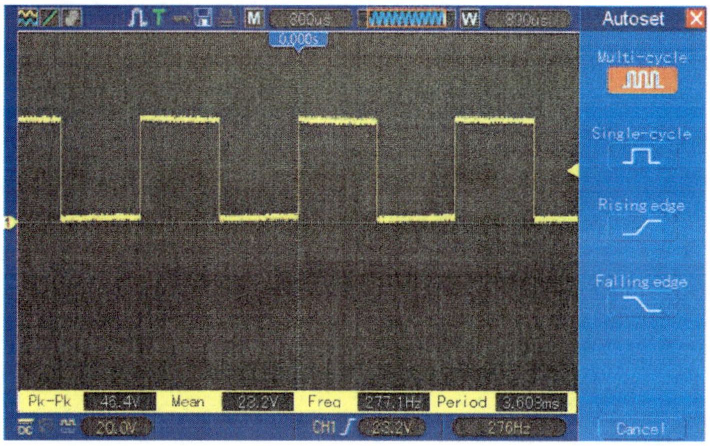

Abbildung 204 - Die Taktfrequenz von 277 Hz an PB0 in einem Oszillogramm

Ich rate hier einmal mit unterschiedlichen Werten für das Aufrufen der nop' s zu experimentieren. An dieser Stelle muss jedoch betont werden, dass ein derartiger Aufruf eines Unterprogramm zur Realisierung einer Zeitverzögerung zur Taktgenerierung einen entscheidenden Nachteil besitzt. Die CPU ist bei diesem Vorgang exklusiv mit dieser Aufgabe betraut und kann nichts anderes mehr machen, was für eventuell anstehende weitere Aufgaben wirklich schlecht ist. Man müsste also irgendwie einen Taktgenerator haben, der diese Aufgabe exklusiv übernimmt. Gibt es so etwas? Nun, blöde Frage und wir haben einen derartigen Baustein quasi schon mit an Bord! Es handelt sich um den VIA-Baustein 65c22, der recht vielseitig ist. Dieser Baustein besitzt intern zwei unabhängige Timer, auf die ich jetzt ein wenig eingehen werde.

Die internen Timer des VIA

An dieser Stelle muss ich vorausschicken, dass das folgende Kapitel einiges an Vorarbeit benötigt, denn es sind einige Tabellen und Register involviert, damit die Timer arbeiten können. Den VIA-Baustein haben wir zwar schon sehr oft für die Anzeige von Ergebnissen oder zur Eingabe von logischen Pegeln verwendet, doch nun ist es erforderlich, ein wenig tiefer auf die innere Struktur einzugehen.

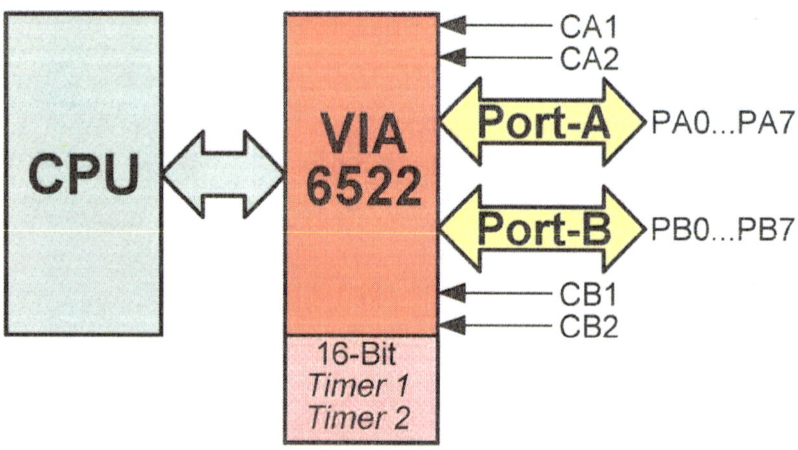

Abbildung 205 - Der interne Aufbau des VIA-6522

Auf der Abbildung ist im unteren Teil ein Bereich zu sehen, in dem zwei Timer (Timer 1 und Timer 2) mit einer Breite von 16-Bits zu sehen sind. Diese können zahlreiche Funktion wahrnehmen, wie zum Beispiel die Generierung von Rechteck-Impulsen am Ausgang PB7 von Port-B oder auch Impulsweitenmessung oder Impulszählung. Ich möchte mich aber auf ein Thema beschränken und das wären genau die Timer, also Zähler. Heutzutage gibt es in diversen Bausteinen beziehungsweise Mikrocontrollern oder auch im Arduino interne Timer, bei denen zum Beispiel die Teil- oder Zählgeschwindigkeit verändert werden können. Auf diese Weise kann dann individuell Einfluss auf die generierte Taktfrequenz genommen werden. Beim 6522 ist das nicht der Fall. Die beiden Timer T1 und T2 besitzen einen 16-Bit breiten Zähler, der von einem einstellbaren Startwert immer je Taktzyklus der CPU um den Wert 1 herunterzählt. Beim Erreichen des Nullwertes kommt es nach entsprechender Konfiguration zur Auslösung eines internen Interrupts, der sich zum Beispiel in einem *IFR* (Interrupt-Flag-Register) zu erkennen gibt. Zusätzlich besitzt der 6522 noch einen IRQ-Pin, der LOW-aktiv ist. Das Ausgangssignal IRQB ist immer dann logisch 0, wenn ein internes Interrupt-Flag-Bit auf logisch 1 gesetzt ist und das entsprechende Interrupt-Enable-Bit logisch 1 ist. Der IRQB-Ausgang ist ein vollständiger Ausgangstreiber, der sowohl logische 1 und logische 0-Pegel ausgibt.

Timer 1 im Continuous-Mode

Im anstehenden Experiment möchte ich erreichen, dass eine bestimmte Frequenz durch Timer T1 generiert wird und diese fortlaufend an einem Ausgangs-Pin eines Ports des 6522 abzugreifen ist. Das bedeutet, dass nicht ständig ein laufendes Assembler-Programm der 6502-CPU die Generierung eines Rechteckimpulses überwacht beziehungsweise beeinflusst. Der 6522-Baustein kann das ganz alleine ohne weiteres Zutun. Natürlich ist zuvor ein kleines Assembler-Programm erforderlich, denn der VIA-Baustein muss ja in irgendeiner Weise konfiguriert werde. Doch wenn das abgeschlossen ist, läuft alles quasi von alleine. Diese Konfiguration erfolgt durch die Beeinflussung verschiedener Register des 6522, wovon wir ja schon einige zur Port-Konfiguration kennengelernt haben. Jetzt kommen ein paar neue hinzu, die ich in der folgenden Tabelle mit Ansprechadresse und Namen nenne.

Register-Nummer	Adresse-Name	Beschreibung
$04	T1CL	Timer 1 Counter LOW
$05	T1CH	Timer 1 Counter HIGH
$0b	ACR	Access Control Register
$0d	IFR	Interrupt Flag Register

Tabelle 5 - VIA-Timer-Register

Diese vier Register besitzen die in der linken Spalte gezeigten Nummern, die natürlich, wie wir das schon gemacht haben, zur Startadresse des VIA-Bausteins hinzuaddiert werden müssen. In meinem Fall ist das ja die Startadresse $6000, was klar sein sollte. Wenn es um einen Timer geht, dann soll er - wie der Name vermuten lässt - etwas zählen. Er arbeitet in der Regel auf eine Weise, dass er mit einem bestimmten Anfangswert geladen wird, dann herunterzählt und beim Erreichen der unteren Grenze ein Ereignis in Form eines Interrupts ausgelöst wird. Das kann sehr vereinfacht wie folgt ausschauen, wobei eine Dekrementierung des Wertes 7 nach 0 erfolgt.

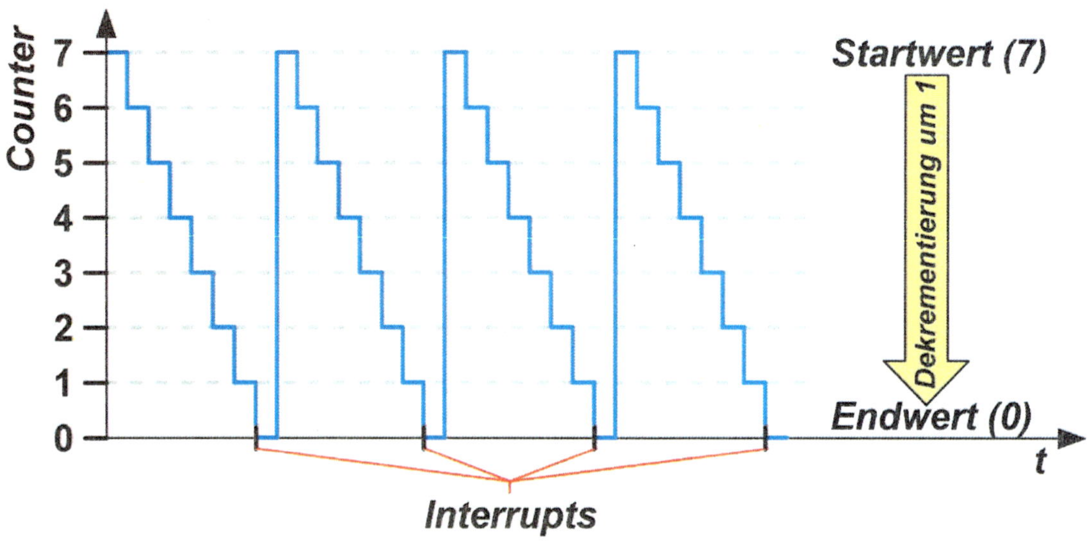

Abbildung 206 - Die Arbeitsweise eines internen Timers des 6522

Wir haben es also mit einem Startwert zu tun, der aber variabel definiert werden kann und da die Speicheradressen für den Start- und den Zählerwert 16-Bit breit sind, können sie Werte zwischen 0 und 65.535 ($0000 bis $FFFF) aufnehmen, was natürlich in je zwei 8-Bit breite Speicheradressen untergebracht ist. Kommt es beim Runterzähen zum Erreichen von Wert 0, wird ein interner Interrupt ausgelöst und ein spezielles Bit in einem Register gesetzt. Danach beginnt das Spiel von vorne. Bevor ich jedoch mit dem Experiment beginne, kommen wir nicht umhin, einen Blick in das schon mehrfach angesprochene Datenblatt des Dokuments *w65c22.pdf* zu werfen. Auf der Seite 8 in der Tabelle 2-1 *W65C22 Memory Map of Internal Registers* ist unter anderem folgendes zu lesen.

Register Number	RS Coding				Register Designation	Description	
	RS3	RS2	RS1	RS0		Write	Read
0	0	0	0	0	ORB/IRB	Output Register "B"	Input Register "B"
1	0	0	0	1	ORA/IRA	Output Register "A"	Input Register "A"
2	0	0	1	0	DDRB	Data Direction Register "B"	
3	0	0	1	1	DDRA	Data Direction Register "A"	
4	0	1	0	0	T1C-L	T1 Low-Order Latches	T1 Low-Order Counter
5	0	1	0	1	T1C-H	T1 High-Order Counter	
6	0	1	1	0	T1L-L	T1 Low-Order Latches	
7	0	1	1	1	T1L-H	T1 High-Order Latches	
8	1	0	0	0	T2C-L	T2 Low-Order Latches	T2 Low-Order Counter
9	1	0	0	1	T2C-H	T2 High-Order Counter	

Abbildung - Memory-Map of Internal Registers für den W65C22 - (Quelle: W65C22 Datasheet)

Ich habe die beiden Timer farblich hervorgehoben, wobei ich Timer *T1* in rot und Timer *T2* in grün farblich hervorgehoben habe. Für das kommende Experiment möchte ich Timer *T1* (T1C-L und T1C-H) nutzen und die korrekten Hardware-Adressen wurden vorher schon in einer Tabelle genannt, sind natürlich hier wieder zu sehen. Da ich meinen VIA-Baustein - ich sagte es schon - ab Adresse *$6000* in das System eingebunden habe, sind die beiden benötigten Adressen wie folgt.

- T1CL: $6004
- T1CH: $6005

Das *C* hinter T1 bedeutet übrigens *Counter*, also Zähler. Des Weiteren ist ein sogenanntes *Auxiliary Register* erforderlich, das für diverse Konfigurationen erforderlich ist, weil *T1* in unterschiedlichen Modes betrieben werden kann. Es ist auf der Seite 16 in der Tabelle 2-8 *Auxiliary Control Register Format and Operation* im gleichen Dokument zu finden. Sehen wir uns das auch einmal an.

Table 2-8 Auxiliary Control Register Format and Operation ($0B)

7	6	5	4	3	2	1	0	ACR
T1 Timer Control		T2 Timer Control	Shift Register Control			PB	PA	

T1 Timer Control

7	6	Operation	PB7
0	0	Timed interrupt each time T1 is loaded	Disabled
0	1	Continuous interrupts	
1	0	Timed interrupt each time T1 is loaded	One shot output
1	1	Continuous interrupts	Square wave output

Abbildung 207 - Auxiliary Control Register für den T1 des W65C22 - (Quelle: W65C22 Datasheet)

Die Frage ist nun, unter welcher Adresse dieses Register anzusprechen ist. Ein Blick in die schon eben gezeigte Tabelle *Memory Map of Internal Registers* liefert die Antwort. Ich habe es hier wieder farblich hervorgehoben.

Register Number	RS Coding				Register Designation	Description	
	RS3	RS2	RS1	RS0		Write	Read
0	0	0	0	0	ORB/IRB	Output Register "B"	Input Register "B"
1	0	0	0	1	ORA/IRA	Output Register "A"	Input Register "A"
2	0	0	1	0	DDRB	Data Direction Register "B"	
					...		
A	1	0	1	0	SR	Shift Register	
B	1	0	1	1	ACR	Auxiliary Control Register	
C	1	1	0	0	PCR	Peripheral Control Register	

Abbildung 208 - Memory-Map of Internal Registers für den W65C22 - (Quelle: W65C22 Datasheet)

Wir sehen, dass die Ansprech-Adresse des *ACR* hier mit *$0B* angegeben ist. Ok, dann fange ich mit der Konfiguration des *T1*-Modes an, der sich wie folgt gestaltet. Dazu müssen wir noch mal einen Blick in die eben gezeigte Tabelle werfen.

Table 2-8 Auxiliary Control Register Format and Operation ($0B)

7	6	5	4	3	2	1	0	ACR
T1 Timer Control		T2 Timer Control	Shift Register Control			PB	PA	

T1 Timer Control

7	6	Operation	PB7
0	0	Timed interrupt each time T1 is loaded	Disabled
0	1	Continuous interrupts	
1	0	Timed interrupt each time T1 is loaded	One shot output
1	1	Continuous interrupts	Square wave output

Abbildung 209 - Auxiliary Control Register für den T1 des W65C22 - (Quelle: W65C22 Datasheet)

Timer T1 kann also im fortlaufenden oder im einmaligen Modus betrieben werden. Der fortlaufende Modus, den ich verwenden möchte, ist in Blau markiert. Bit 6 und 7 müssen also mit dem binären Wert 11 versehen werden, wobei Bit 7 dafür zuständig ist, den PB7-Ausgang für Rechtecksignale freizuschalten. Der Rest wird nicht benötigt, so dass alle restlichen Bits 0 bis 5 mit 000000 versehen werden. Im Endeffekt bedeutet das zur Initialisierung der Adresse $600B mit dem Wert $C0 für den sogenannten *Freerun*. Diese Initialisierung versetzt den Timer beziehungsweise den Counter in den sogenannten *Continous Interrupts-Mode*, was einen fortlaufenden Count-Down-Timer bedeutet. Am Ausgang PB7 von Port-B kann laut Tabelle ein Rechtecksignal (*Square Wave Output*) abgegriffen werden.

In diesem Zusammenhang spielen vier Register, die ich kurz erwähnte, eine entscheidende Rolle. Sie nennen sich *T1-Latch*- und *Timer1*-Counter.

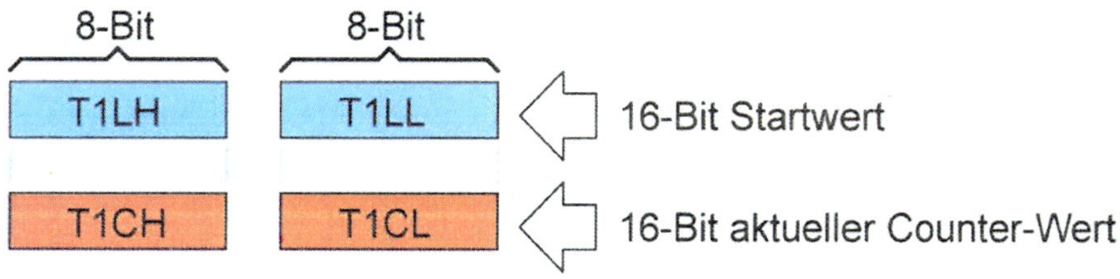

Abbildung 210 - VIA-Timer 1 Counter Register

Bei der Initialisierung der vier Register ist es uns einfach gemacht worden, denn zu Beginn sind ja der 16-Bit Startwert und der 16-Bit Counter-Wert gleich, wobei der obere T1L (T1-Latch) gleichbleibt und der untere T1C (T1-Counter) runterzählt. Es müssen bei der Initialisierung lediglich die unteren Register *T1CH* und *T1CL* mit Initialwerten versehen werden, weil diese lt. Dokumentation automatisch in die oberen *T1LH* und *T1LL* kopiert werden. Im Endeffekt sind für uns die oberen Register T1LH und T1LL uninteressant und man muss sich lediglich um die unteren kümmern. Die Frage ist nun, wann der Timer mit dem Runterzählen anfängt. Laut Datenblatt geht es sofort los, wenn T1CH, also die oberen 8 Bits des Counters mit einem Wert versehen wurden. Das bedeutet natürlich, dass die Reihenfolge der Initialisierung der beiden Register entscheidend ist.

Schritt	**Hintergrund-Aktion**	**Timer**
T1CL initialisieren	T1CL wird nach T1LL kopiert	gestoppt
T1CH initialisieren	T1CH wird nach T1LH kopiert	startet, Count-Down beginnt

Was passiert jetzt eigentlich genau beim Herunterzählen? Ich sprach es schon an, dass beim Erreichen des Wertes 0 im Registerpaar T1CH und T1CL ein Interrupt-Flag gesetzt wird. Wo ist dieses Interrupt-Flag zu finden? Nun, dafür gibt es wieder ein spezielles Register, das wie folgt ausschaut und im Datenblatt auf Seite 26 in Tabelle 2-11 mit der Bezeichnung *IFR* (Interrupt-Flag-Register) zu finden ist.

Table 2-11 Interrupt Flag Register ($0D)

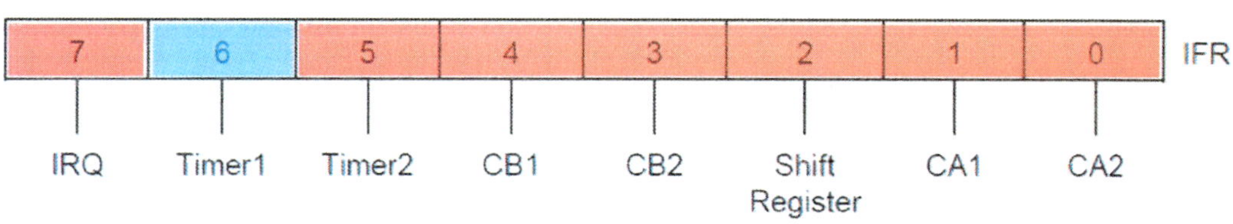

Abbildung 211 - Interrupt-Flag-Register des W65C22 - (Quelle: W65C22 Datasheet)

Ich habe das entsprechende, auf das es ankommt, in Blau markiert. Erreicht Timer *T1* den Wert 0, wird Bit 6 gesetzt. Natürlich ist auch hier wieder die Ansprechadresse wichtig, die in schon bekannter Tabelle *Memory Map of Internal Registers* zu finden ist. Ich habe es hier wieder farblich hervorgehoben.

Register Number	RS Coding				Register Designation	Description	
	RS3	RS2	RS1	RS0		Write	Read
0	0	0	0	0	ORB/IRB	Output Register "B"	Input Register "B"
1	0	0	0	1	ORA/IRA	Output Register "A"	Input Register "A"
2	0	0	1	0	DDRB	Data Direction Register "B"	
					...		
D	1	1	0	1	IFR	Interrupt Flag Register	
E	1	1	1	0	IER	Interrupt Enable Register	
F	1	1	1	1	ORA/IRA	Same as Reg 1 except no "Handshake"	

Abbildung 212 - Memory-Map of Internal Registers für den W65C22 - (Quelle: W65C22 Datasheet)

Für unser Experiment wird das Interrupt-Flag jedoch keine Rolle spielen und ich habe es der Vollständigkeit halber erwähnt. Jetzt wird es ernst, denn ich komme zum Experiment, um ein Rechtecksignal einer bestimmten Frequenz zu generieren. Nachfolgend noch kleiner Exkurs zu *Impulsdauer*, *Periodendauer* und *Frequenz*.

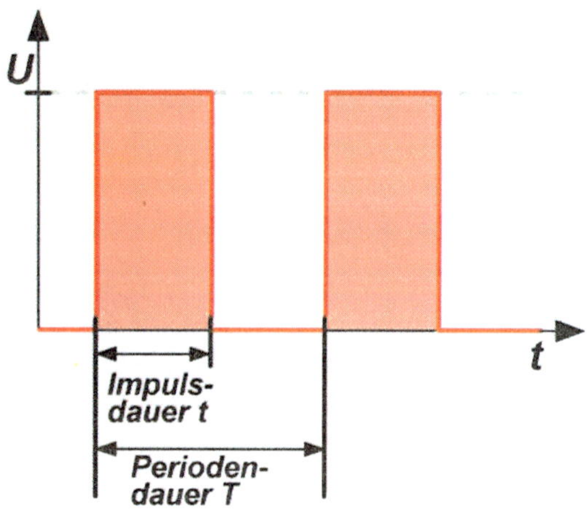

Abbildung 213 - Ein Rechtecksignal

Ein symmetrisches Rechtecksignal (An- Ausverhältnis 50:50) weist innerhalb der Periodendauer T sowohl einen HIGH- und einen LOW-Pegel auf, was zeitlich gesehen Impulsdauer t genannt wird. Folgende Formel kann zur Berechnung des sogenannten *Tastgrades* herangezogen werden.

$$D = \frac{t}{T}$$

Was ist ein Tastgrad?

Der *Tastgrad* (englisch Duty Cycle) gibt für eine periodische Folge von Impulsen das Verhältnis der Impulsdauer t zur Periodendauer T an. Die Verhältniszahl D liegt dann in einem Wertebereich von 0 bis 1 oder prozentual gesehen zwischen 0% und 100%.

Für einen symmetrischen Impuls, bei dem der HIGH- und der LOW-Pegel gleich lang sind, ist ein Tastgrad von D = 0,5 oder 50% gegeben. Angenommen, wir möchten erreichen, dass am Ausgangspin PB7 von Port-B hinsichtlich eines Rechtecksignals ein HIGH-Pegel mit einer zeitlichen Breite von 0,01s vorliegt. Das bedeutet natürlich, dass ein ebenso langer LOW-Pegel vorhanden ist und dementsprechend eine Impulsdauer von 0,02s erreicht ist. Welcher Frequenz *f* entspricht nun einer Periodendauer von 0,02s? Die folgende Formel dient zur Umrechnung.

$$f = \frac{1}{T} = \frac{1}{0{,}02s} = 50Hz$$

Um diese 50 Hz an PB7 zu generieren, muss natürlich der CPU-Takt berücksichtigt werden, der ja bekanntlich 1 MHz beträgt und zeitlich gesehen einer Periodendauer *T* von 1µs entspricht.

$$T = \frac{1}{f} = \frac{1}{1.000.000Hz} = 1 \cdot 10^{-6}\, s = 1\mu s$$

Um den Timer *T1* mit dem korrekten Startwert zu initialisieren, muss lediglich die Impulsdauer *t* von 0,01s (entsprechen 10.000µs) mit der Geschwindigkeit der CPU in MHz multipliziert werden.

$$10.000[in\ \mu s] \cdot 1.0[in\ MHz] = 10.000$$

Der Wert 10.000 muss natürlich für die spätere Initialisierung der Register in einen hexadezimalen Wert gewandelt werden, was wie folgt ausschaut.

10.000_{10} = \$2710

Nun wissen wir, dass es erforderlich ist die Angabe des Startwertes in Form von LOW- und HIGH-Byte dem System zu übergeben, was die Sache recht einfach macht, denn diese sind unmittelbar abzulesen.

Jetzt kann es also endlich losgehen, wobei ich meinem Assembler-Code die neuen Register-Definitionen zu Beginn hinzugefügt habe.

```
 1 VIA      = $6000
 2 PORTB    = VIA+0
 3 PORTA    = VIA+1
 4 DDRB     = VIA+2
 5 DDRA     = VIA+3
 6 T1CL     = VIA+$04 ; Timer 1 Counter LOW
 7 T1CH     = VIA+$05 ; Timer 1 Counter HIGH
 8 ACR      = VIA+$0b ; Auxiliary Control Register
 9 IFR      = VIA+$0d ; Interrupt Flag Register
10 IER      = VIA+$0e ; Interrupt Enable Register
11     org $8000          ; Startadresse
12     lda #$80           ; PB7 OUTPUT
13     sta DDRB           ; DDRB - Init PB7
14     lda #$c0           ; ACR Freerun
15     sta ACR            ; Init T1 Freerun
16     ; f=50 Hz -> T=0,02ms -> t=0,01ms -> 10000 -> $2710
17     lda #$10           ; Timervorgabe LOW
18     sta T1CL           ; Init T1 LOW-Byte Latch
19     lda #$27           ; Timervorgabe HIGH
20     sta T1CH           ; Init T1 HIGH-Byte Latch
21 loop:
22     jmp loop           ; Springe zu loop
23     org $fffc    ; Startadresse des Reset-Vektors
24     word $8000   ; Startadresse des Programms
25     word $0000   ; zwei Füll-Bytes
```

Abbildung 214 - Assemblerprogramm für Timer 1 (timerT1_001.asm)

Da nur PB7 als OUTPUT an Port-B genutzt wird, habe ich auch nur den binären Wert 10000000_2 (\$80) zur Initialisierung in den Zeilen 11 und 12 verwendet. Der Wert *\$C0* in Zeile 13 bereitet die Initialisierung des Access-Control-Registers vor, das ja im *Continuous Interrupts-Modus* laufen soll (siehe Tabelle T1 Timer Control). Der Startwert für Timer T1 wird über LOW- und HIGH-Byte in den Zeilen 16 bis 19 an die Register T1CL und T1CH übertragen und genau dann, wenn das HIGH-Byte gesetzt wurde, beginnt der Zähler mit seiner Arbeit. Auf der folgenden Abbildung ist das entsprechende Oszillogramm zu sehen. Der Ausgang PB7 schaltet am Ende jedes Countdowns beim Erreichen des Nulldurchgangs um – er toggelt – und erzeugt resultierend eine Rechteckwelle.

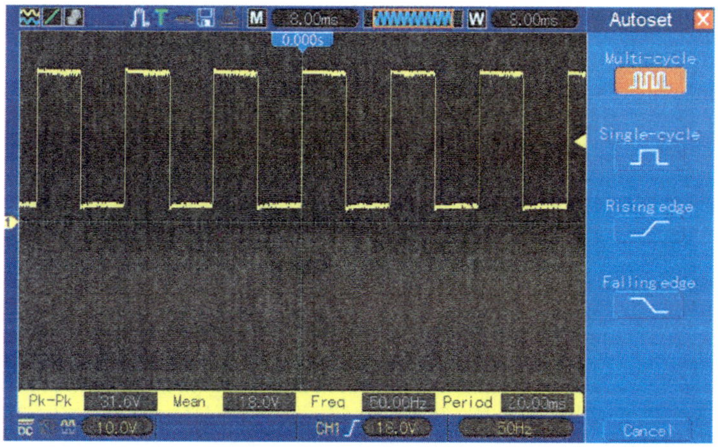

Abbildung 215 - Die Taktfrequenz von genau 50 Hz an PB7 in einem Oszillogramm

Die Frequenzanzeige von 50 Hz im Oszillogramm bestätigt die errechneten Werte für LOW- und HIGH-Byte. Ich denke, es sollten weitere Experimente mit anderen Frequenzwerten unternommen werden. Das interessante ist ja, dass sich das Assembler-Programm in den Zeilen 20 und 21 in einer Endlosschleife befindet und eigentlich nichts macht und der VIA-Baustein völlig selbstständig seine Arbeit zur Frequenzgenerierung verrichtet. Natürlich darf der Schaltplan dazu nicht fehlen, den ich jetzt noch liefere. Der Abgriff an PB7 sollte nicht direkt, sondern über den schon mehrfach benutzten Buffer 74HC244 erfolgen.

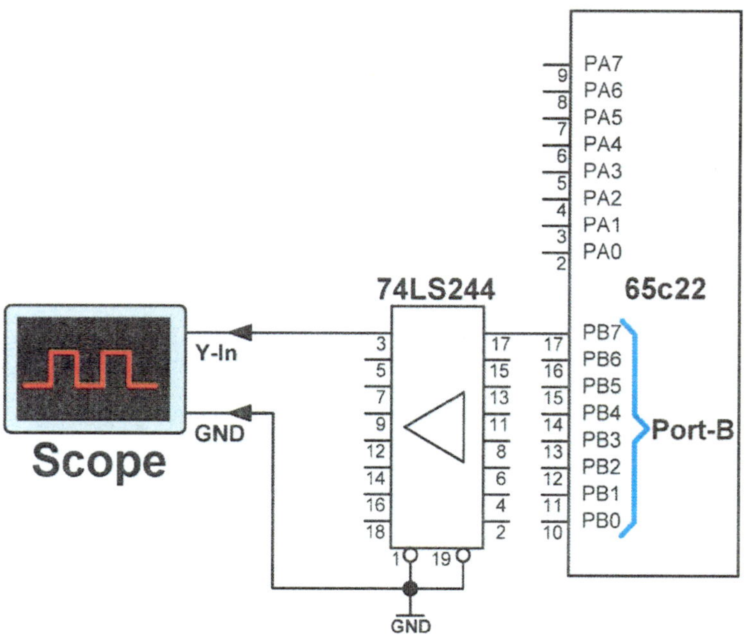

Abbildung 216 - Der Schaltplan zur Anzeige des Rechtecksignals auf einen Scope

Abschließend noch ein kleines Beispiel für die Generierung einer Frequenz von 5 KHz, also 5000 Hz. Die Periodendauer beträgt

$$T = \frac{1}{f} = \frac{1}{5.000Hz} = 200 \cdot 10^{-6}\, s = 200\mu s$$

Somit ist die Impulsdauer, die wir letztendlich benötigen wie folgt zu berechnen

$$t = D \cdot T = 0{,}5 \cdot 200\mu s = 100\mu s$$

Der Wert für die beiden Register *T1CL* und *T1CH* lautet dann

$$100\ [in\ \mu s] \cdot 1.000.000 = 100$$

Das bedeutet wiederum: 100_{10} => \$0064 => T1CL = \$64 und T1CH = \$00.

Wenn wir uns fragen, welche denn die niedrigste Frequenz sein kann, die mit dem Timer generiert werden kann, so ist das ganz einfach zu berechnen. Der maximale Wert für beide Timer-Register *T1CL* und *T1CH* ist natürlich \$FFFF, was einem Dezimalwert von 65. 535 entspricht. Nun muss dieser Wert zurückgerechnet werden. Also zuerst verdoppeln und dann den reziproken Wert (Kehrwert) ermitteln.

$$65.535 \cdot 2 = 131.070 \Rightarrow \frac{1}{131.070} = 7{,}62\,Hz$$

Die niedrigste Frequenz beträgt also 7, 62 Hz. Wie schaut es denn mit der oberen Grenzfrequenz des Timers aus? Ausprobieren!

Timer 1 mit IRQ-Monitoring

Im nachfolgenden Experiment möchte ich den auftretenden Interrupt beim Timer-Count-Down in einem Logic-Analyzer sichtbar machen. Der 6522 besitzt dazu einen entsprechenden Ausgang Pin 21 - nicht Eingang! - der dazu genutzt werden kann. Doch bevor es losgehen kann, muss dazu etwas berücksichtigt werden, denn ohne die Konfiguration eines bestimmten Registers reagiert der LOW-aktive IRQ-Ausgang, nicht. das Interrupt-Enable-Register *IER* muss dazu mit einem entsprechenden Wert versehen werden und ich habe die beiden Bits 6 und 7 schon farblich in Rot hervorgehoben. Genauere Informationen sind im 6522-Datenblatt auf Seite 27 zu finden.

Table 2-12 Interrupt Enable Register (\$0E)

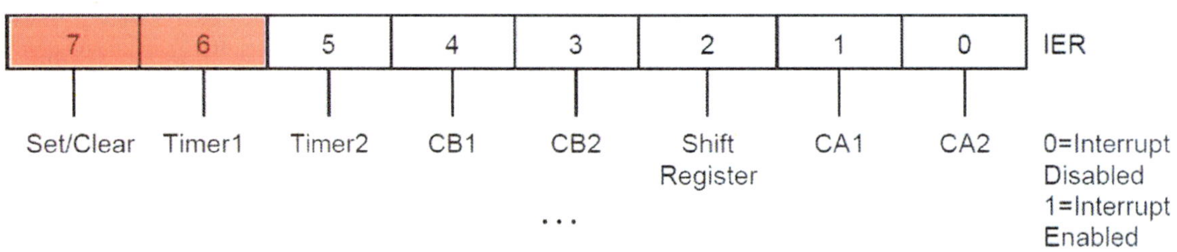

Abbildung 217 - Interrupt-Enable-Register des W65C22 - (Quelle: W65C22 Datasheet)

Wenn Bit 6 und 7 gesetzt sind, bedeutet das einen hexadezimalen Wert von \$C0. Nachfolgend ist das entsprechende Assembler-Programm zu sehen.

```
VIA     = $6000
PORTB   = VIA+0
PORTA   = VIA+1
DDRB    = VIA+2
DDRA    = VIA+3
T1CL    = VIA+$04 ; Timer 1 Counter LOW
T1CH    = VIA+$05 ; Timer 1 Counter HIGH
ACR     = VIA+$0b ; Auxiliary Control Register
IFR     = VIA+$0d ; Interrupt Flag Register
IER     = VIA+$0e ; Interrupt Enable Register
    org $8000          ; Startadresse
    lda #$80           ; PB7 OUTPUT
    sta DDRB           ; DDRB - Init PB7
    lda #$c0           ; ACR Freerun
    sta ACR            ; Init T1 Freerun
    sta IER            ; Enable Interrupt für T1
    ; 7,6 Hz -> 65535 -> $ffff
    lda #$ff           ; Timervorgabe LOW
    sta T1CL           ; Init T1 LOW-Byte Latch
    lda #$ff           ; Timervorgabe HIGH
    sta T1CH           ; Init T1 HIGH-Byte Latch
loop:
    jmp loop           ; Springe zu loop
    org $fffc    ; Startadresse des Reset-Vektors
    word $8000   ; Startadresse des Programms
    word $0000   ; zwei Füll-Bytes
```

Abbildung 218 - Assembler-Programm für Timer-IRQ (timerT1IRQ_001.asm)

Nun schauen wir uns das Ergebnis in einem Logic-Analyzer an, wobei im oberen Kanal der Ausgang PB7 und im unteren Kanal der IRQ-Ausgang Pin 21 zu sehen ist.

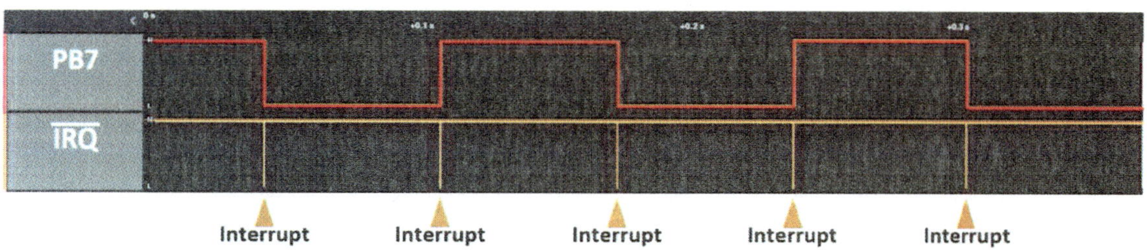

Abbildung 219 - PB7- und IRQ-Signal im Logic-Analyzer

Es ist sehr gut zu erkennen, dass jedes Mal das IRQ-Signal wird am Ende jedes Count-Downs kurzzeitig auf einen LOW-Pegel gesetzt. Das PB7-Signal schaltet am Ende jedes Count-Downs ebenfalls um und erzeugt darüber das schon gezeigte Rechtecksignal.

Die Anzeige über das LC-Display

Im ersten Teil meiner Reihe habe ich ha schon das LC-Display gesprochen. Jetzt möchte ich das Thema wieder aufgreifen und eine Verbesserung vornehmen, denn bei einer Taktfrequenz von 1 MHz funktioniert das LC-Display nicht mehr. Das bedeutet nicht, dass es kaputt ist, sondern, dass aufgrund der recht hohen Verarbeitungsgeschwindigkeit dem Display eine adäquate Pause eingeräumt werden muss, um seine Arbeit zu Ende zu bringen. Es wird also etwas an das Display vom 6522 versendet und dann muss eine Rückmeldung seitens des Displays erfolgen, wann der nächste Schub an Daten entgegengenommen werden kann. Es handelt sich also um eine Art Busy-Flag, was ausgewertet werden muss. Dazu gleich mehr. Vorher werde den Code aus dem ersten Teil etwas modifizieren und zwei Unterprogramm hinzufügen. Wir unterscheiden beim Versenden von Informationen an das LC-Display zwischen *Kommandos*, die das Display konfigurieren und den eigentlichen *Daten* beziehungsweise Zeichen, die angezeigt werden sollen. Ich habe dazu zwei Unterprogramm erstellt, die diese Aufgabe übernehmen.

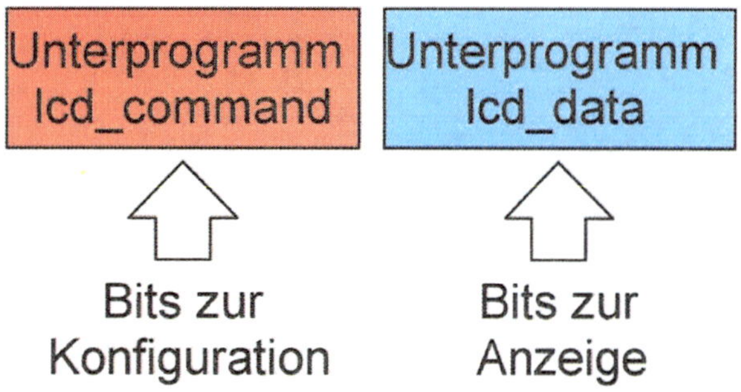

Abbildung 220 - Zwei Unterprogramm zur Steuerung des LC-Displays

Um ein bisschen flexibel zu sein, benutze ich ab jetzt den Vasm-Assembler, den ich zu Beginn erwähnte und über ein Skript in das Notepad++ eingebunden wurde. Die Syntax ist an einigen Stellen etwas anders. Es wird also bei einer Zuweisung bei den Symbolen nicht mehr die Direktive *EQU* verwendet, sondern einfach ein Gleichheitszeichen.

Das Unterprogramm zur LCD-Konfiguration

Zur Konfiguration des LC-Display gehören ja bekanntlich Aspekte wie zum Beispiel

- Display an / aus
- Display Cursor an / aus
- Display Zeichensatz

Folgende Schritte sind dann in dieser Reihenfolge erforderlich.

- Konfigurations-Bit-Kombination in den Akku laden
- Unterprogramm *lcd_command* aufrufen

Hier nun das entsprechende Unterprogramm *lcd_command*, das schon zu Beginn den Aufruf eines weiteren Unterprogramms in Zeile 61 enthält, dass das besagte Busy-Flag abfragt. Es soll an dieser Stelle erst einmal übersprungen werden, denn die Erklärung dazu erfolgt später und stellt kein Problem dar.

```
59 ; Kommandos ausführen
60 lcd_command:
61    jsr lcd_wait     ; Warten
62    sta PORTB        ; Bitkombination an Port-B anlegen
63    lda #E           ; Enable-Bit setzen
64    sta PORTA        ; An Port-A versenden
65    lda #0           ; Enable-Bit löschen
66    sta PORTA        ; An Port-A versenden
67    rts              ; Unterprogramm verlassen
```

Abbildung 221 - Unterprogramm lcd_command

Die zur Konfiguration erforderliche Bit-Kombination in Form eines Bytes wird am Anfang in Zeile 62 an Port-B versendet. Jetzt erfolgt über Port-A der entsprechende Pegelwechsel LOW-HIGH-LOW des Enable-Bits und das Unterprogramm wird über Zeile 67 mit einem *rts*-Befehl verlassen. Also Beispiel zur Konfiguration wären die folgenden Zeilen möglich.

```
18    lda #%00111000  ; 8-Bit mode; 2-line display; 5x8 font
19    jsr lcd_command ; Kommando absetzen
```

Das Unterprogramm zur LCD-Zeichenanzeige

Zur Anzeige von Zeichen im LC-Display wird das Unterprogramm *lcd_data* aufgerufen.

```
68 ; Daten bzw. Zeichen anzeigen
69 lcd_data:
70    jsr lcd_wait     ; Warten
71    sta PORTB        ; Bitkombination an Port-B anlegen
72    lda #(E|RS)      ; Enable- und RS-Bit setzen
73    sta PORTA        ; An Port-A versenden
74    lda #RS          ; Enable-Bit löschen
75    sta PORTA        ; An Port-A versenden
76    rts              ; Unterprogramm verlassen
```

Abbildung 222 - Unterprogramm lcd_data

Auch hier ist der Aufruf des Unterprogramms in Zeile 70 zu sehen, die das besagte Busy-Flag abfragt. Um den Aufruf flexibel zu gestalten, wird eine anzuzeigende Zeichenkette in der folgenden Form im Assembler-Programm definiert und im Speicher abgelegt. Nun ist das mit der Speicherung so eine Sache, denn eine Zeichenkette sollte ja einen Anfang und ein Ende besitzen. Der Anfang stellt da kein Problem dar, doch beim Ende ist etwas problematisch. Würde man zum Beispiel die Zeichenkette über die folgende Schreibweise definieren

```
39 message:
40    byte "Hello, 6502"
```

dann sähe das im Hexdump wie folgt aus.

```
000000  a2 ff 9a a9 ff 8d 02 60 a9 e0 8d 03 60 a9 38 20  .......`....`.8
000010  5b 80 a9 0e 20 5b 80 a9 06 20 5b 80 a9 01 20 5b  [... [... [... [
000020  80 a2 00 bd 32 80 f0 07 20 6c 80 e8 4c 23 80 4c  ....2... l..L#.L
000030  2f 80 48 65 6c 6c 6f 2c 20 36 35 30 32 48 a9 00  /.Hello, 6502H..
000040  8d 02 60 a9 c0 8d 01 60 ad 00 60 29 80 d0 f4 a9  ..`....`..`)....
000050  40 8d 01 60 a9 ff 8d 02 60 68 60 20 3d 80 8d 00  @..`....`h` =...
000060  60 a9 80 8d 01 60 a9 00 8d 01 60 60 20 3d 80 8d  `....`....`` =..
000070  00 60 a9 a0 8d 01 60 a9 20 8d 01 60 60 00 00 00  .`....`. ..``...
```

Abbildung 223 - Hexdump der LCD-Binärdatei

Sehen wir uns die betreffende Zeile mit dem Text genauer an. Die Werte, die dort zu sehen sind, entsprechen denen der ASCII-Tabelle und ich habe die Hex-Werte in die entsprechenden Buchstaben übersetzt und unterhalb angeordnet.

```
000030  2f 80 48 65 6c 6c 6f 2c 20 36 35 30 32 48 a9 00  /.Hello, 6502H..
```

H e l l o , SP 6 5 0 2 H ? ?

Hinter dem letzten Zeichen *2* (von 6502) befindet sich nun ein weiterer Buchstabe, der nicht Teil der Zeichenkette „Hello, 6502 " ist. Bei der Auswertung über das später ausgerufene Unterprogramm zur Anzeige der Zeichen führt das dazu, dass das Ende der Zeichenkette nicht erkannt wird, da auf den Wert *Null* (nicht 0!) gewartet wird, der diese quasi beendet. Bei diesem Wert handelt es sich um ein Steuerzeichen und nicht um den ASCII-Wert 0. Es kommt in der Anzeige des LCD zu wirren Zeichenfolgen hinter der eigentlichen Zeichenkette.

Abbildung 224 - LC-Display mit nicht ganz korrekter Anzeige

Nun kann man umständlich per Hand eine 0 anhängen, doch es geht auch einfacher, in dem man eine entsprechende ASCII-Direktive nutzt, wie das nachfolgend zu sehen ist.

```
message:
    asciiz "Hello, 6502"
```

Diese Direktive nennt sich *ascii* mit einem angehängten *z*, was für Zero, also Null steht. Man spricht von einer *null-terminierten* Zeichenkette. Im Hexdump schaut das nun wie folgt aus.

```
000030  2f 80 48 65 6c 6c 6f 2c 20 36 35 30 32 00 48 a9  /.Hello, 6502.H.
```

H e l l o , SP 6 5 0 2 NULL H ?

Es ist zu erkennen, dass sich hinter der 2 jetzt der Hex-Wert $00 befindet, der für das Steuerzeichen *Null* steht. Die Routine erkennt dieses und beendet korrekt die Darstellung der Zeichenkette.

Abbildung 225 - LC-Display mit korrekter Anzeige

Das Unterprogramm für das Busy-Flag

Komen wir letztendlich zur Lösung des Problems mit dem Umstand, dass die 6502-CPU solange mit dem Versenden weiterer Informationen an das LC-Display wartet, wie das noch intern mit Aufgaben beschäftigt ist. Hilfreiche Informationen dazu finden sich im Datenblatt *HD44780.pdf* des LC-Displays auf Seite 9 und in Tabelle 1 (Register Selection). Dort steht hinsichtlich des Busy-Flags (BF), dass wenn das Busy-Flag 1 ist, sich der HD44780-Controller im internen Betriebsmodus befindet und der nächste Befehl nicht ausgeführt beziehungsweise nicht akzeptiert wird. Um diesen Zustand abzufragen, müssen die Register RS = 0 und R/W = 1 sein. Dann wird das Ergebnis in Form des Busy-Flags an DB7 ausgegeben. Der nächste Befehl muss geschrieben werden, nachdem sichergestellt wurde, dass das Busy-Flag 0 ist. Hier ist besagte Tabelle 1 zu sehen.

Table 1 Register Selection

RS	R/$\overline{W}$	Operation
0	0	IR write as an internal operation (display clear, etc.)
0	1	Read busy flag (DB7) and address counter (DB0 to DB6)
1	0	DR write as an internal operation (DR to DDRAM or CGRAM)
1	1	DR read as an internal operation (DDRAM or CGRAM to DR)

Abbildung 226 - Register Selection des LC-Displays - (Quelle: HD4470 Datasheet)

Die Umsetzung der entsprechenden Routine schaut dann wie folgt aus.

```
41  ; Busy-Unterprogramm
42  lcd_wait:
43    pha              ; Akku auf Stack sichern
44    lda #%00000000   ; Port B ist komplett INPUT
45    sta DDRB         ; Port-B konfigurieren
46  lcd_busy:
47    lda #(E|RW)      ; E = H, RW=H, RS=0
48    sta PORTA        ; An Port-A senden
49    lda PORTB        ; Port-B abfragen
50    and #%10000000   ; PB7 maskieren
51    bne lcd_busy     ; Solange Busy -> loop lcd_busy
52    lda #RW          ; Einen erforderlichen Befehl versenden
53    sta PORTA        ; Versenden an Port-A
54    ; Port-B zurückkonfigurieren
55    lda #%11111111   ; Port B ist komplett OUTPUT
56    sta DDRB         ; Port-B konfigurieren
57    pla              ; Akku vom Stack zuückholen
58    rts              ; Unterprogramm verlassen
```

Abbildung 227 - Unterprogramm lcd_wait

Vorab muss berücksichtigt werden, dass vor dem Aufruf dieses Unterprogramm der Akku quasi aus dem Hauptprogramm mit wichtigen Daten versehen wurde, die auch später noch zur Verfügung stehen müssen. Innerhalb des Unterprogramms *lcd_wait* kommt es wiederum zum Initialisieren des Akkus mit neuen Werten, die für das Unterprogramm relevant sind. Der eigentliche Akku-Inhalt aus dem Hauptprogramm wird also überschrieben, was bei komplexen Programmen zu Abstürzen führt oder sich ein unerwünschtes Verhalten zeigt. Die Rettung liefert der Stack! Vor der Abarbeitung des Assembler-Codes innerhalb des Unterprogramms wird der Akku-Inhalt in Zeile 43 mit der *pha*-Anweisung (Push-Akku-To-Stack) auf den Stack gesichert und vor dem Verlassen des Unterprogramms in Zeile 57 über die *pla*-Anweisung (Pull-Akku-From-Stack) wieder zurück in den Akku geladen, so dass er seinen vorherigen Wert wieder besitzt.

Doch nun zum Unterprogramm. Port-B ist aus dem Hauptprogramm komplett als *OUTPUT* konfiguriert worden, denn von dort werden ja unter anderem die Informationen an das LC-Display versendet. Für die Abfrage des Busy-Flags wird jetzt kurzzeitig PB7 verwendet, denn das LC-Display versendet ja diesen Pin laut Datenblatt, um die Busy-Information an den 6522 zu versenden. Aus diesem Grund werden kurzerhand alle Pins von Port-B als *INPUT* umkonfiguriert, damit an PB7 der Pegel des Busy-Flags ausgewertet werden kann, was in den Zeilen 44 und 45 erfolgt. Die Grundvoraussetzung für dieses Verhalten ist aber das Setzen der Register RS mit 0 und R/W mit 1. Dies geschieht in den Zeilen 47 und 48. Unmittelbar darauf erfolgt die Abfrage von Port-B, der in den Akku geladen wird, denn der Pegel von PB7 muss überprüft werden. Über die *and*-Anweisung in Zeile 50 wird Bit 7 - also PB7 - maskiert. Die *bne*-Anweisung in Zeile 50 schickt die Verarbeitung in einer Schleife solange zurück zu Zeile 47, wie das Ergebnis - Branch-Not-Equal-to-Zero - wahr ist. Erst, wenn das Busy-Flag gelöscht wurde, geht es mit Zeile 52 weiter. Kurz vor dem Verlassen des Unterprogramms muss natürlich Port-B komplett wieder als *OUTPUT* auf den vorherigen Konfigurationsstand gebracht werden, was in den Zeilen 55 und 56 erfolgt. Nachfolgend ist das Assembler-Programm zusammenhängend mit den entsprechenden Erklärungen zu sehen.

Teil 1: Initialisierung Ports

In den Zeilen 11 und 12 wird der Stack auf *$FF* initialisiert, weil man nach einem Reset der CPU nie genau vorhersehen kann, mit welchem Wert der Stack-Pointer versehen ist.

```
1   VIA     = $6000
2   PORTB   = VIA+0
3   PORTA   = VIA+1
4   DDRB    = VIA+2
5   DDRA    = VIA+3
6   E       = %10000000 ; Enable-Bit
7   RW      = %01000000 ; Read/Write-Bit
8   RS      = %00100000 ; Register-Selector-Bit
9      org $8000
10  start:
11    ldx #$ff          ; Stack-Wert $ff
12    txs               ; Stack-Init durch X-Register
13    lda #%11111111 ; Alle Pins OUTPUT - Port-B
14    sta DDRB
15    lda #%11100000 ; Top 3 Pins OUTPUT - Port-A
16    sta DDRA
```

Abbildung 228 - Assembler-Programm LC-Display - Teil 1 (lcd-anzeige_busy001.asm)

Teil 2: Initialisierung Display

Hier werden alle Vorbereitungen zur Anzeige des LC-Displays getroffen und das X-Register, was später für die Anzeige der Zeichenkette genutzt wird, auf den Startwert *$00* initialisiert.

```
17     ; Initialisierung Display
18     lda #%00111000  ; 8-Bit mode; 2-line display; 5x8 font
19     jsr lcd_command ; Kommando absetzen
20     lda #%00001110  ; Display on; cursor on; blink off
21     jsr lcd_command ; Kommando absetzen
22     lda #%00000110  ; Increment and shift cursor; don't shift display
23     jsr lcd_command ; Kommando absetzen
24     lda #%00000001  ; Clear display
25     jsr lcd_command ; Kommando absetzen
26
27     ldx #0          ; X-Register initialisieren
```

Abbildung 229 - Assembler-Programm LC-Display - Teil 2 (lcd-anzeige_busy001.asm)

Teil 3: Abruf der Zeichenkette

Nun kommt es zur Routine, die die Anzeige der Zeichenkette einleitet. Der Akku wird mit dem Startwert des ersten Buchstabens der Zeichenkette geladen, wobei das X-Register als Zeiger über alle Buchstaben wandert. Erst, wenn das besagte Null-Zeichen erreicht wurde, bricht der Scheifendurchlauf ab.

```
; Buchstaben anzeigen
out:
  lda message,x    ; Buchstaben in Akku laden
  beq loop         ; Letzter Buchstabe erreicht?
  jsr lcd_data     ; Anzeige Buchstabe
  inx              ; X-Register inkrementieren
  jmp out          ; Nächsten Buchstaben holen
```

Abbildung 230 - Assembler-Programm LC-Display - Teil 3 (lcd-anzeige_busy001.asm)

Teil 4: Programmende

Wurden alle Zeichen der Zeichenkette im Display dargestellt, gelangt das Programm in eine Endlosschleife.

```
; Endlosschleife
loop:
  jmp loop
```

Abbildung 231 - - Assembler-Programm LC-Display - Teil 4 (lcd-anzeige_busy001.asm)

Teil 5: Definition der Zeichenkette

Über die schon gezeigte *asciiz*-Direktive wird die Zeichenkette – auch *String* genannt – mit Werten versehen.

```
 ; String definieren
 message:
     asciiz "Hello, 6502"
```

Abbildung 232 - Assembler-Programm LC-Display - Teil 5 (lcd-anzeige_busy001.asm)

Teil 6: Definition Unterprogramms lcd_wait

Über das Unterprogramm *lcd_wait* wird das Busy-Flag abgefragt.

```
; Busy-Unterprogramm
lcd_wait:
  pha               ; Akku auf Stack sichern
  lda #%00000000    ; Port B ist komplett INPUT
  sta DDRB          ; Port-B konfigurieren
lcd_busy:
  lda #(E|RW)       ; E = H, RW=H, RS=0
  sta PORTA         ; An Port-A senden
  lda PORTB         ; Port-B abfragen
  and #%10000000    ; PB7 maskieren
  bne lcd_busy      ; Solange Busy -> loop lcd_busy
  lda #RW           ; Einen erforderlichen Befehl versenden
  sta PORTA         ; Versenden an Port-A
  ; Port-B zurückkonfigurieren
  lda #%11111111    ; Port B ist komplett OUTPUT
  sta DDRB          ; Port-B konfigurieren
  pla               ; Akku vom Stack zuückholen
  rts               ; Unterprogramm verlassen
```

Abbildung 233 - Assembler-Programm LC-Display - Teil 6 (lcd-anzeige_busy001.asm)

Teil 7: Definition der Unterprogramme lcd_command und lcd_data

Über die beiden Unterprogramme *lcd_command* und *lcd_data* werden Konfigurationen und Daten versendet.

```
; Kommandos ausführen
lcd_command:
  jsr lcd_wait   ; Warten
  sta PORTB      ; Bitkombination an Port-B anlegen
  lda #E         ; Enable-Bit setzen
  sta PORTA      ; An Port-A versenden
  lda #0         ; Enable-Bit löschen
  sta PORTA      ; An Port-A versenden
  rts            ; Unterprogramm verlassen
; Daten bzw. Zeichen anzeigen
lcd_data:
  jsr lcd_wait   ; Warten
  sta PORTB      ; Bitkombination an Port-B anlegen
  lda #(E|RS)    ; Enable- und RS-Bit setzen
  sta PORTA      ; An Port-A versenden
  lda #RS        ; Enable-Bit löschen
  sta PORTA      ; An Port-A versenden
  rts            ; Unterprogramm verlassen
```

Abbildung 234 - Assembler-Programm LC-Display - Teil 7 (lcd-anzeige_busy001.asm)

Teil 8: Definition des Reset-Vektors

Letztendlich wird der Reset-Vektor definiert

```
  org $fffc     ; Startadresse des Reset-Vektors
  word $8000    ; Startadresse des Programms
  word $0000    ; zwei Füll-Bytes
```

Abbildung 235 - Assembler-Programm LC-Display - Teil 8 (lcd-anzeige_busy001.asm)

Das Assembler-Programm ist somit fertig und kann für weitere Experimente genutzt werden.

Der Schrittmotor

Kommen wir zu einem weiteren sehr interessanten Thema. Es geht um die Ansteuerung eines Schrittmotors. Bei einem Schrittmotor handelt es sich um einen Motor, bei dem der Rotor - die drehbare Welle - durch ein schrittweise rotierendes elektromagnetisches Feld der Spulen - nicht drehbarer Teil des Motors - um einen kleinen Winkel pro Schritt gedreht werden kann. Auf der folgenden Abbildung ist ein derartiger Schrittmotor vom Typ zu sehen.

Abbildung 236 - Der Schrittmotor 1208 von Pololu

Dieser Schrittmotor ist mit 4 Anschlüssen versehen, die wir uns ein wenig genauer anschauen wollen. Das Schaltbild eines Schrittmotors ist auf der folgenden Abbildung zu sehen, wobei die Anschlussleitungen mit Farben versehen sind, denn zwei davon bilden immer ein Paar.

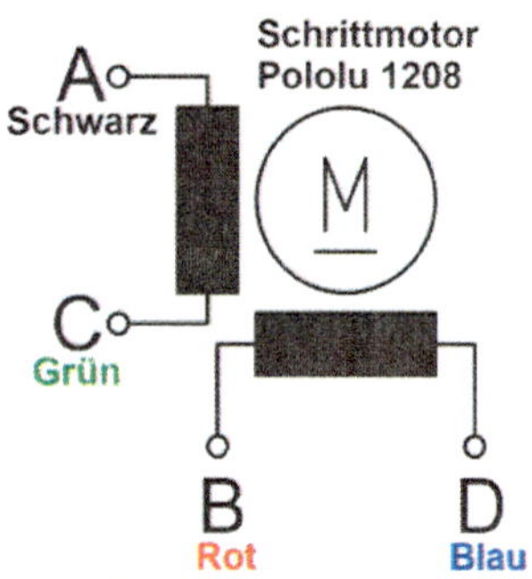

Abbildung 237 - Die vier Anschlüsse des Schrittmotors

Da dieser Motor vier Anschlüsse besitzt, deutet es darauf hin, dass es sich um einen sogenannten *bipolaren* Schrittmotor handelt. Er besitzt eine Betriebsspannung von 10V mit 500mA/Spule. Nähere Informationen sind unter der folgenden Internetadresse zu finden.

Hyperlink - Der Schrittmotor Popolu 1208!

https://www.pololu.com/product/1208

Um den Motor in Gang zu setzen, müssen die gezeigten Anschlüssen mit bestimmten Impulsen in zeitlich korrekter Abfolge versehen werden, wie das die folgende Abbildung zeigt.

	Anschlüsse			
Schritt	A	C	B	D
0	**HIGH**	LOW	**HIGH**	LOW
1	LOW	**HIGH**	**HIGH**	LOW
2	LOW	**HIGH**	LOW	**HIGH**
3	**HIGH**	LOW	LOW	**HIGH**

CW

Abbildung 238 - Die Ansteuerungssequenzen für den Schrittmotor 1208

Wenn wir also ein Programm schreiben, das die Schritte von 0 bis 3 abarbeitet und die entsprechenden Pegel LOW bzw. HIGH an den Schrittmotor schickt, wird er sich im Uhrzeigersinn (*CW*: *Clockwise*) drehen. Bei entgegengesetzter Schrittfolge erfolgt die Drehung gegen den Uhrzeigersinn (*CCW*: *Counterclockwise*). Eine wichtige Gegebenheit habe ich bisher noch nicht erwähnt: Man kann den Schrittmotor nicht einfach an die digitalen Ausgänge des VIA-Bausteins anschließen, ohne dass sie derart belastet würden, dass der 6522 einen Schaden davonträgt. Wir nutzen aus diesem Grund einen Motortreiber vom Typ *L293*, der auf der folgenden Abbildung zu sehen ist.

Abbildung 239 - Der Motortreiber L293DNE

Natürlich ist auch wieder die entsprechende Pinbelegung wichtig, die auf der folgenden Abbildung zu sehen ist.

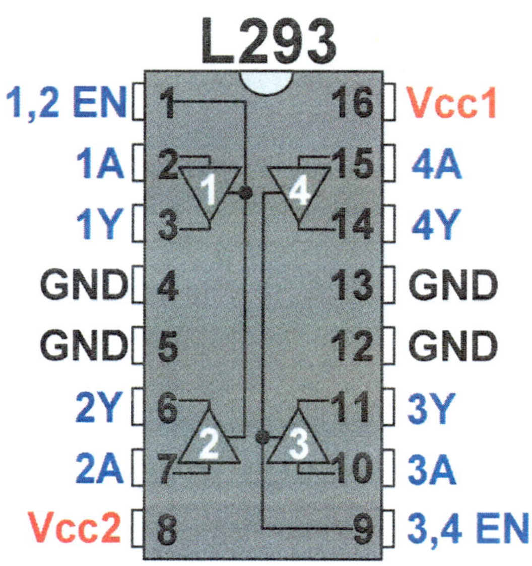

Abbildung 240 - Die Pinbelegung des Mototreibers L293

Gehen wir wieder schrittweise vor. Ich fange diesmal quasi von hinten an und zeige zuerst Anschlüsse des Schrittmotors mit dem Treiber L293.

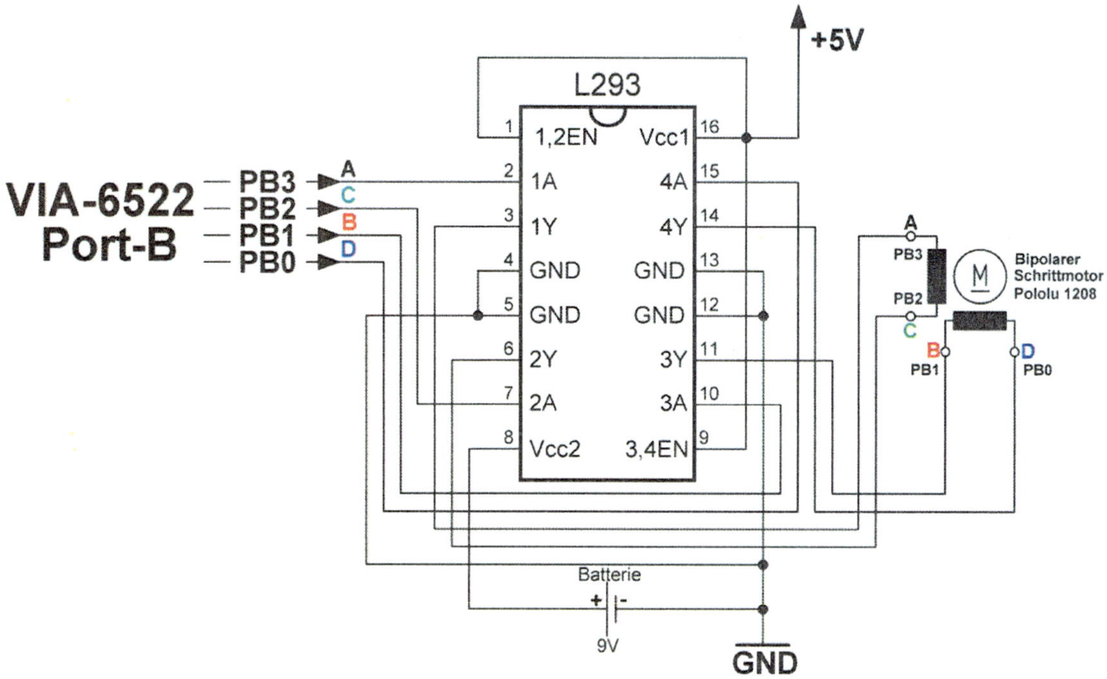

Abbildung 241 - Schaltplan zur Ansteuerung des Schrittmotors

Es ist hinsichtlich der erforderlichen Spannungsversorgung des Schrittmotors zu bemerken, dass die 5V natürlich nicht ausreichen. Aus diesem Grund gibt es am Motortreiber L293 einen separaten Eingang Vcc2 an Pin 8, an dem eine externe Spannungsversorgung für den Motor angelegt werden kann. Ich nutze dazu eine +9V-Blockbatterie.

Abbildung 242 - 9V-Blockbatterie mit Anschlussclip

Es muss jedoch eine gemeinsame Masse zwischen beiden Spannungsquellen 5V und 9V hergestellt werden. Es ist zu beachten, dass der Pluspol der Blockbatterie nur mit Pin 8 in Verbindung kommen darf und mit keiner anderen Leitung der gesamten Schaltung! Damit die internen Treiber des L293 auch alle arbeiten, müssen diese über die beiden Enable-Leitungen *1, 2EN* und *3, 4EN* freigeschaltet und der Versorgungsspannung verbunden werden. Kommen wir jetzt zur Programmierung. Doch zuvor noch ein paar Hinweise auf die eben gezeigte Pegel-Tabelle und die verwendeten Anschlüsse von Port-B (PB0 bis PB3).

	PB3	PB2	PB1	PB0	
Schritt	A	C	B	D	
0	HIGH	LOW	HIGH	LOW	= 1010_2 = $0A
1	LOW	HIGH	HIGH	LOW	= 0110_2 = $06
2	LOW	HIGH	LOW	HIGH	= 0101_2 = $05
3	HIGH	LOW	LOW	HIGH	= 1001_2 = $09

CW

Abbildung 243 - Die Schrittmotor-Pegel und ihre Werte

Über den farblich gekennzeichneten Spalten (Kabelfarben) stehen die Anschlüsse der 6522 von Port-B. Je Tabelle-Reihe sind ebenfalls rechts außen die entsprechenden hexadezimalen Werte zu sehen, die jetzt zur Ansteuerung über das Assembler-Programm verwendet werden. Über ein geeignetes Byte-Array können diese bekanntlich definiert werden.

Kontinuierliche Ansteuerung

Das folgende Assembler-Programm lässt den Schrittmotor endlos rechts herum drehen. Ich würde das nicht zu lange machen, denn dann wird der Motor schnell warm und die Batterie leer. Aufgrund der recht hohen Taktfrequenz für den Schrittmotor, führt das zu Problemen, so dass er kann nicht schnell reagieren kann. Aus diesem Grund habe ich eine Verzögerungsroutine erstellt, die zweimal hintereinander aufgerufen wird und einfach nur runterzählt und Zeit verbrät. Hier nun das Assembler-Programm in zwei Teilen.

Teil 1: Das eigentliche Hauptprogramm

Die wichtigsten Informationen zur Ansteuerung des Schrittmotors sind in Zeile 23 enthalten. Dort befinden sich die vier Bytes, die die Pegel für einen Schritt des Motors beinhalten. Der Rest sollte soweit klar sein, denn die Themen der Schleifensteuerung wurden schon behandelt. In den Zeilen 15 und 16 erfolgt ein zweimaliger Aufruf des Unterprogramms *delay*, da der Schrittmotor mit der Taktfrequenz der CPU nicht schritthalten kann. Natürlich ließe sich das auch eleganter in Form zweier ineinander verschachtelten

Schleifen realisieren, was das Ganze noch flexibler gestalten würde, doch das überlasse ich jedem selbst, denn die Grundlagen dazu liegen vor.

```
VIA      = $6000
PORTB    = VIA+0
PORTA    = VIA+1
DDRB     = VIA+2
DDRA     = VIA+3
    org $8000        ; Startadresse
    lda #$ff         ;
    sta DDRB         ; DDRB - Alle als OUTPUT
    sta DDRA         ; DDRA - Alle als OUTPUT
start:
    ldx #0           ; X-Register für Schritte
schritte:
    lda steps,x      ; Werte aus Byte-Array holen
    sta PORTB        ; An Port-B versenden
    jsr delay        ; Aufruf der verzögerung
    jsr delay        ; Aufruf der verzögerung
    inx              ; X-Register inkrementieren
    cpx #4           ; Ist Grenze schon erreicht?
    bne schritte     ; Wenn nicht -> Sprung zu schritte
    jmp start        ; Neuer Durchlauf
; Byte-Array für Motor-Pegel
steps:
    byte $0a, $06, $05, $09
```

Abbildung 244 - Assembler-Programm Schrittmotor - Teil 1

Teil 2: Verzögerungs-Unterprogramm und Reset-Vektor

Nun kommen wir zum schon erwähnten Verzögerungs-Unterprogramm, das einfach das Y-Register runterzählt und darüber das Hauptprogramm etwas langsamer macht.

```
; Verzögerungs-Unterprogramm
delay:
    ldy #$ff            ; Sartwert
run:
    dey                 ; Y-Register dekrementieren
    bne run             ; Ist 0 schon erreicht?
    rts                 ; Rücksprung aus Unterprogramm
    org $fffc   ; Startadresse des Reset-Vektors
    word $8000  ; Startadresse des Programms
    word $0000  ; zwei Füll-Bytes
```

Abbildung 245 - Assembler-Programm Schrittmotor - Teil 2

Das Assembler-Programm lässt also den Schrittmotor in alle Ewigkeiten rechtsherum drehen. Ok, die 9V-Batterie wird dem Ganzen schon einen Strich durch die Rechnung machen.

Steuerung über Tastenabfrage

Ich möchte das jetzige Assembler-Programm nun als Basis für eine Erweiterung nutzen, um den Schrittmotor über zwei Tasten zu steuern. Wird die erste gedrückt, soll der Schrittmotor rechtsherum laufen und wird die zweite Taste gedrückt, links herum, wie das auf dem folgenden Schaltplan zu erkennen ist.

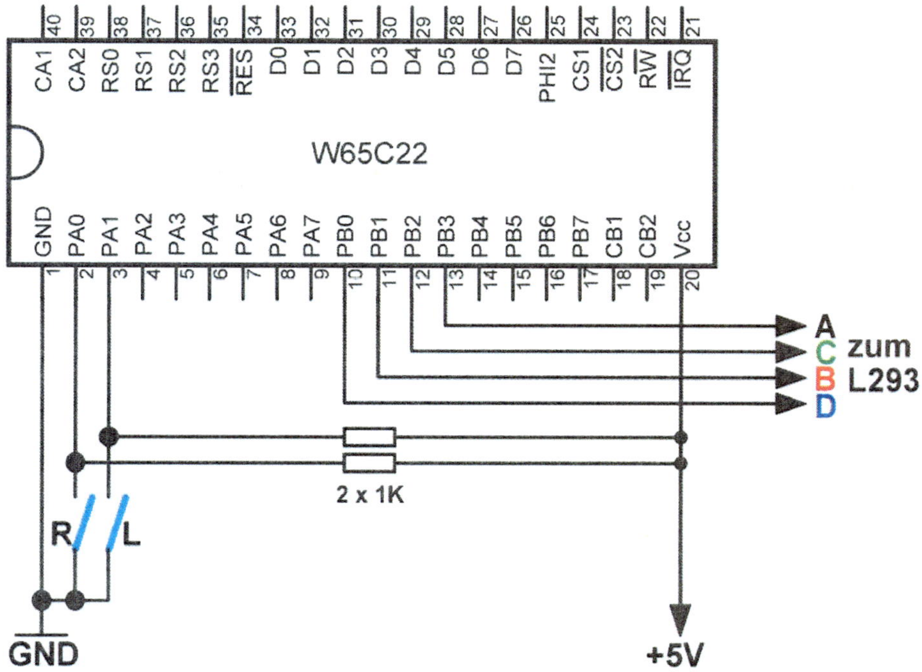

Abbildung 246 - Schaltplan zur Abfrage der Taster und Ansteuerung des Motortreibers L293

Die gute Frage ist nun, wie man den Schrittmotor in die entgegengesetzte Richtung laufen lässt. Doch die Antwort ist recht einfach. Man muss lediglich die im Byte-Array hinterlegten Werte in umgekehrter Reihenfolge abrufen und an den Schrittmotor versenden. Da es sich lediglich um vier Werte handelt, habe ich mich entschieden, ein zweites Byte-Array mit genau dieser umgekehrten Reihenfolge zu erstellen. Natürlich kann man es auch derart realisieren, das vorhandene Array in umgekehrter Weise abzurufen. Also rate ich, ein wenig zu experimentieren! Wenden wir uns nun der Programmierung zu und beginnen mit einem Flussdiagramm.

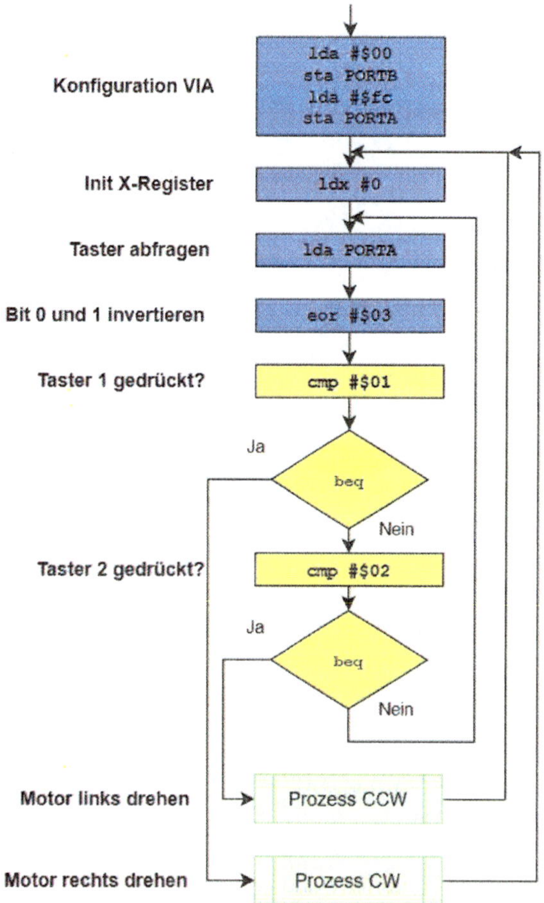

Abbildung 247 - Flussdiagramm zur Schrittmotorsteuerung

Im Flussdiagramm ist zu sehen, dass zuerst eine Initialisierung des 6522 erfolgt und dann kontinuierlich Port-A dahingehend abgefragt wird, ob nun Taster 1 (CW-Drehung) oder Taster 2 (CCW-Drehung) gedrückt ist. Als Ergebnis werden dann die Prozesse für eigentliche Ansteuerung des Schrittmotors aufgerufen, die gleich im Assembler-Programm zu sehen sind.

Teil 1: Initialisierung

Im ersten Teil wird der VIA-Baustein initialisiert und Port-A für die Taster- und Port-B für die Motortreiber-Ansteuerung vorbereitet.

```
VIA      = $6000
PORTB    = VIA+0
PORTA    = VIA+1
DDRB     = VIA+2
DDRA     = VIA+3
    org $8000        ; Startadresse
    lda #$ff         ;
    sta DDRB         ; DDRB - Alle als OUTPUT
    lda #$fc         ;
    sta DDRA         ; DDRA - PA0 und PA1 als INPUT
start:
    ldx #0           ; X-Register für Schritte
```

Abbildung 248 - Assembler-Programm Schrittmotor-Ansteuerung - Teil 1

Teil 2: Tasterabfrage

Im zweiten Teil wird kontinuierlich Port-A hinsichtlich der angeschlossenen Taster abgefragt und entsprechend der Auswertung zu den Prozessen der Schrittmotor-Ansteuerung verzweigt. Ich habe in den Zeilen 14 und 15 Anweisungen eingefügt – sie sind noch auskommentiert – die bewirken sollen, dass der Schrittmotor stromlos geschaltet wird, wenn kein Taster gedrückt wird. Das schont die Batterie und ist hier und da sicherlich sinnvoll. Man kann den Unterschied sehr leicht mit der Hand überprüfen. Bleiben die beiden Zeilen auskommentiert, lässt sich die Welle des Schrittmotors sehr schwer drehen, da die Spulen weiterhin stromdurchflossen sind. Werden die beiden Zeilen jedoch scharf geschaltet, ist es sehr leicht, die Welle zu drehen. Es kommt immer auf den Anwendungsfall an, ob der Schrittmotor dieses oder jenes Verhalten zeigen soll.

```
13  loop:
14      ;lda #0         ; Schrittmotor stromlos
15      ;sta PORTB      ; wenn keine Taste gedrückt
16      lda PORTA       ; Taster einlesen
17      eor #$03        ; PA0 und PA1 invertieren
18      cmp #$01        ; Taster 1 (CW) gedrückt?
19      beq cw          ; Schrittmotor rechts drehen
20      cmp #$02        ; Taster 2 (CCW) gedrückt?
21      beq ccw         ; Schrittmotor links drehen
22      jmp loop        ; Springe zu loop
```

Abbildung 249 - Assembler-Programm Schrittmotor-Ansteuerung - Teil 2

Teil 3: Prozess zum Rechtsdrehen des Schrittmotors

Im dritten Teil sehen wir den Prozess zu Steuerung des Schrittmotors mit der Drehung nach rechts. Es ist zu sehen, dass das Byte-Array *steps_cw* in Zeile 25 beim Laden des Akkus genutzt wird.

```
23  ; Schrittmotor rechts drehen
24  cw:
25      lda steps_cw,x  ; Werte aus Byte-Array holen
26      sta PORTB       ; An Port-B versenden
27      jsr delay       ; Aufruf der Verzögerung
28      jsr delay       ; Aufruf der Verzögerung
29      inx             ; X-Register inkrementieren
30      cpx #4          ; Ist Grenze schon erreicht?
31      bne cw          ; Wenn nicht -> Sprung zu cw
32      jmp start       ; Neuer Durchlauf
```

Abbildung 250 - Assembler-Programm Schrittmotor-Ansteuerung - Teil 3

Teil 4: Prozess zum Linksdrehen des Schrittmotors

Im vierten Teil sehen wir den Prozess zu Steuerung des Schrittmotors mit der Drehung nach links. Es ist zu sehen, dass das Byte-Array *steps_ccw* in Zeile 35 beim Laden des Akkus genutzt wird.

```
; Schrittmotor links drehen
ccw:
    lda steps_ccw,x     ; Werte aus Byte-Array holen
    sta PORTB           ; An Port-B versenden
    jsr delay           ; Aufruf der Verzögerung
    jsr delay           ; Aufruf der Verzögerung
    inx                 ; X-Register inkrementieren
    cpx #4              ; Ist Grenze schon erreicht?
    bne ccw             ; Wenn nicht -> Sprung zu cw
    jmp start           ; Neuer Durchlauf
```

Abbildung 251 - Assembler-Programm Schrittmotor-Ansteuerung - Teil 4

Teil 5: Die Definition der Byte-Arrays für Rechts- und Linksdrehung

Im fünften Teil werden die beiden Byte-Arrays definiert, die für Rechts- und Linksdrehung des Schrittmotors verwendet werden.

```
; Byte-Array für Motor-Pegel CW
steps_cw:
    byte $0a, $06, $05, $09
; Byte-Array für Motor-Pegel CCW
steps_ccw:
    byte $09, $05, $06, $0a
```

Abbildung 252 - Assembler-Programm Schrittmotor-Ansteuerung - Teil 5

Teil 6: Die Definition der Delay-Unterprogramms und Reset-Vektors

Im letzten Teil werden das *delay*-Unterprogramm und der Reset-Vektor definiert.

```
; Verzögerungs-Unterprogramm
delay:
    ldy #$ff            ; Sartwert
run:
    dey                 ; Y-Register dekrementieren
    bne run             ; Ist 0 schon erreicht?
    rts                 ; Rücksprung aus Unterprogramm
    org $fffc     ; Startadresse des Reset-Vektors
    word $8000    ; Startadresse des Programms
    word $0000    ; zwei Füll-Bytes
```

Abbildung 253 - Assembler-Programm Schrittmotor-Ansteuerung - Teil 6

Letztendlich sehen wir auf der folgenden Abbildung den Schaltungsaufbau zur Ansteuerung des Schrittmotors über die beiden Taster (blau und rot).

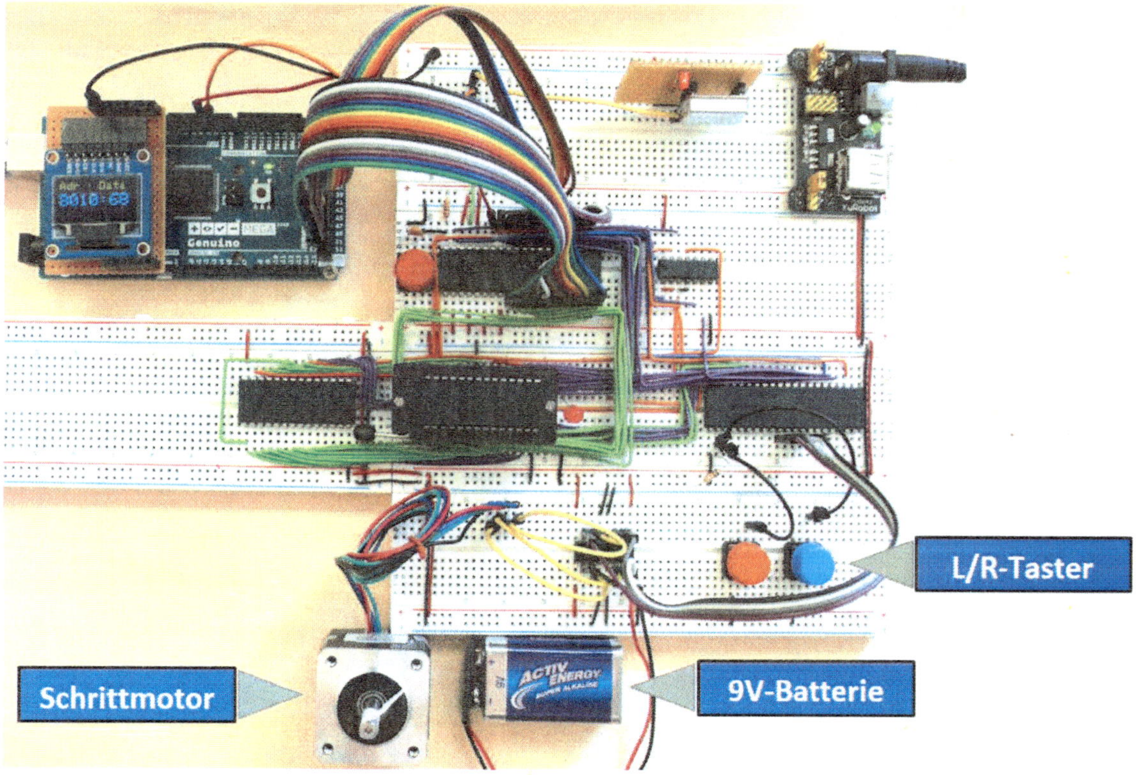

Abbildung 254 - Der Schaltungsaufbau zur Ansteuerung des Schrittmotors über die beiden Taster

Serielle Datenübertragung

Zur Einleitung in das nun folgende Thema sollten wir uns darüber klar sein, dass es hinsichtlich der Datenübertragung zwischen Computern Unterschiede bestehen. Zur Übertragung werden in der Regel zwei Methoden verwendet: Die serielle und die parallele Übertragung. Bei der seriellen Übertragung werden die Daten zeitlich gesehen Bit für Bit nacheinander versendet, während bei der parallelen Übertragung jeweils ein Byte oder ein Zeichen gesendet wird.

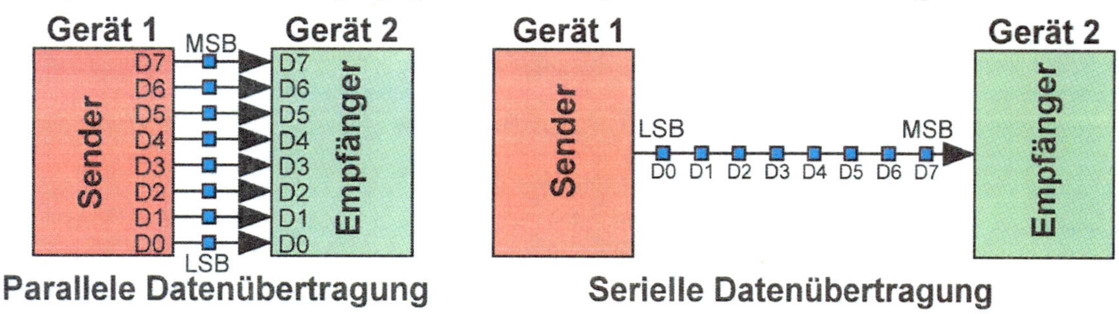

Abbildung 255 - Unterschiedliche Datenübertragungsmethoden

Wenn wir uns zum Beispiel Port A anschauen, und dort die Anschlüsse PA0 bis PA7, dann ist es möglich, in den Akku einen 8-Bit-Wert zu laden und diesen dann an Port-A zu versenden. Die einzelnen Bits stehen unmittelbar an den Ausgängen zur Verfügung und können sofort abgelesen werden. Möchte man aber einen 8-Bit-Wert über eine einzige Leitung - also seriell - versenden, müssen die Bits nacheinander übertragen werden. In unserem Fall wird das MSB zuerst übertragen., was sich *MSB-First* nennt. Zudem kommt es noch darauf an, dass sowohl Sender, als auch Empfänger sich auf die gleiche Übertragungsgeschwindigkeit einigen und der Empfänger auch genau weiß, ob zuerst das LSB oder das MSB auf die Reise geschickt wird. Das sind nur zwei Aspekte von vielen weiteren, die die Sache jedoch etwas komplizierter machen würden, als es hier erforderlich wäre. Natürlich ist noch eine zweite Leitung erforderlich, die einen Takt vorgibt. Der 6522 ist in der Lage, über ein sogenanntes *Shift-Register* einen Wert parallel zu laden und es dann seriell über einen bestimmten Pin zu versenden. Zusätzlich wird noch ein weiterer Pin benötigt, der ein Taktsignal zur Verfügung stellt. Das wird Thema dieses Kapitels sein.

Was ist ein Shift-Register?

Ein *Shift-Register* – auch Schieberegister – ist ein digitaler Schaltkreis, der eine Kaskade von Flipflops verwendet, bei der der Ausgang eines Flipflops mit dem Eingang des darauffolgenden verbunden ist. Es wird ein einziges Taktsignal verwendet, was bewirkt, dass die gespeicherten Daten von einer Flipflop-Stelle zur nächsten wandern.

Bevor es wirklich losgeht, muss mal wieder ein wenig Vorarbeit geleistet werden, denn es kommen weitere VIA-Register hinzu, die einer Erklärung bedürfen. Der VIA-6522 kann so programmiert werden, dass das interne Shift-Register zur Aufnahme eines bestimmten 8-Bit-Wertes genutzt und dann diese Informationen in serieller Form am Ausgang CB2 abgegriffen werden kann. Der schon erwähnte Takt steht an CB1 zur Verfügung. Das schaut dann vereinfacht wie folgt aus.

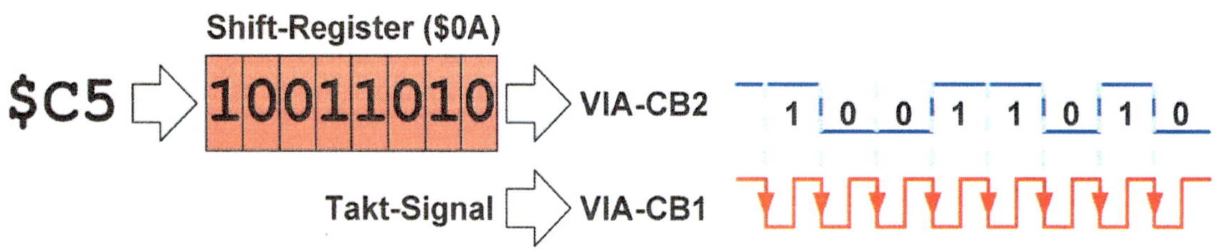

Abbildung 256 - Das VIA-Shift-Register

Die Bit-Kombination, die im Shift-Register ($0A) hinterlegt ist, wird seriell an Pin CB2 ausgegeben. Informationen zum SR (Shift-Register) sind auf der Seite 20 im W65C22-Dokument zu finden.

Table 2-10 Shift Register and Auxiliary Control Register Control ($0A)

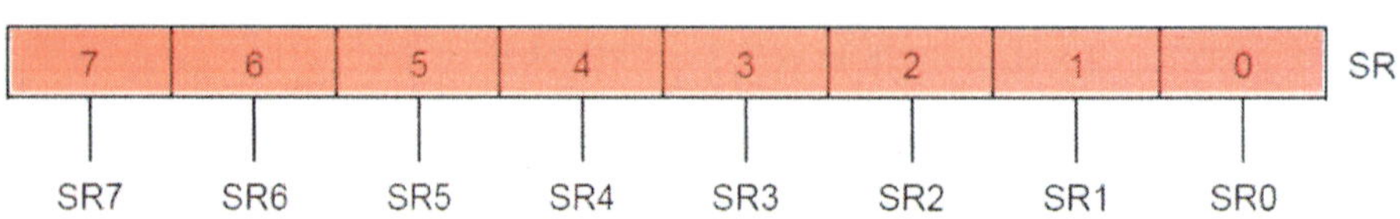

Abbildung 257 - Shift-Register für den W65C22 - (Quelle: W65C22 Datasheet)

Damit die einzelnen Bits auseinanderzuhalten sind, ist das Takt-Signal an Pin CB1 zu nutzen. Sehen wir im VIA-Dokument nach, wie wir es schaffen, dass an CA2 entsprechende Impulse ausgegeben werden. Es ist auf den Seiten 12 und 13 zu finden.

Table 2-5 CA1, CA2, CB1, CB2 Control ($0C)

7	6	5	4	3	2	1	0	PCR
CB2 Control			CB1 Control	CA2 Control			CA1 Control	

CA2 Control

3	2	1	Operation
0	0	0	Input-negative active edge
0	0	1	Independent interrupt input-negative edge*
0	1	0	Input-positive active edge
0	1	1	Independent interrupt input-positive edge*
1	0	0	Handshake output
1	0	1	Pulse output
1	1	0	Low output
1	1	1	High output

Abbildung 258 - CA2-Control für den W65C22 - (Quelle: W65C22 Datasheet)

Es müssen also demnach Bit 1 und Bit 3 gesetzt sein. Ich greife dem vollständigen Assembler-Programm etwas vor und zeige vorab die jeweiligen Zeilen. Die Bitkombination **00001010** entspricht dem Wert $0a, welche in das PCR-Register ($0C) geladen werden muss.

```
        lda #$0a
        sta PCR
```

Damit es zu keinen unerwünschten Unterbrechungen während der Übertragung kommt, sollte vorher die Möglichkeit eines Interrupts verhindert werden, was über das Interrupt-Enable-Register *IER* ($0E) erfolgt. Informationen finden sich auf Seite 27 im Dokument.

Table 2-12 Interrupt Enable Register ($0E)

7	6	5	4	3	2	1	0	IER
Set/Clear	Timer1	Timer2	CB1	CB2	Shift Register	CA1	CA2	0=Interrupt Disabled 1=Interrupt Enabled

Notes:

1. If bit 7 is a "0", then each Logic 1 in bits 0-6 disables the corresponding interrupt.
2. If bit 7 is a "1", then each Logic 1 in bits 0-6 enables the corresponding interrupt.
3. If a read of this register is done, bit 7 will be Logic 1 and all other bits will reflect their enable/disable state.

Abbildung 259 - Interrupt Enable Register für den W65C22 - (Quelle: W65C22 Datasheet)

Um alle Interrupts auszuschalten, muss Bit 7 mit dem Wert 0 versehen werden, wobei alle anderen Bit 0 bis 6 auf 1 bleiben können. Die Bitkombination

01111111 entspricht dem Wert $7f, welche in das IER ($0E) geladen werden muss.

```
lda #$7f
sta IER
```

Da das Ganze Vorhaben ja durch einen Timer gesteuert und synchronisiert werden soll, müssen wir noch festlegen, dass das sogenannte Shift-Out unter der Kontrolle von Timer T2 erfolgen soll. Informationen dazu finden sich im Dokument auf Seite 21, wenn es um die Konfiguration des Auxiliary-Control-Register ($0B) geht.

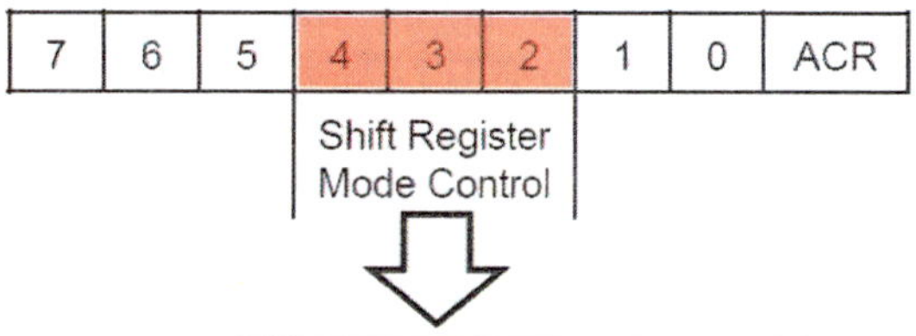

4	3	2	Operation
0	0	0	Disabled
0	0	1	Shift in under control of T2
0	1	0	Shift in under control of PHI2
0	1	1	Shift in under control of external clock (CB1)
1	0	0	Shift out free running at T2 rate
1	0	1	Shift out under control of T2
1	1	0	Shift out under control of PHI2
1	1	1	Shift out under control of external clock (CB1)

Abbildung 260 - Auxiliary Control Register für den W65C22 - (Quelle: W65C22 Datasheet)

Hier ist zu sehen, dass die Bitkombination 101 für die Bits 2, 3 und 4 vorliegen muss. Die Bitkombination **00010100** entspricht dem Wert $14, welche in das ACR ($0B) geladen werden muss.

```
lda #$14
sta ACR
```

Abschließend zu Konfiguration muss noch die Geschwindigkeit des Takt-Signals am Pin CB1 festgelegt werden, mit der der Timer T2 arbeiten soll, was über den T2 LOW-Counter erfolgt. Hier kommt folgende Formel zur Anwendung, wobei n der Wert ist, der für die T2-Konfiguration benötigt wird und f die gewünschte Frequenz darstellt.

$$n = \frac{System - Takt}{2 \cdot f} - 2$$

Angenommen, man möchte also bei einem System-Takt von 1 MHz eine Takt-Frequenz an CB1 von 20 KHz erzielen, schaut das wie folgt aus.

$$n = \frac{1\,MHz}{2 \cdot 20\,KHz} - 2 = 23_{10} = \$17$$

Der Wert $17 muss also in das entsprechende Register geladen werden.

```
        lda #$17
        sta T2CL
```

Das entsprechende Shift-Out-Signal an CB2 wird dann generiert, wenn auf Port-A etwas gelesen oder geschrieben wird. Sehen wir uns nun das entsprechende Assembler-Programm in drei Teilen an.

Teil 1: Definition der VIA-Adressen

Im ersten Teil werden die VIA-Adressen definiert.

```
VIA     = $6000
PORTB   = VIA+0
PORTA   = VIA+1
DDRB    = VIA+2
DDRA    = VIA+3
T1CL    = VIA+4   ; Timer 1 Counter LOW
T1CH    = VIA+5   ; Timer 1 Countor HIGH
T2CL    = VIA+8   ; Timer 2 Counter LOW
T2CH    = VIA+9   ; Timer 2 Counter HIGH
SR      = VIA+$0a ; Shift-Register
ACR     = VIA+$0b ; Auxiliary Control Register
PCR     = VIA+$0c ; Peripheral Ctrl Register
IFR     = VIA+$0d ; Interrupt Flag Register
IER     = VIA+$0e ; Interrupt Enable Register
```

Abbildung 261 - Assembler-Programm Shift-Register - Teil 1 (ShiftRegisterCA2_001.asm)

Teil 2: Konfigurationen der Register zur Generierung des Pulses an CB2

Im zweiten Teil werden die entsprechenden Register mit Werten versehen, so dass letztendlich an CB2 der Shift-Out-Impuls anliegt und an CB1 das Takt-Signal.

```
        org $8000        ; Startadresse
        lda #$ff         ;
        sta DDRB         ; DDRB - Alle als OUTPUT
        lda #$ff         ;
        sta DDRA         ; DDRA - Alle als OUTPUT
        lda #$0a         ; PCR -> Set bit 3 und 1 => CA2 Pulse
        sta PCR
        lda #$7f         ; Alle Interrupts aus
        sta IER
        lda #$14         ; Shift Out T2 Control
        sta ACR
        lda #$17         ; T2 Counter Low -> Clock auf CB1
        sta T2CL
```

Abbildung 262 - Assembler-Programm Shift-Register - Teil 2 (ShiftRegisterCA2_001.asm)

Teil 3: Initialisierung des Shift-Registers

Im dritten Teil wird das Shift-Register mit dem Wert versehen, der dann seriell über CB2 versendet werden soll. Ich habe zusätzlich eine Verzögerungsroutine eingebaut, weil es zeitweise zu gewissen Instabilitäten gekommen ist. Durch aufwendigeren Code kann diesem Umstand sicherlich begegnet werden, doch der Einfachheit wegen, belasse ich es so.

```
start:
    lda #%10011010   ; Wert -> Shift out
    sta SR           ; Speicherung im Shift-Register
    jsr delay        ; Delay aufrufen
    sta PORTA        ; Schreiben an Port-A generiert Puls
end:
    jmp end
; Verzögerungs-Unterprogramm
delay:
    ldy #$ff         ; Startwert
run:
    dey              ; Y-Register dekrementieren
    bne run          ; Ist 0 schon erreicht?
    rts              ; Rücksprung aus Unterprogramm
    org $fffc  ; Startadresse des Reset-Vektors
    word $8000  ; Startadresse des Programms
    word $0000  ; zwei Füll-Bytes
```

Abbildung 263 - Assembler-Programm Shift-Register - Teil 3 (ShiftRegisterCA2_001.asm)

Ich habe die Ausgangs-Signale an CB2 (serielles Signal) und an CB1 (Takt) mit einem Logic-Analyzer aufgezeichnet, wobei die die roten Pfeile per Hand hinzugefügt habe, um die abfallenden Flanken des Takt-Signals an CB1 hervorzuheben.

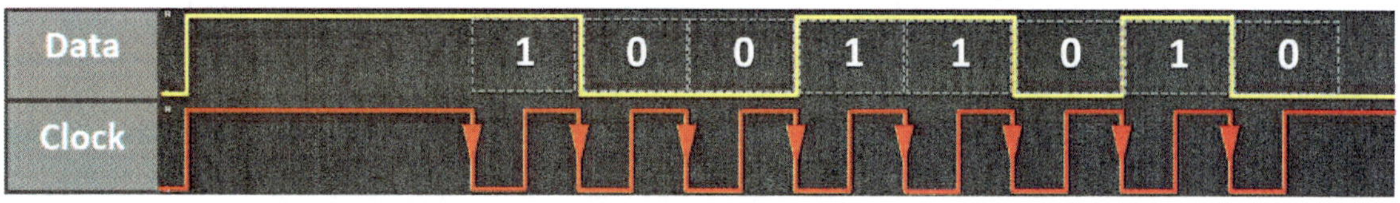

Abbildung 264 - Der Ausgang des Schieberegisters und des Takt-Signals im zeitlichen Verlauf

Wie ich schon erwähnte, hat das Takt-Signal die Aufgabe, bei einer seriellen Datenübertragung zu signalisieren, wann ein Bit auf der Datenleitung anliegt und wann es valide ist. Das erfolgt immer dann, wenn eine HIGH-LOW-Pegel-Änderung vorliegt, wie das auf der Abbildung des Logic-Analyzer sehr gut zu erkennen ist. Sehen wir uns das Ergebnis auch an Port-A an, bei dem der Inhalt des Shift-Registers zu sehen ist.

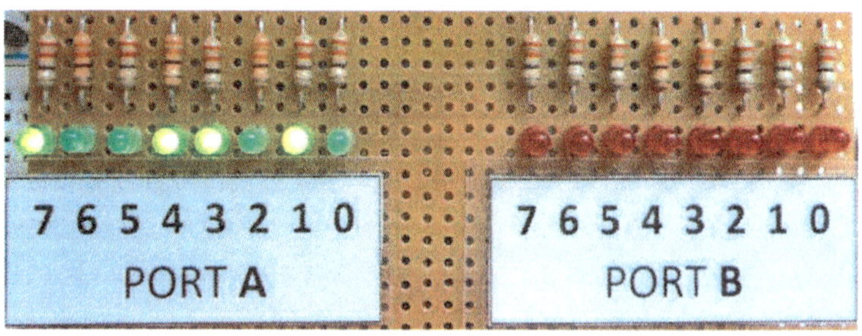

Abbildung 265 - Die LEDs an Port-A zeigen den Wert des Shift-Registers

Alles schön und gut könnte man jetzt sagen, doch wir schaut es denn mit der Weiterverarbeitung der Signale an CB2 und CB1 aus? Kann man das in irgendeiner Weise sichtbar machen? Klar doch! Alles, was dazu benötigt wird, ist ein spezieller Baustein, der die seriellen Informationen in parallele wandelt. Dazu kann der 74HC595 verwendet werden. Es handelt sich um ein 8-Bit

Schieberegister mit serieller Eingabe und paralleler Ausgabe, kurz *SIPO* für Serial Input / Parallel Output, wie es auf der folgenden Abbildung zu sehen ist.

Abbildung 266 - Das 8-Bit-Schieberegister 74HC595

Sehen wir uns dazu die entsprechende Pinbelegung an.

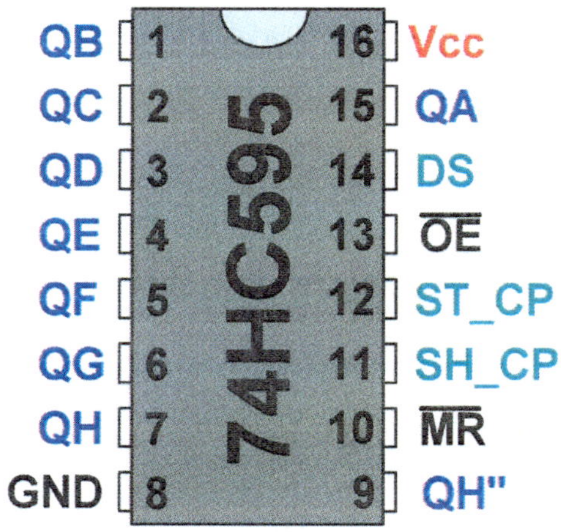

Abbildung 267 - Die Pinbelegung des 74HC595

Auf der folgenden Abbildung sehen wir das Prinzip eines Schieberegisters mit den zwei Stufen der internen Verarbeitung.

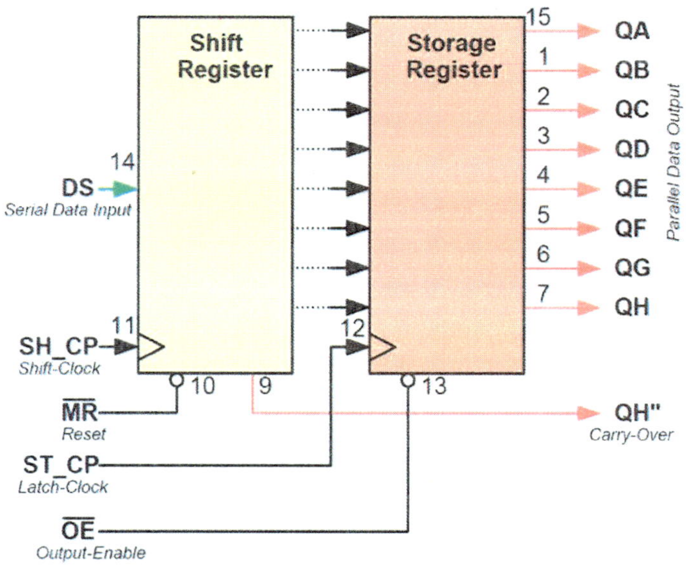

Abbildung 268 - Das Prinzip des 74HC595

Sehen wir uns dazu die zwei Stufen der Verarbeitung an.

Stufe 1

Das *Shift-Register* auf der linken Seite nimmt die seriellen Daten über den DS-Pin (14) an und speichert sie zwischen. Mit einer positiven Flanke (Wechsel von 0 auf 1) am SH_CP-Pin (11) wird jeder Wert des Datenstroms einzeln in das interne Register übernommen.

Stufe 2

Nun müssen die Daten noch in das *Storage-Register* übernommen werden, damit die vormals seriellen Daten parallel an den Ausgängen Q_A bis Q_H zur Verfügung stehen. Das erfolgt über eine positive Flanke (Wechsel von 0 auf 1) am ST_CP-Pin (12). Damit die Übertragung an die Ausgänge erfolgreich ist, muss der OE-Pin für Output-Enable (13) mit Masse verbunden sein, da dieser *LOW*-Aktiv ist. Die folgende Tabelle zeigt die Bedeutung der Pins.

Pin	Bedeutung
Vcc	Versorgungsspannung +5V
GND	Masse
QA bis QH	Parallele Ausgänge 1 bis 8
QH “	Serieller Ausgang (Eingang für ein zweites Schieberegister)
MR	Master Reset (LOW aktiv)
SH_CP	Schieberegister Takteingang (Shift-Register clock input)
ST_CP	Speicherregister Takteingang (Storage-Register clock input)
OE	Ausgang aktivieren (Output Enable / LOW aktiv)
DS	Serieller Eingang (Serial data input)

Tabelle 6 - Bedeutung der Pins des Schieberegisters 74HC595

Die Funktionsweise des Schieberegisters kann man folgendermaßen beschreiben: Wenn der Takt am Schieberegister Takteingang *SH_CP* von *LOW* auf *HIGH* wechselt, wird der Pegel am seriellen Eingang *DS* gelesen, in eines der internen Shift-Register übertragen und zwischengespeichert. Das Speichern in diese Register bedeutet jedoch noch keinesfalls eine Übertragung zu den Ausgängen Q_A bis Q_H. Erst durch einen Taktimpuls am Speicherregister *ST_CP* von *LOW* auf *HIGH* werden alle Informationen der internen Shift-Register an die Ausgänge transferiert. Das ist sinnvoll, denn erst wenn alle Informationen am seriellen Eingang gelesen wurden, sollen sie an den Ausgängen erkannt werden. Den Wechsel des logischen Pegels von *LOW* auf *HIGH* nennt man Taktflankensteuerung, weil eine Aktion erst ausgeführt wird, wenn ein Pegelwechsel in der beschriebenen Weise stattfindet.

Genug der beschreiben Wort, denn es wird Zeit, sich das Spiel in einem Teil-Schaltplan anzuschauen, wie er auf der folgenden Abbildung zu sehen ist. Das Signal CA2 wird dafür genutzt, um die verschobenen Werte in den 74HC595 zu speichern (siehe Speicherregister Takteingang).

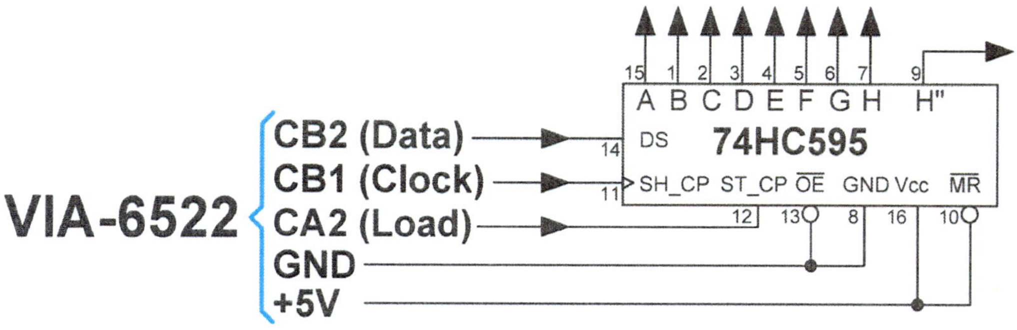

Abbildung 269 - Teilschaltplan zur Ansteuerung des 74HC595

Ich habe an die acht Ausgänge des 74HC595 LEDs angeschlossen, um die Bits mit denen an Port-A des VIA zu vergleichen. Sie stimmen überein!

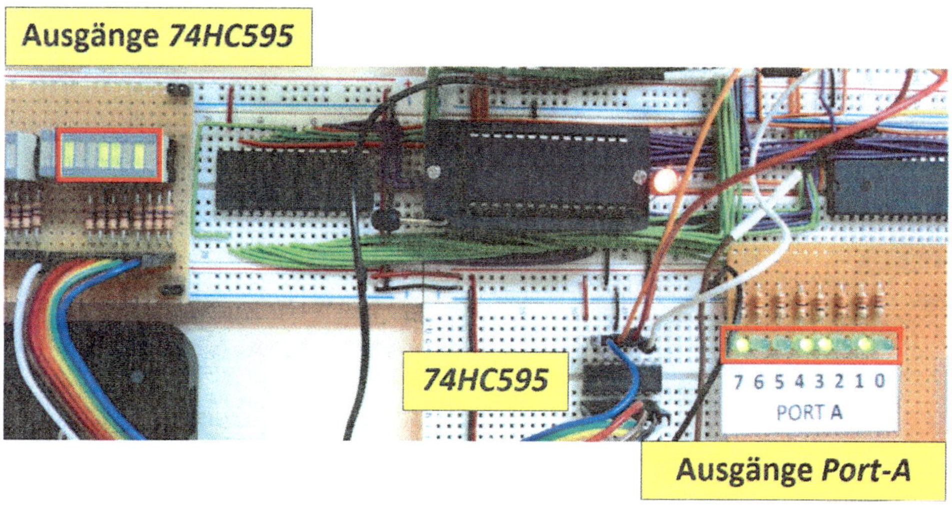

Abbildung 270 - Vergleich der Ausgänge vom 74HC595 und VIA-Port-A

Interrupt-Steuerung

Im normalen Betrieb arbeitet die CPU das Programm in der Reihenfolge ab, wie es die Programmierung vorgegeben hat. Das bedeutet, dass die Befehle - platt gesprochen - von oben nach unten abgearbeitet werden, hier und da Schleifen vorhanden sind und Sprünge an verschiedene Adressen erfolgen. Das alles ist zu 100% vorhersehbar und vor allen Dingen auch reproduzierbar. Es gibt jedoch Möglichkeiten, in diesen Programmablauf, der quasi *in Stein gemeißelt* ist, einzugreifen und ihn ein wenig aus dem Tritt zu bringen. Das bedeutet nicht, dass wir wollen, dass das Programm abstürzt und etwas macht, was nicht gewollt ist. Ganz im Gegenteil! Gehen wir einmal davon aus, an einem Computer sind verschiedene Peripheriegeräte wie zum Beispiel Maus, Tastatur, Drucker, Speicherlaufwerke angeschlossen. Bei allen Geräten gibt es Zustände, die in einem Computersystem berücksichtigt werden müssen. Da wird die Maus bewegt, eine Taste auf der Tastatur gedrückt oder ein Speichermedium besitzt einen kritischen Zustand. Diese beschriebenen Szenarien sind nur sehr wenige von einer Unzahl an Möglichkeiten. Jetzt hat man als Entwickler natürlich mehrere Vorgehensweisen, auf all das zu reagieren. Aber bevor man darauf reagieren kann, muss natürlich erst einmal festgestellt werden, dass ein bestimmtes Ereignis überhaupt vorliegt. Über ein Programm können reihum natürlich alle angeschlossenen Peripheriegeräte hinsichtlich bestimmter Parameter abgefragt werden, um adäquat zu reagieren. Es liegt in der Natur der Sache, dass das mit einem recht großen Aufwand einhergeht. Was ist, wenn ein Gerät gerade über einen möglichen Kritischen Zustand abgefragt wird, jedoch bei einem anderen gerade ein kurzzeitiger und kritischer Fehler auftritt? Dieser kann, wenn er an der Reihe ist, abgefragt zu werden, schon wieder verschwunden sein. Man hat sich etwas anderes ausgedacht. Das Stichwort dazu ist *Interrupt*. Die 6502-CPU besitzt diverse Möglichkeiten, auf derartige Interrupts zu reagieren. Wird eine derartige Unterbrechungsanfrage registriert, kann bei entsprechender Programmierung zu einem Unterprogramm verzweigt werden, um auf ein Ereignis außerhalb der Reihe zu reagieren. Die reguläre Programmierung über das Hauptprogramm wird verlassen und ein Abzweig zum Unterprogramm vorgenommen. Nach dessen Abarbeitung geht es dann - grob gesagt - mit dem Hauptprogramm weiter, als wenn nichts passiert wäre.

Man ist mit dem Auto auf einer Landstraße von A nach B unterwegs und fährt so vor sich hin. Nun schreit Sohnemann von hinten, dass er mal Pinkeln muss. Papa fährt an den Randstreifen, um auf die Unterbrechungsanfrage zu reagieren und lässt den Sohn sein Geschäft machen. Nach der Beendigung geht es mit der regulären Fahrt weiter.

Die 6502 besitzt diesbezüglich verschiedene zwei verschiedene Ansätze beziehungsweise Interrupts.

- IRQ (Interrupt Request)
- NMI (Non-Maskable Interrupt)

Zu jedem dieser Interrupts gibt es einen separaten Pin an der CPU und wird dieser auf Masse gezogen, dann wird beziehungsweise kann der Interrupt ausgelöst werden. Auf der folgenden Abbildung sind die beiden Pins zu sehen.

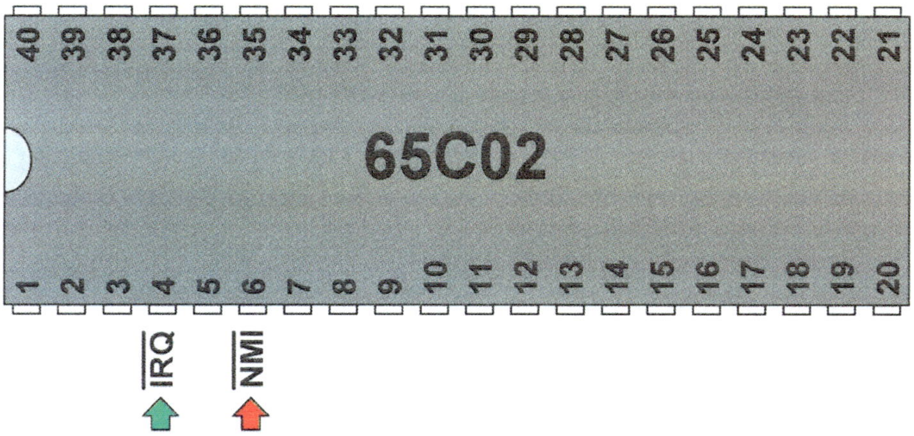

Abbildung 271 - Die beiden Interrupt-Pins der 6502-CPU

Dann wollen wir sehen, wie sich die Unterschiede gestalten. Bevor ich auf beide Interrupt-Formen eingehe, möchte ich die jeweiligen Adressen nennen, die aufgerufen werden, wenn ein Interrupt erkannt wird, was vergleichbar mit dem Reset-Vektor ist, den wir natürlich in jedem Assembler-Programm verwenden. In Teil 1 hatte ich diese ebenfalls schon gezeigt.

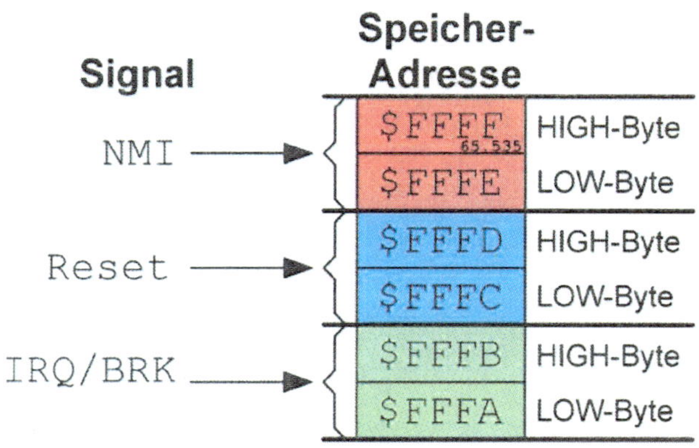

Abbildung 272 - Die Speicheradressen der drei Vektoren

Nun können wir diese in einem Assembler-Programm recht einfach definieren, was wie folgt ausschaut, wobei der eigentliche Code hier irrelevant ist und nur die entsprechenden Labels von Bedeutung sind.

```
1  ...
2  ...
3      org $8000    ; Startadresse des Programms
4  reset:           ; Label für Reset-Vektor
5      ...
6  loop:
7      jmp loop
8  nmi:             ; Label für NMI-Vektor
9      ...
10     rti          ; Return from Interrupt
11 irq:             ; Label für IRQ-Vektor
12     ...
13     rti          ; Return from Interrupt
14
15     org $fffa    ; Startadresse der Vektoren
16     word nmi     ; Startadresse des NMI
17     word reset   ; Startadresse des Resets
18     word irq     ; Startadresse des IRQ
```

Abbildung 273 - Assembler-Programm Grundgerüst für Reset-Vektoren

Weil mit Adresse $FFFA in Zeile 15 begonnen wird und die drei Reset-Vektoren 6 Bytes umfassen, sind auch keine Füll-Bytes mehr erforderlich!

Der IRQ

Der Interrupt-Request bedeutet eine Anfrage an die CPU, ob der Interrupt, der gewünscht ist, überhaupt erfolgen darf. Das Steuerungsorgan ist ein Bit im Status-Register, was festlegt, ob der Interrupt aktiviert sein darf.

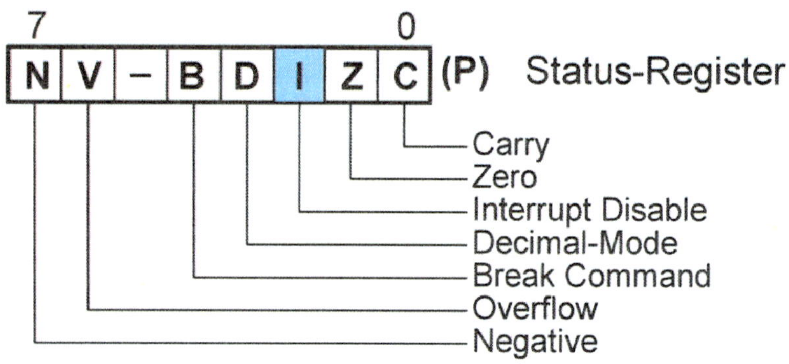

Abbildung 274 - das Interrupt-Flag im Status-Register

Wir sehen, dass es sich um das *I-Flag* an Bit-Position 2 handelt. Ist dieses Bit gesetzt, wird ein IRQ ignoriert. Sehen wir uns zwei entsprechende OP-Codes an, die Einfluss auf das I-Flag nehmen.

MSD	W65C02S OpCode Matrix																MSD
	0	1	2	3	4	5	6	7	8	9	A	B	C	D	E	F	
0	BRK s	ORA (zp,x)			TSB zp •	ORA zp	ASL zp	RMB0 zp •	PHP s	ORA #	ASL A		TSB a •	ORA a	ASL a	BBR0 r •	0
1	BPL r	ORA (zp),y	ORA (zp) *		TRB zp •	ORA zp,x	ASL zp,x	RMB1 zp •	CLC	ORA a,y	INC A *		TRB a •	ORA a,x	ASL a,x	BBR1 r •	1
2	JSR a	AND (zp,x)			BIT zp	AND zp	ROL zp	RMB2 zp •	PLP s	AND #	ROL A		BIT a	AND a	ROL a	BBR2 r •	2
3	BMI r	AND (zp),y	AND (zp) *		BIT zp,x *	AND zp,x	ROL zp,x	RMB3 zp •	SEC	AND a,y	DEC A *		BIT a,x *	AND a,x	ROL a,x	BBR3 r •	3
4	RTI s	EOR (zp,x)				EOR zp	LSR zp	RMB4 zp •	PHA s	EOR #	LSR A		JMP a	EOR a	LSR a	BBR4 r •	4
5	BVC r	EOR (zp),y	EOR (zp) *			EOR zp,x	LSR zp,x	RMB5 zp •	CLI i	EOR a,y	PHY s •			EOR a,x	LSR a,x	BBR5 r •	5
6	RTS s	ADC (zp,x)			STZ zp •	ADC zp	ROR zp	RMB6 zp •	PLA s	ADC #	ROR A		JMP (a)	ADC a	ROR a	BBR6 r •	6
7	BVS r	ADC (zp),y	ADC (zp) *		STZ zp,x •	ADC zp,x	ROR zp,x	RMB7 zp •	SEI i	ADC a,y	PLY s •		JMP (a,x) *	ADC a,x	ROR a,x	BBR7 r •	7

Abbildung 275 - Die OP-Code-Matrixtabelle für die Op-Codes SEI und CLI - (Quelle: W65C02 Datasheet)

Damit die 6502-CPU überhaupt auf den IRQ reagieren kann, muss der *cli*-OP-Code ($58) ausgeführt werden. Es bedeutet nicht Clear-Interrupt, sondern *Clear Interrupt Disable Bit*. Das Bit, was einen IRQ verhindert, wird also gelöscht. Im umgekehrten Fall wird durch den *sei*-OP-Code ($78) das Bit zur Verhinderung des IRQ wieder gesetzt. Es bedeutet übersetzt *Set Interrupt Disable Bit*. Wir wollen uns das Verhalten an einem Assembler-Programm genauer ansehen. Was soll im Programm geschehen? Über eine loop-Schleife sollen ununterbrochen vier LEDs an Port-B angesteuert werden und es gibt aus dieser Schleife keinen Abzweig über einen *jmp*- oder *jsr*-Befehl. Kein Entkommen also, um auf die herkömmliche Weise etwas anderes zu tun. Damit das aber dennoch passieren kann, kommt jetzt der IRQ in Spiel. Über einen Tastendruck soll in eine entsprechende *ISR* (Interrupt-Service-Routine) verzweigt werden und nach dessen Abarbeitung soll es mit der loop-Schleife weitergehen, als wenn nicht passiert wäre. Zuvor jedoch der nur auf das Wichtigste begrenzte Schaltplan zur Ansteuerung der LEDs und Abfrage des Tasters am IRQ-Eingang der CPU.

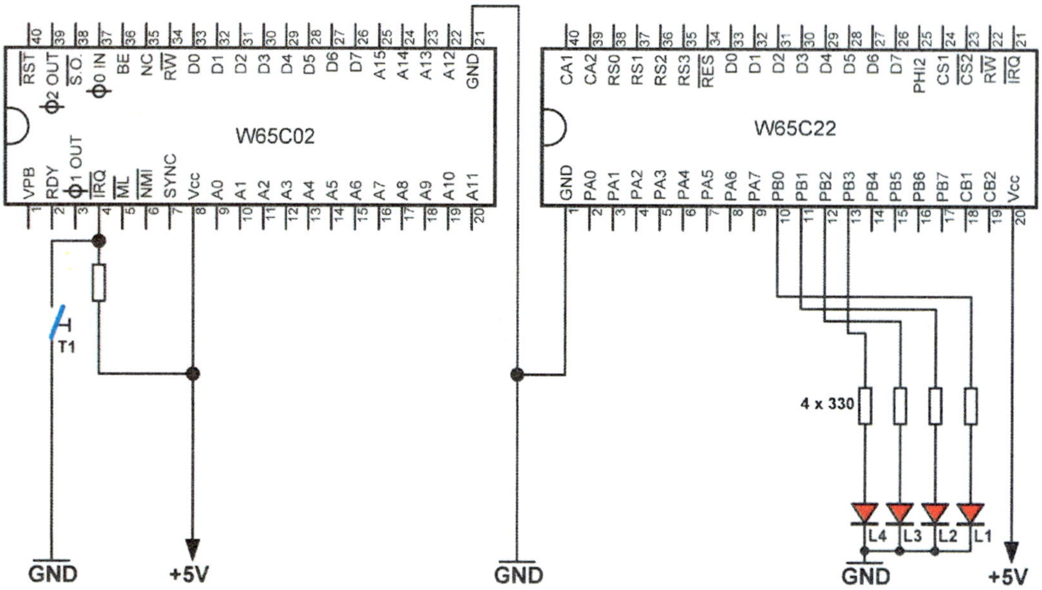

Abbildung 276 - Schaltplan für IRQ

Wir erinnern uns, dass der IRQ-Eingang an Pin 4 der CPU LOW aktiv ist und über Masse getriggert wird. Doch nun zum Assembler-Programm.

```
1  VIA      = $6000
2  PORTB    = VIA+0
3  PORTA    = VIA+1
4  DDRB     = VIA+2
5      org $8000     ; Startadresse
6  reset:
7      lda #$ff      ;
8      sta DDRB      ; DDRB - Alle aus OUTPUT
9      lda #15       ; 4-LEDs leuchten lassen
10     cli           ; IRQ ermöglichen
11 loop:
12     sta PORTB     ; Anzeige von Akku auf Port-B
13     jmp loop      ; Springe zu loop
14 nmi:              ; Label für NMI-Vektor
15     rti           ; Return from Interrupt
16 irq:              ; Label für IRQ-Vektor
17     ldx #0        ; Lade X-Register mit #0
18     stx PORTB     ; Anzeige von X-Reg auf Port-B
19     rti           ; Return from Interrupt
20 ; Vektoren-Definition
21     org $fffa     ; Startadresse der Vektoren
22     word nmi      ; Startadresse des NMI
23     word reset    ; Startadresse des Resets
24     word irq      ; Startadresse des IRQ
```

Abbildung 277 - Assembler-Programm zur Auslösung eines IRQs (InterruptIRQ001.asm)

Wird der Interrupt über den Taster T1 an Pin 4 der CPU nicht gedrückt, dass läuft die kontinuierliche Verarbeitung nach der Initialisierung innerhalb der *loop*-Schleife (Zeilen 11 bis 13 in blau) ab. Wird jedoch der Taster T1 gedrückt, erfolgt ein Sprung zum *irq*-Label, das in Zeile 24 definiert wurde, was in meinem Programm die Adresse $800F ist. Die zugehörige ISR (Zeilen 16 bis 19 in rot) wird solange ausgeführt, wie sich der Pegel an IRQ-Eingang auf

LOW befindet. Das Verhalten des Programms ist recht gut zu erkennen, denn solange der Taster T1 gedrückt wird, verlöschen alle LEDs und erst nach dem Loslassen leuchten sie wieder. Ich denke, dass es hilfreich ist, sich die Aktivitäten auf dem Adress- beziehungsweise Datenbus über das Arduino-Board und dem Serial-Monitor bei niedriger Taktrate genauer anzusehen. Ich konzentriere mich dabei lediglich auf die für uns wichtigen Bereiche.

Es wird kein IRQ ausgelöst

Der Taster ist nicht gedrückt und der Programmfluss bewegt sich innerhalb der loop-Schleife in den Programmzeilen $8008 bis $800D. nachfolgend sind lediglich zwei Durchläufe zu sehen, obwohl das endlos so weiter geht, wenn der Taster nicht gedrückt wird.

```
1000000000001000 : 10001101    $8008 : $8D - R
1000000000001001 : 00000000    $8009 : $00 - R   Loop-Schleife
1000000000001010 : 01100000    $800A : $60 - R
0110000000000000 : 00001111    $6000 : $0F - W
1000000000001011 : 01001100    $800B : $4C - R
1000000000001100 : 00001000    $800C : $08 - R
1000000000001101 : 10000000    $800D : $80 - R
1000000000001000 : 10001101    $8008 : $8D - R
1000000000001001 : 00000000    $8009 : $00 - R   Loop-Schleife
1000000000001010 : 01100000    $800A : $60 - R
0110000000000000 : 00001111    $6000 : $0F - W
1000000000001011 : 01001100    $800B : $4C - R
1000000000001100 : 00001000    $800C : $08 - R
1000000000001101 : 10000000    $800D : $80 - R
```

Abbildung 278 - Serial-Monitor - Die Abarbeitung der loop-Schleife

Jetzt wird es jedoch interessant.

Der Taster wird gedrückt - Ein IRQ wird ausgelöst

Der Taster wird jetzt gedrückt und es passieren eine Menge verschiedener Aktionen. Der IRQ wird jetzt ausgelöst und das erste, was geschieht, ist besteht natürlich in der Sicherung der Adresse, an der die Unterbrechung stattgefunden hat. Dazu wird - wie sollte es anders sein - der Stack bemüht und die Adresse $8008 dort mit zwei Bytes hinterlegt. Das wird dann wichtig, wenn es zu einem Rücksprung aus der ISR über den *rti*-Befehl ganz unten kommt. Natürlich muss beim Aufrufen des IRQ genau definiert sein, zu welcher Speicherstelle denn gesprungen werden soll, was über das Laden der Adresse $800F erfolgt. Dort befindet sich die Startadresse der besagten ISR.

```
1000000000001000 : 10001101    $8008 : $8D - R
1000000000001000 : 10001101    $8008 : $8D - R
0000000111111001 : 10000000    $01F9 : $80 - W
0000000111111000 : 00001000    $01F8 : $08 - W
0000000111110111 : 01100001    $01F7 : $61 - W
1111111111111110 : 00001111    $FFFE : $0F - R
1111111111111111 : 10000000    $FFFF : $80 - R
1000000000001111 : 10100010    $800F : $A2 - R
1000000000010000 : 00000000    $8010 : $00 - R
1000000000010001 : 10001110    $8011 : $8E - R
1000000000010010 : 00000000    $8012 : $00 - R
1000000000010011 : 01100000    $8013 : $60 - R
0110000000000000 : 00000000    $6000 : $00 - W
1000000000010100 : 01000000    $8014 : $40 - R
```

IRQ ausgelöst

Adresse *$8008* der Unterbrechung wird auf den Stack gelegt

Adresse *$800F* der ISR wird geladen

ISR wird abgearbeitet

ISR wird über *rti* verlassen

Abbildung 279 - Serial-Monitor - Die Abarbeitung der ISR

Wie gerade erwähnt, bleibt die Abarbeitung in der ISR solange verhaftet, wie der Taster gedrückt bleibt, respektive solange, wie ein LOW-Pegel am IRQ-Eingang vorliegt. Was passiert aber, wenn der Taster wieder losgelassen wird?

Der Taster wird wieder losgelassen - Der IRQ liegt nicht mehr vor

Der Taster wird nun losgelassen und wir sehen nach, was das für Auswirkungen hat. Damit es an der Stelle im Hauptprogramm weitergehen kann, wird die zuvor auf dem Stack abgelegte Rücksprung-Adresse $8008 zurückgeholt und auf den Adressbus gelegt. Es kann von jetzt an wieder die loop-Schleife ab Adresse $8008 kontinuierlich abgearbeitet werden, bis es dann vielleicht zu einem neuen Interrupt kommt.

```
1000000000010101 : 00000000    $8015 : $00 - R
0000000111110110 : 01111111    $01F6 : $7F - R
0000000111110111 : 01100001    $01F7 : $61 - R
0000000111111000 : 00001000    $01F8 : $08 - R
0000000111111001 : 10000000    $01F9 : $80 - R
1000000000001000 : 10001101    $8008 : $8D - R
1000000000001001 : 00000000    $8009 : $00 - R
1000000000001010 : 01100000    $800A : $60 - R
0110000000000000 : 00001111    $6000 : $0F - W
1000000000001011 : 01001100    $800B : $4C - R
1000000000001100 : 00001000    $800C : $08 - R
1000000000001101 : 10000000    $800D : $80 - R
```

Adresse *$8008* wird vom Stack geholt

Loop-Schleife

Abbildung 280 - Serial-Monitor - Der IRQ liegt nicht mehr vor

Es kann also festgehalten werden, dass die Ausführung der ISR beendet wird, wenn der Aufruf der *rti*-Anweisung erfolgt. Nach der Ausführung des *rti*-Anweisung macht die CPU sofort dort weiter, wo er vor der Unterbrechung aufgehört hat. Die Dauer von *rti* beträgt 6 Takte und führt den umgekehrten Prozess aus, um den Programmzähler und das Prozessorstatusregister zurückzustellen. Der *rti* der ISR ist dem *rts* eines Unterprogramms sehr ähnlich. Der Hauptunterschied neben der Herstellung der Rücksprung-Adresse, zu der zurückgekehrt werden soll, besteht darin, dass *rti* zusätzlich auch das Statusregister *P* wiederherstellt.

Der NMI

Der *NMI* ist auch eine Form des Interrupts, der jedoch keinen Widerspruch zulässt. NMI steht für *Non-Mascable-Interrupt* und bedeutet so viel, wie nicht zu unterbinden. Ein weiterer entscheidender Unterschied besteht in der Art und Weise, wie auf den Pegel am NMI-Eingang reagiert wird. Dieser Interrupt wird erst ausgelöst, wenn es zu einem HIGH-LOW-Pegelwechsel am NMI-Eingang an Pin 6 kommt, der ebenfalls LOW aktiv ist. Das bedeutet, dass auch bei einem länger anhaltenden Tastendruck der Interrupt einmalig ausgelöst wird und danach die Kontrolle an das Hauptprogramm zurückgibt. Es erfolgt erst ein weiterer NMI, wenn es zu einem erneuten HIGH-LOW-Pegelwechsel kommt. Nachfolgend ist der Schaltplan für dieses Szenario zu sehen.

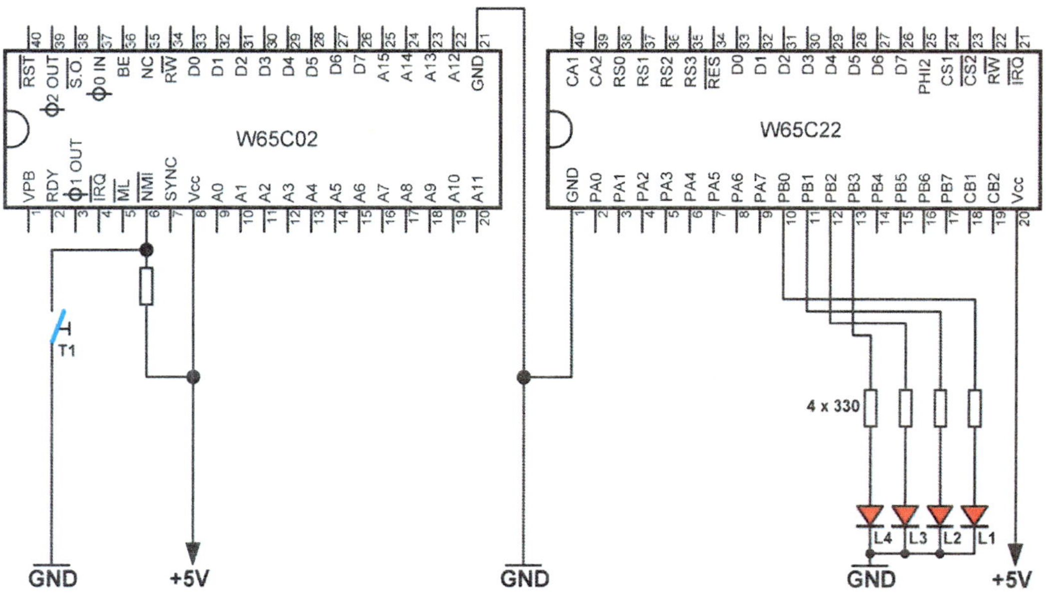

Abbildung 281 - Schaltplan für NMI

Der Serial-Monitor zeigt in diesem Fall ein vergleichbares Verhalten des Busses, so dass ich das hier nicht noch einmal zeigen möchte. Das Assembler-Programm ähnelt dem zuvor gezeigten, da lediglich die ISR von IRQ auf NMI angepasst wurde und die Zeile mit der cli-Anweisung entfernt wurde.

```
1  VIA      = $6000
2  PORTB    = VIA+0
3  PORTA    = VIA+1
4  DDRB     = VIA+2
5      org $8000    ; Startadresse
6  reset:
7      lda #$ff     ;
8      sta DDRB     ; DDRB - Alle aus OUTPUT
9      lda #15      ; 4-LEDs leuchten lassen
10 loop:
11     sta PORTB    ; Anzeige von Akku auf Port-B
12     jmp loop     ; Springe zu loop
13 nmi:             ; Label für NMI-Vektor
14     ldx #0
15     stx PORTB
16     rti          ; Return from Interrupt
17 irq:             ; Label für IRQ-Vektor
18     rti          ; Return from Interrupt
19     org $fffa    ; Startadresse der Vektoren
20     word nmi     ; Startadresse des NMI
21     word reset   ; Startadresse des Resets
22     word irq     ; Startadresse des IRQ
```

Abbildung 282 - Assembler-Programm zur Auslösung eines NMIs (InterruptNMI001.asm)

Bei entsprechend niedriger Taktfrequenz ist folgendes zu bemerken. Wird der Interrupt über den Taster T1 an Pin 6 der CPU nicht gedrückt, dann läuft die kontinuierliche Verarbeitung nach der Initialisierung innerhalb der *loop*-Schleife (Zeilen 10 bis 12 in blau) ab. Wird jedoch der Taster T1 gedrückt und gehalten, erfolgt ein Sprung zum *nmi*-Label, das in Zeile 13 definiert wurde, was in meinem Programm die Adresse $800D ist. Die zugehörige ISR (Zeilen 13 bis 16 in rot) wird einmalig ausgeführt, weil nur bei einem Tastendruck aufgrund des Pullup-Widerstandes ein HIGH-LOW-Pegelwechsel am NMI-Eingang registriert wird. Das Verhalten des Programms ist recht gut zu erkennen, weil die LEDs nur kurzzeitig verlöschen und danach wieder leuchten. Wenn der Taster jedoch prellt, kann es zum mehrfachen Verlöschen und Leuchten kommen.

IRQ und NMI im zeitlichen Verlauf

Sehen wir uns abschließend zu diesem Thema einmal die Unterschiede zwischen IRQ und NMI im zeitlichen Verlauf an, wie das auf der folgenden Abbildung zu erkennen ist.

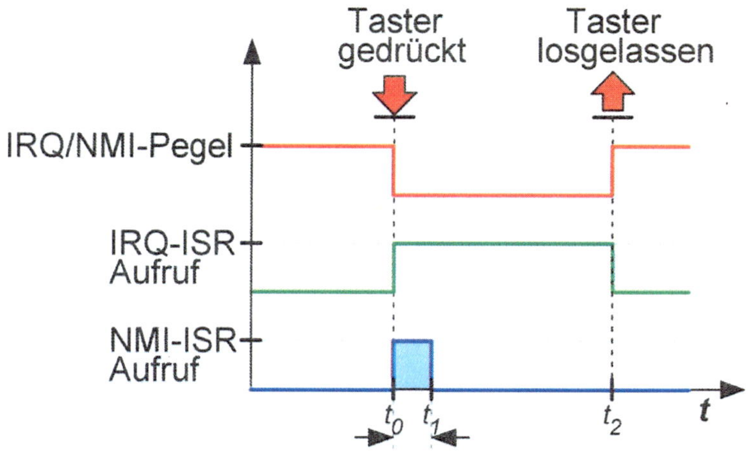

Abbildung 283 - Der Unterschied im zeitlichen Verlauf zwischen IRQ und NMI

Wird der Taster zum Zeitpunkt t_0 gedrückt, dann reagiert – bei freigeschaltetem IRQ – die CPU unmittelbar und springt zur definierten IRQ-ISR (Interrupt-Service-Routine). Diese wird solange abgearbeitet, bis der Taster zum Zeitpunkt t_2 losgelassen wird und wieder ein HIGH-Pegel am IRQ-Eingang Pin 4 der CPU anliegt. Hier wird also nicht auf eine Flankensteuerung in irgendeiner Weise reagiert, sondern nur auf einen statischen Pegel. Im Gegensatz dazu reagiert der NMI an Pin 6 nur auf eine Flankensteuerung in Form von einem HIGH-LOW-Pegelwechsel. Die NMI-ISR wird zwischen den Zeitpunkte t_0 und t_1 abgearbeitet und nach dem Verlassen kommt es erst dann wieder zu einem NMI, wenn besagter Pegelwechsel registriert wird.

16-Bit-Wert zur Anzeige nach LCD

Kommen wir nun zu einem Thema, das sehr wichtig im Hinblick auf die Anzeige von variablen Werten auf dem LC-Display ist. Ich hatte im Kapitel über die Schleifen schon den 16-Bit-Zähler grob angerissen. Nun ist es Zeit, damit etwas Sinnvolles und Sichtbares zu machen. Doch zuvor ein paar einleitende Worte, wenn es darum geht, auf dem LC-Display etwas anzuzeigen. Bisher waren die Texte im Display ja recht statisch und als ASCII-Sequenz im Speicher abgelegt. Wenn man aber einen dynamischen Text, also zum Beispiel einen Zähler mit aktuellem Wert anzeigen will, dann steht man vor einem gewaltigen Problem. Angenommen, es liegt der folgende 16-Bit-Wert im Speicher vor.

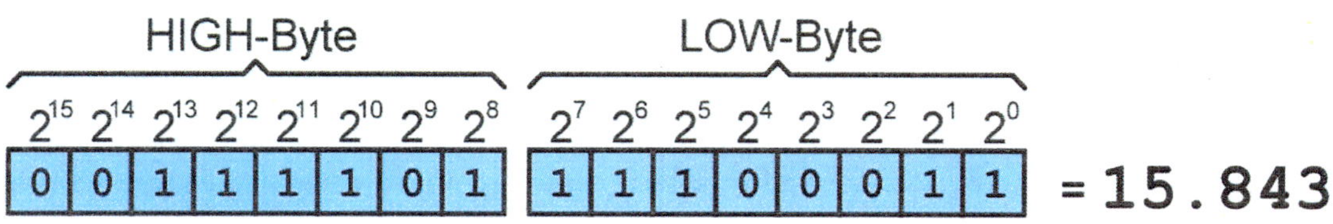

Nun nützt einem die gezeigten Werte des LOW- und des HIGH-Bytes wenig, denn diese sollen ja nicht im LC-Display erscheinen. Wichtig sind die Ziffern des resultierenden Dezimalwertes 1, 5, 8, 4 und 3. Wie kommt man aber jetzt daran, denn aus der vorliegenden Bitkombination sind diese nicht abzulesen. Da muss ein spezieller Algorithmus her. Es geht um die sogenannte *Binary-To-Decimal*

Konvertierung. Normalerweise gelang man zum Ergebnis, wenn man schrittweise dien gewünschten Wert durch 10 dividiert und den Restwert weiterverarbeitet. Eine bessere, kürzere und schnellere Umwandlung von Binär- in Dezimalzahlen kann durch die Nutzung des Dezimal-Modus BCD erreicht werden, den ich schon angesprochen habe. Der folgende Algorithmus nutzt einen 16-Bit-Wert, der in Form von 2-Bytes im Speichervorliegt, wobei *HEX0* das LOW-Byte und *HEX1* das HIGH-Byte ist. Das Ergebnis befindet sich dann in drei Speicherstellen *DEC0* (LOW-Byte), *DEC1* (MIDDLE-Byte) und *DEC2* (HIGH-Byte) vor. Das würde dann im Speicher wie folgt ausschauen.

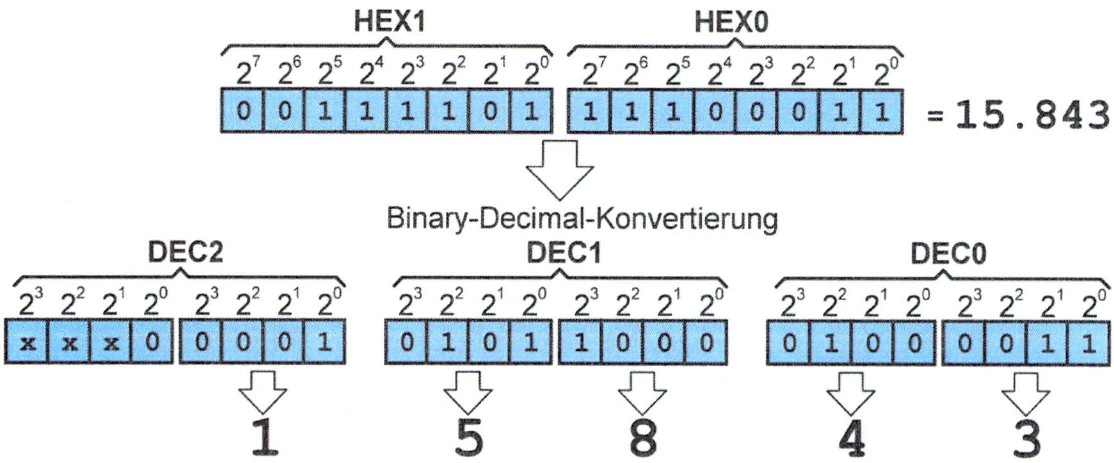

Abbildung 284 - Hex-zu-Dezimal-Konvertierung

Sehen wir uns das im Detail an, wobei ich auf die einzelnen Schritte eingehe.

Schritt 1: Eine 16-Bit Verschiebung der Werte HEX0 und HEX1 nach links

Die Frage ist nun, wie kann man einen 16-Bit-Wert, der ich ja in getrennten 2 Bytes im Speicher befindet, nach links verschieben? Die Angelegenheit muss schrittweise erfolgen. Wenn es um bitweise Verschiebungen und Rotation geht, dann werden diese nicht über ein einzelnes Byte hinaus ausgedehnt, ähnlich wie bei den einfachen logischen Anweisungen der Fall ist. Lediglich das Carry-Flag wird in diesen Fällen genutzt. Betrachten wir als Beispiel den *asl*-Befehl. Wird das niederwertige Byte um eine Position nach links verschoben, würde die Null im Bit 0 und der Übertrag aus Bit 7 im Carry-Flag landen.

Bei der Anwendung eines *asl*-Befehls auf das High-Order-Byte, wird der Übertrag des vorherigen Bits 7 (das im Carry-Flag enthalten ist) nicht in das Bit 0 verschoben, wie es zum Beispiel bei einem 16-Bit-asl der Fall ist. Stattdessen wird die Null erneut in das Bit 0 verschoben und der Übertrag des Low-Order-Bytes ignoriert. Dieses Problem kann gelöst werden, indem für das High-Order-Byte ein *rol*-Befehl anstelle des *asl*-Befehls verwendet wird.

```
asl LOBYTE
rol HIBYTE
```

In diesem Fall landet der Übertrag aus dem niederwertigen Byte im Carry-Flag und der zweite *rol*-Befehl verschiebt das Carry-Flag in das niederwertige Bit des höherwertigen Bytes. Natürlich landet dann das High-Order-Bit im Carry-Flag.

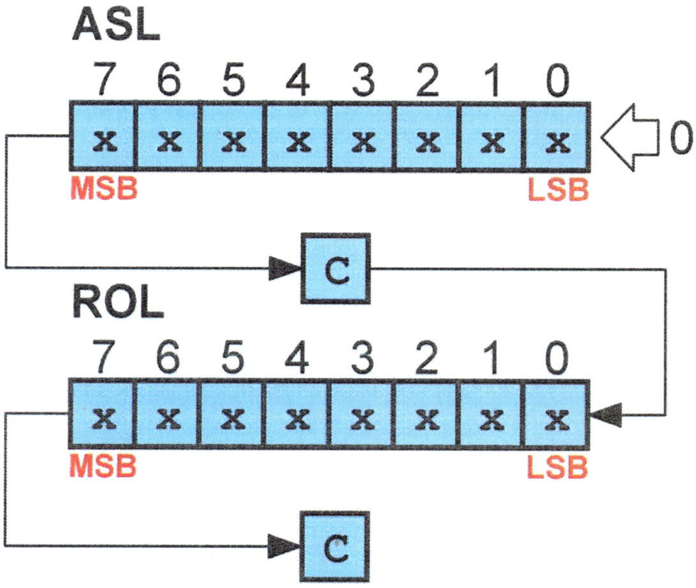

Abbildung 285 - Ein zusammengesetzter 16-Bit-ASL

Schritt 2: Durchführung der eigentlichen Berechnung

Es wird die folgende Berechnung durchgeführt.

Ergebnis = Ergebnis x 2 unter Berücksichtigung des Carry-Flags (Addition von DEC0, DEC1 und DEC2 plus Carry-Flag) im Dezimalmodus.

Schritt 3: Wiederholte Durchführung der Schritte 1 und 2

Durchführung der Schritte 2 und 3 insgesamt 16-mal (16-Bits).

Im Endeffekt schaut das Unterprogramm wie folgt aus, wobei ich natürlich das gesamte Programm inklusive der Deklaration aller Speicherstellen noch zeigen werde.

```
; hex2dec-Unterprogramm
hexdec:
    lda #0        ; Lade Akku mit #0
    sta DEC0      ; um Ergebnis
    sta DEC1      ; zu löschen
    sed           ; BCD-Mode aktivieren
    ldy #16       ; Anzahl der Durchführungen
lp:
    asl HEX0      ; 16-Bit ASL
    rol HEX1      ;    -"-
    lda DEC0      ; DEC0 Addition mit sich selbst
    adc DEC0      ;    -"-
    sta DEC0      ;    -"-
    lda DEC1      ; DEC1 Addition mit sich selbst
    adc DEC1      ;    -"-
    sta DEC1      ;    -"-
    rol DEC2      ; Letztes Bit hineinschieben
    dey           ; Dekrementiere Y-Register
    bne lp        ; Ende erreicht?
    cld           ; BCD-Mode deaktivieren
    rts           ; Rücksprung aus Unterprogramm
```

Abbildung 286 - Assembler-Programm Hex2Dec

Sehen wir uns nun das ganze Assemblerprogramm an, wobei ich einen 16-Bit-Zähler von 0 bis 65.535 hinaufzählen lassen möchte. Wie ein derartiger Zähler funktioniert, habe ich im Schleifen-Kapitel schon erläutert.

Teil 1: Definition der VIA-Adressen

Im ersten Teil werden die VIA-Adressen und natürlich die Speicheradressen für die Binär-zu-Dezimal-Konvertierung und den 16-Bit-Zähler definiert.

```
VIA     = $6000
PORTB   = VIA+0
PORTA   = VIA+1
DDRB    = VIA+2
DDRA    = VIA+3
E       = %10000000 ; Enable-Bit
RW      = %01000000 ; Read/Write-Bit
RS      = %00100000 ; Register-Selector-Bit

HEX0    = $1000     ; Umzuwandelnder Wert LOW-Byte
HEX1    = $1001     ; Umzuwandelnder Wert HIGH-Byte
DEC0    = $1002     ; BCD-Ergebnis LOW-Byte
DEC1    = $1003     ; BCD-Ergebnis MIDDLE-Byte
DEC2    = $1004     ; BCD-Ergebnis HIGH-Byte
COUNTER = $1005     ; 2 Bytes
```

Abbildung 287 - Assembler-Programm Binary-Zu-Dezimal-Konvertierung - Teil 1 (lcd-binary2digit002.asm)

Teil 2: Definition LCD-Initialisierungen

Im zweiten Teil werden die bekannten LCD-Initialisierungen vorgenommen.

```
      org $8000        ; Startadresse
reset:
      lda #%11111111 ; Alle Pins OUTPUT - Port-B
      sta DDRB
      lda #%11100000 ; Top 3 Pins OUTPUT - Port-A
      sta DDRA
      ; Initialisierung Display
      lda #%00111000  ; 8-Bit mode; 2-line display; 5x8 font
      jsr lcd_command ; Kommando absetzen
      lda #%00001110  ; Display on; cursor on; blink off
      jsr lcd_command ; Kommando absetzen
      lda #%00000110  ; Increment and shift cursor; don't shift display
      jsr lcd_command ; Kommando absetzen
      lda #%00000001  ; Clear display
      jsr lcd_command ; Kommando absetzen
```

Abbildung 288 - Assembler-Programm Binary-Zu-Dezimal-Konvertierung - Teil 2 (lcd-binary2digit002.asm)

Teil 3: Initialisierung des 16-Bit-Zählers

Im dritten Teil wird der 16-Bit-Zähler auf den Wert $0000 gesetzt.

```
      lda #0          ; 16-Bit Counter auf 0 setzen
      sta COUNTER     ;      -"-
      sta COUNTER + 1 ;      -"-
```

Abbildung 289 - Assembler-Programm Binary-Zu-Dezimal-Konvertierung - Teil 3 (lcd-binary2digit002.asm)

Teil 4: Definition der Endlosschleife mit ihren Aufrufen

Im vierten Teil befindet sich die *loop*-Endlosschleife, die den 16-Bit-Zähler inkrementiert (Zeile 41), die Konvertierung (Zeile 44) und die LCD-Anzeige (Zeile 46) aufruft. Zudem wird das X-Register mit dem Wert 2 initialisiert, das später als Index für die Abfrage der dazustellenden Zeichen genutzt wird.

```
36  loop:
37        lda COUNTER     ; Lade LOW-Byte des 16-Bit Zählers
38        sta HEX0        ; und speichere ihn in HEX0
39        lda COUNTER + 1 ; Lade HIGH-Byte des 16-Bit Zählers
40        sta HEX1        ; und speichere ihn in HEX1
41        jsr count       ; 16-Bit-Zähler inkrementieren
42        lda #%00000010  ; Display Cursor Home
43        jsr lcd_command ; Kommando absetzen
44        jsr hexdec      ; HEX->DEC Konvertierung
45        ldx #2          ; Index für Stellen
46        jsr ascii       ; Unterprogramm Zeichendarstellung
47        jmp loop        ; Springe zu loop
```

Abbildung 290 - Assembler-Programm Binary-Zu-Dezimal-Konvertierung - Teil 4 (lcd-binary2digit002.asm)

Es sei an dieser Stelle noch bemerkt, dass der Darstellung jedes neuen Zählerwertes ein sogenannten *Cursor-Home-Befehl* des LCDs vorausgeht. Dieser besitzt den Command-Code 00000010. Um ein Flackern der Anzeige über den bekannten Clear-Befehl zu verhindern, ist es besser den Cursor an den Anfang der Zeile zu positionieren und dann den alten Wert mit einem neuen zu überschreiben.

Teil 5: Definition des Unterprogramms zur Anzeige von Zeichen im LCD

Im fünften Teil wird das Unterprogramm ascii definiert, in dem letztendlich die Zeichen des 16-Bit-Zählers zur Anzeige gebracht werden. Ich sollte das näher erläutern.

```
          ; Wert im LCD anzeigen
    ascii:
          lda DEC0,x        ; Buchstaben in Akku laden
          cpx #255
          beq loop          ; Letzter Buchstabe erreicht?
          and #%11110000    ; Oberes Nibble
          lsr               ; Shift nach rechts - oberes Nibble
          lsr               ; Shift nach rechts - oberes Nibble
          lsr               ; Shift nach rechts - oberes Nibble
          lsr               ; Shift nach rechts - oberes Nibble
          adc #48           ; Offset für ASCII
          jsr lcd_data      ; Anzeige Buchstabe
          lda DEC0,x        ; Buchstaben in Akku laden
          and #%00001111    ; Unteres Nibble
          adc #48           ; Offset für ASCII
          jsr lcd_data      ; Anzeige Buchstabe
          dex               ; X-Register dekrementieren
          jmp ascii         ; Nächsten Buchstaben holen
          rts               ; Unterprogramm verlassen
```

Abbildung 291 - Assembler-Programm Binary-Zu-Dezimal-Konvertierung - Teil 5 (lcd-binary2digit002.asm)

Um die Zeichen beziehungsweise Werte der einzelnen Dezimalstellen aus den drei Speicherstellen DEC0, DEC1 und DEC2 abzurufen und dann anzuzeigen, bedarf es ein wenig Bit-Schieberei. Wir erinnern uns, dass die drei Speicherstellen wie folgt organisiert sind.

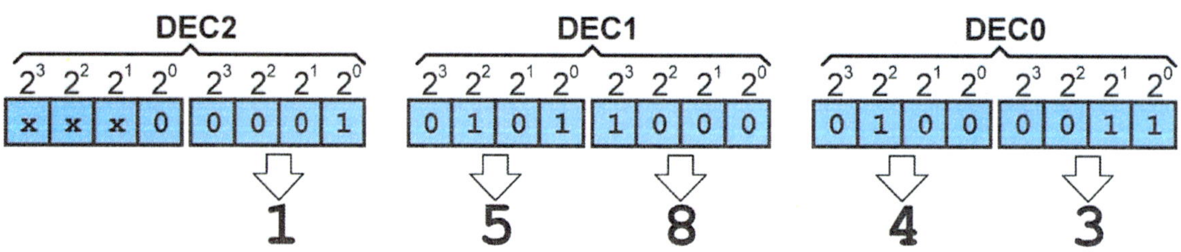

Abbildung 292 - Der Zählerwert im Speicher (DEC0, DEC1 und DEC2)

Da es sich um eine BCD kodierte Speicherung handelt, müssen wir jeweils vier Bits (Nibble) aus den acht Bits extrahieren. Das X-Register wandert - beginnend bei 2 - von links nach rechts durch die Speicherstellen DEC2, DEC1 und DEC0. Zuerst wird das obere Nibble über die folgenden Befehle extrahiert.

- and #%11110000
- lsr
- lsr

- lsr
- lsr

Also die vier höchstwertigen Bits auswählen und 4x nach rechts verschieben, um darüber den eigentlichen Wert zu erhalten. Angenommen, es steht dort – wie im Beispiel – an erster Stelle der Wert 1, dann kann dieser nicht unmittelbar angezeigt werden, denn dieser entspricht nicht dem Code zur Anzeige von ASCII-Zeichen auf dem LC-Display.

Was sind ASCII-Zeichen?

Der ASCII-Code (American Standard Code for Information Interchange) ist ein 7-Bit-Code und kann somit 128 Zeichen darstellen. Die Kodierung enthält 33 nicht druckbare und 95 druckbare Zeichen und umfasst sowohl Buchstaben, Interpunktionszeichen und Ziffern als auch Steuerzeichen.

Sehen wir uns auszugsweise die Kodierungen an.

Dec	Hex	Char
46	2E	.
47	2F	/
48	30	0
49	31	1
50	32	2
51	33	3
52	34	4
53	35	5
54	36	6
55	37	7
56	38	8
57	39	9
58	40	:
59	41	;
60	42	

Tabelle 7 - ASCII-Tabelle (Ausschnitt)

Es ist zu sehen, dass die Ziffern von 0 bis 9 über den dezimalen ASCII-Code 48 bis 57 anzusprechen sind. Wenn also der numerische Wert 1 – um bei diesem Beispiel zu bleiben – auf dem LC-Display anzuzeigen ist, würde das den ASCII-Code 48 + 1 = 49 bedeuten, wobei dann der dezimale Wert 48 als Offset zu nutzen wäre. Die Anzeige erfolgt dann über den Aufruf des Unterprogramms *lcd_data* in Zeile 60.

Im Anschluss erst wird das untere Nibble über den folgenden Befehl extrahiert.

- and #%00001111

Da sich die Bits schon an der richtigen Position zur Auswertung befinden, müssen auch keine Schiebeaktionen in irgendwelche Richtungen vorgenommen werden. Natürlich ist auch hier wieder der erwähnte Offset mit dem nachfolgenden Aufruf des erforderlich Unterprogramms *lcd_data* - diesmal in Zeile 64 - erforderlich. Das X-Register wird im Anschluss dekrementiert, um so alle erforderlichen Positionen zu erreichen. Es ist zu bemerken, dass der Einfachheit wegen, die führenden Nullen mit angezeigt werden, was in meinen Augen für dieses Experiment kein Problem darstellt. Wer es anders möchte, kann sich gerne daran versuchen.

Teil 6: Definition des Unterprogramms zur Konvertierung Hex in Dezimal

Im sechsten Teil wird - und ich bringe das nur der Vollständigkeit halber - das Unterprogramm *hexdec* definiert, auf das ich schon zuvor eingegangen bin.

```
69  ; hex2dec-Unterprogramm
70  hexdec:
71      lda #0          ; Lade Akku mit #0
72      sta DEC0        ; um Ergebnis
73      sta DEC1        ; zu löschen
74      sed             ; BCD-Mode aktivieren
75      ldy #16         ; Anzahl der Durchführungen
76  lp:
77      asl HEX0        ; 16-Bit ASL
78      rol HEX1        ;    -"-
79      lda DEC0        ; DEC0 Addition mit sich selbst
80      adc DEC0        ;    -"-
81      sta DEC0        ;    -"-
82      lda DEC1        ; DEC1 Addition mit sich selbst
83      adc DEC1        ;    -"-
84      sta DEC1        ;    -"-
85      rol DEC2        ; Letztes Bit hineinschieben
86      dey             ; Dekrementiere Y-Register
87      bne lp          ; Ende erreicht?
88      cld             ; BCD-Mode deaktivieren
89      rts             ; Rücksprung aus Unterprogramm
```

Abbildung 293 - Assembler-Programm Binary-Zu-Dezimal-Konvertierung - Teil 6 (lcd-binary2digit002.asm)

Teil 7: Definition des Unterprogramms für das LCD-Busy-Flag

Im siebten Teil wird wieder das Unterprogramm *lcd_wait* definiert.

```
; Busy-Unterprogramm
lcd_wait:
  pha                ; Akku auf Stack sichern
  lda #%00000000     ; Port B ist komplett INPUT
  sta DDRB           ; Port-B konfigurieren
lcd_busy:
  lda #(E|RW)        ; E = H, RW=H, RS=0
  sta PORTA          ; An Port-A senden
  lda PORTB          ; Port-B abfragen
  and #%10000000     ; PB7 maskieren
  bne lcd_busy       ; Solange Busy -> loop lcd_busy
  lda #RW            ; Einen erforderlichen Befehl versenden
  sta PORTA          ; Versenden an Port-A
  ; Port-B zurückkonfigurieren
  lda #%11111111     ; Port B ist komplett OUTPUT
  sta DDRB           ; Port-B konfigurieren
  pla                ; Akku vom Stack zuückholen
  rts                ; Unterprogramm verlassen
```

Abbildung 294 - Assembler-Programm Binary-Zu-Dezimal-Konvertierung - Teil 7 (lcd-binary2digit002.asm)

Teil 8: Definition der Unterprogramme für das LCD (Command und Data)

Im achten Teil werden die Unterprogramme zur Verarbeitung von Kommandos und Daten definiert.

```
; Kommandos ausführen
lcd_command:
  jsr lcd_wait     ; Warten
  sta PORTB        ; Bitkombination an Port-B anlegen
  lda #E           ; Enable-Bit setzen
  sta PORTA        ; An Port-A versenden
  lda #0           ; Enable-Bit löschen
  sta PORTA        ; An Port-A versenden
  rts              ; Unterprogramm verlassen
; Daten bzw. Zeichen anzeigen
lcd_data:
  jsr lcd_wait     ; Warten
  sta PORTB        ; Bitkombination an Port-B anlegen
  lda #(E|RS)      ; Enable- und RS-Bit setzen
  sta PORTA        ; An Port-A versenden
  lda #RS          ; Enable-Bit löschen
  sta PORTA        ; An Port-A versenden
  rts              ; Unterprogramm verlassen
```

Abbildung 295 - Assembler-Programm Binary-Zu-Dezimal-Konvertierung - Teil 8 (lcd-binary2digit002.asm)

Teil 9: Definition des Unterprogramms für den 16-Bit-Zähler

Im neunten Teil wird das Unterprogramm für den 16-Bit-Zähler definiert. Die Erläuterungen dazu finden sich im Schleifen-Kapitel.

```
; Zähler inkrementieren
count:
    inc COUNTER       ; Inkrement LOW-Byte
    bne exit          ; Überlauf?
    inc COUNTER + 1   ; Inkrement HIGH-Byte
exit:
    rts               ; Unterprogramm verlassen
```

Abbildung 296 - Assembler-Programm Binary-Zu-Dezimal-Konvertierung - Teil 9 (lcd-binary2digit002.asm)

Teil 10: Definition der Vektoren

Im zehnten Teil werden die schon bekannten Vektoren definiert.

```
nmi:              ; Label für NMI-Vektor
    rti           ; Return from Interrupt
irq:              ; Label für IRQ-Vektor
    rti           ; Return from Interrupt
    org $fffa     ; Startadresse der Vektoren
    word nmi      ; Startadresse des NMI
    word reset    ; Startadresse des Resets
    word irq      ; Startadresse des IRQ
```

Abbildung 297 - Assembler-Programm Binary-Zu-Dezimal-Konvertierung - Teil 10 (lcd-binary2digit002.asm)

Nach dem Start des Programms sollte also im LC-Display immer eine sechsstellige numerische Anzeige zu sehen sein, die heraufzählt und beim Erreichen des maximalen Wertes von 65.535 wieder von vorne beginnt.

Wie schnell kannst du eine Taste drücken

Wo wir schon mal dabei sind, numerische Werte im LC-Display anzuzeigen, hier ein kleines Spiel. Es soll dabei der IRQ genutzt werden. Wenn dieser ausgelöst wird, soll der 16-Bit-Zählt hochzählen. Wir erinnern uns, dass der IRQ solange die entsprechende ISR ausführt, wie am Eingang ein LOW-Pegel vorherrscht. Das bedeutet, dass je kürzer der angeschlossene Taster gedrückt wird, desto kleiner ist der Wert des Zählers, der dann im LC-Display zur Anzeige gebracht wird. Wir müssen dazu nicht viel ändern und ich bringe lediglich die Anpassungen, die erfolgen müssen. Der Schaltplan zur Ansteuerung der 6502-CPU ist der gleiche, der im Interrupt-Kapitel unter IRQ zu sehen ist. Natürlich muss jetzt dazu das LC-Display angeschlossen sein, was ja sicherlich nach dem Abschluss des vorherigen Kapitels der Fall sein sollte. Falls nicht, muss dieses angeschlossen werden.

Änderung 1: IRQ ermöglichen

Die erste Änderung besteht im Hinzufügen des *cli*-Befehls und der Auskommentierung des Aufrufs der Zähler-Inkrementierung innerhalb der loop-Schleife.

```
35      cli               ; Clear Interrupt-Disable-Bit
36  loop:
37      lda COUNTER       ; Lade LOW-Byte des 16-Bit Zählers
38      sta HEX0          ; und speichere ihn in HEX0
39      lda COUNTER + 1   ; Lade HIGH-Byte des 16-Bit Zählers
40      sta HEX1          ; und speichere ihn in HEX1
41      ;jsr count        ; 16-Bit-Zähler inkrementieren
42      lda #%00000010    ; Display Cursor Home
43      jsr lcd_command   ; Kommando absetzen
44      jsr hexdec        ; HEX->DEC Konvertierung
45      ldx #2            ; Index für Stellen
46      jsr ascii         ; Unterprogramm Zeichendarstellung
47      jmp loop          ; Springe zu loop
```

Abbildung 298 - Assembler-Programm Interrupt-Zähler - Änderung 1 (lcd-Interrupt-Counter001.asm)

In Zeile 35 ist der genannte *cli*-Befehl hinzugekommen und innerhalb der loop-Schleife wurde in Zeile 41 der Aufruf des Unterprogramm zur Inkrementierung des 16-Bit-Zählers auskommentiert.

Änderung 2: ISR mit Zähler-Inkrementierung versehen

Die zweite und letzte Änderung besteht im Hinzufügen des Aufrufs der Zähler-Inkrementierung in der ISR des IRQs.

```
irq:                  ; Label für IRQ-Vektor
    jsr count         ; 16-Bit-Zähler inkrementieren
    rti               ; Return from Interrupt
```

Abbildung 299 - Assembler-Programm Interrupt-Zähler - Änderung 2 (lcd-Interrupt-Counter001.asm)

Der Zähler wird also solange hochgezählt, wie die Taste gedrückt wird. Je schneller und kürzer das erfolgt, desto kleiner ist der Zählerstand. Das sollte für Teil 2 dieses Buches erst einmal an Assembler-Stoff genügen. Ich plane schon Teil 3, wo es dann noch spannender wird. Es folgen noch ein paar nützliche Hinweise, bevor es dann dem Ende zugeht.

Ein Single Board Computer - SBC

Abschließend zu diesem zweiten Teil möchte ich auf einen sogenannten *Single-Board-Computer* eingehen. Dabei handelt es sich um eine komplettes 6502-System auf einer Platine im Format 100mm x 147mm. Im Internet gibt es sehr viele derartiger Entwicklungen und jeder wird bestimmt etwas Passendes finden. Dennoch möchte ich ein besonderes System kurz vorstellen. Es wurde von *Jeff Tranter* entwickelt. Er stellt seine Entwicklung unter Github zur Verfügung.

Hyperlink - Jeff Tranter - Github

https://github.com/jefftranter/6502/tree/master/sbc

Das Board ist auf der folgenden Abbildung zu sehen.

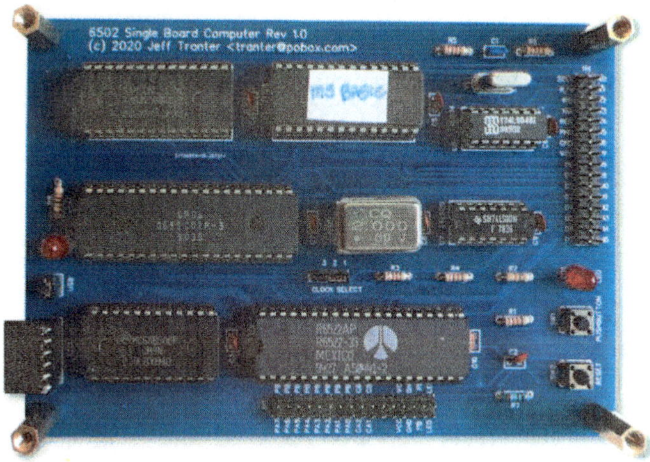

Abbildung 300 - Der 6502-Single-Board-Computer von Jeff Tranter

Im ROM sind das *Microsoft-Basic Version 1.0 Rev 3.2* von 1977 und ein Monitor-Programm von Jeff zu finden. Somit kann jeder sehr einfach in Basic programmieren oder auch die von mir vorgestellten Experimente nachvollziehen. Das Board bietet natürlich die Schnittstelle des 6522 und entsprechende Adress- und Datenbusleitungen an. Es kann also nach Belieben erweitert und experimentiert werden. Beim Start des Computers über ein Terminal-Programm wie zum Beispiel *Terra Term*, hat man die Wahl zwischen einem Kalt- [C] oder Warmstart [W], was letztendlich ins Basic führt. Oder es erfolgt ein Sprung ins wirklich sehenswerte Monitor-Programm [M].

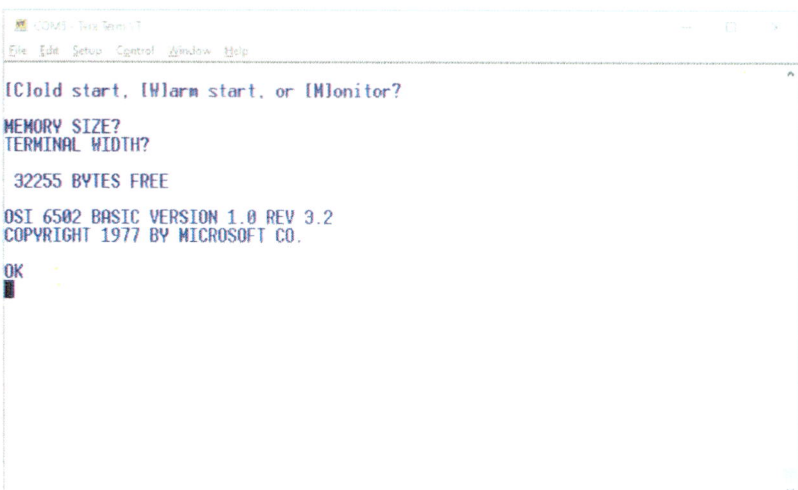

Abbildung 301 - Der Start des SBC - Über Terra Term

Hier nur ein kleiner Einblick ins Monitor-Programm, wobei auf der linken Seite der Inhalt (Dump) eines bestimmten Speicherbereiches und auf der rechten Seite der Assembler zu sehen ist.

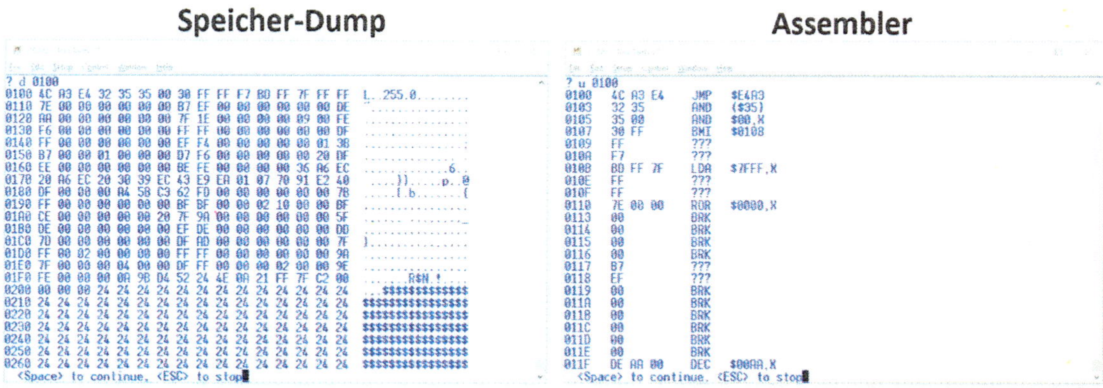

Abbildung 302 - Zwei Möglichkeiten des Monitor-Programms

Natürlich sind noch viele weitere Details im Monitor-Programm verborgen und ich rate, einen Blick auf seine Internetseite beziehungsweise Github zu werfen. Mit ein bisschen Geschick kann man das Board selbst erstellen. Wer es noch komfortabler möchte, der kann einer derartigen SBC, der ja über einen FTDI-Adapter mit dem Host-Computer via USB verbunden ist, auch quasi Standalone betreiben. Dazu gibt es auch wieder viele Möglichkeiten, von denen ich jetzt zwei vorstellen möchte.

ASCII-Terminal-Adapter

Das erste Modell, das ich vorstellen möchte, ist der ASCII-Terminal-Adapter, der auf den folgenden Seiten zu finden ist.

Hyperlink - ASCII-Terminal-Adapter

https://geoffg.net/terminal.html

https://www.budgetronics.eu/en/

Das Board schaut wie folgt aus.

Abbildung 303 - Der ASCII-Terminal-Adapter

Um die Eingaben zu machen, kann ein USB-Keyboard angeschlossen werden. Es sei darauf hingewiesen, dass nicht alle USB-Keyboards unterstützt werden und auch ich hatte anfänglich Probleme. Nach der Nutzung eines anderen oder der Umweg über ein PS/2-Modell mit entsprechendem PS/2-zu-USB-Adapter funktionierte es dann.

Das ESP32-/VGA32-Modul

Das ESP32-Modul ist ein sehr bekannter Mikrocontroller, der in sehr vielen unterschiedlichen Varianten zu bekommen ist. Es gibt ein Modul, das zusammen mit einem VGA-Anschluss und weiteren Anschlüssen für Tastatur und Maus über PS/2 zu bekommen ist. Nähere Informationen sind auf der Herstellerseite zu finden. Dort muss dann der Suchbegriff *FabGL VGA32* eingegeben werden

Hyperlink - ESP32-VGA-Modul

https://www.lilygo.cc/

Abbildung 304 - Das ESP32-VGA32-Modul

Um das Board zu nutzen, muss zuerst die Arduino-Entwicklungsumgebung und im Anschluss ist die Installation der ESP32-Unterstützung erfolgen. Abschließend muss die sogenannte FabGL Library hinzugefügt werden. Nun ist es möglich, das Board über das Projekt *AnsiTerminal* zu einem Terminal zu verwandeln. Es sind weitere interessante Projekte wie zum Beispiel *Altair 8800* möglich.

Abschließende Worte zu Teil 2

Ich denke, dass das als kompakter Einstieg in die Thematik der 6502-CPU mit dem VIA-Baustein 6522 reichen sollte. Wie in Teil 1 schon erwähnt, gibt es im Internet eine Menge an PDF-Dateien, die ein weiterführendes Selbststudium ermöglichen. Auf der Internetseite von *Hans Otten* - ich danke *Hans* für die Erlaubnis, Links von seiner Internetseite verwenden zu dürfen - ist derart viel zu finden, dass es mindestens ein Leben braucht, um alles zu lesen und zu verstehen. Auf meiner Internetseite werde ich von Zeit zu Zeit noch etwas zu diesen Themen hinterlegen, so dass sich ein Blick dorthin sicherlich lohnen wird.

Hyperlinks!

https://erik-bartmann.de/

https://erik-bartmann.de/?Projekte___6502

https://erik-bartmann.de/?Projekte___6502___Hans_Otten

Frohes Frickeln!

Erik Bartmann

Erik Bartmann

Noch mehr Spaß mit der 6502-CPU und 6522

Die Welt der Maschinensprache

Im zweiten Teil seiner 6502-Reihe geht der Autor Erik Bartmann verstärkt auf die Assembler-Programmierung ein. Ging es in seinem ersten Buch „Spaß haben mit der 6502-CPU" (ISBN 978-3946496-33-5) vor allem um die Realisierung der Hardware, widmet er sich nun der 6502-Maschinensprache.

Auch wenn der Spaß am Programmieren mit Assembler im Vordergrund steht, so vermittelt das Buch an den passenden Stellen dennoch auch brauchbares Grundlagenwissen über Programmierung sowie Elektronikbauteilkunde.

In **Noch mehr Spaß mit der 6502-CPU und 6522 – Die Welt der Maschinensprache** verwendet der Autor die Komponenten aus dem ersten Buch und lässt alle Ein- und Ausgaben über den VIA-Baustein 65C22 laufen. Alles was zum Verständnis erforderlich ist, wird mit Tastern, LEDs und einem LC-Display realisiert. In dem Buch werden u.a. ein Roulette, ein Lauflicht mit LEDs und ein elektronischer Würfel gebaut und programmiert, ebenso wird ein Schrittmotor angesteuert.

Das Buch hat 198 Seiten im DinA4-Format, vierfarbig mit zahlreichen Abbildungen und ist spiral-gebunden.

978-3-946496-34-2

Euro 29,95 (D)

ISBN 978-3-946496-34-2

Www.bombini-verlag.de

bombini verlag